個人と集団のマルチレベル分析
Multilevel Modelings for Individual and Group Data

清水裕士 著 Hiroshi Shimizu

ナカニシヤ出版

はじめに

　マルチレベルモデルは，社会科学の分野ではすでに多くの研究者が利用している統計手法である。その意味では，「目新しい統計手法」と言うよりは，もはや「市民権を得た統計手法」になってきたと言えるだろう。実際に，多くの論文でマルチレベルモデルが利用されているし，査読においてもレビュワーからマルチレベルモデルを使うよう要求されることもある。マルチレベルモデルの習得の必要性は，年々高まってきている。
　本書は，そのマルチレベルモデルについての入門書である。この本を手に取ってここを読んでいる読者は，少なからずマルチレベルモデルに興味がある人だと思うが，本書がどのような立場でマルチレベルモデルについて書いているかについて簡単にここで解説しておこうと思う。

本書のターゲット

　マルチレベルモデルといっても，その広がりは多岐にわたり，研究分野によって指す統計手法が違うこともある。そこで最初に，本書がどういう研究領域の読者をターゲットにして書かれているかについて筆者の考えを書いておこう。
　本書は，マルチレベルモデルの初学者が対象である。一から解説しているので，マルチレベルモデルそのものの知識はほとんど必要ない。ただし，相関係数や分散分析，回帰分析などの基礎的な統計手法については，ある程度事前知識を必要とする。とは言え，学部の3-4年生レベルで習っている程度の知識があれば，十分理解できるはずだ。逆に，すでにマルチレベルモデルを利用してきた上級者で，より高度な数学的な内容や複雑なモデリングについて知りたい読者にとっては，やや物足りない内容かもしれない。
　また本書は，タイトルにもあるように，個人と集団・社会の両方を研究対象とした学問領域，具体的には心理学，教育学，社会学，経済学などを専攻している学生および研究者に向けて書かれている。よって，同じマルチレベルモデルでも，反復測定データやパネルデータを扱うモデルについては触れていない。ただ，パネルデータ分析に興味がある読者でも，マルチレベルモデルのエッセンスや使用するソフトウェアは共通していると思うので，必要なところだけを読んでもらえると，得るものがあるだろう。なお，本書で扱う統計モデルは，マルチレベルモデルの中でも，階層線形モデル（Hierarchical Linear Model: HLM），マルチレベル構造方程式モデル（Multilevel Structure Equation Model: マルチレベルSEM），そして行為者観察者相互依存性モデル（Actor-Partner Interdependence Model: APIM）の3つである。
　上記のように，読者には人文系研究者，あるいは社会科学者を想定しているので，本書の解説には数式はあまり登場しない（なによりも，筆者に数学の素養がない）。ただ，理解を深めるため，あえて簡単な数式を利用している箇所もある。その場合でも，できるだけわかりやすく，丁寧に解説しているつもりなので，文系の学生や研究者もじっくり読めば十分理解することができるだろう。

本書で扱うソフトウェア

　続いて，本書で紹介しているソフトウェアについて簡単に説明しておこう。
　本書では，HLM，マルチレベルSEM，そしてAPIMの理論的な説明以外に，それぞれを実行するための

ソフトウェアの使い方に多くのページ数を割いている。商用ソフトとして，HLM7，SPSS，SAS，Mplus を取り上げている。また，フリーソフトとして，R と筆者が作成した HAD を取り上げている。商用ソフトの場合でも，HLM7 と Mplus については本書ではデモ版やフリー版でも実行できるサンプルデータを用いているので，それらを購入せずとも無償で実際に使いながら操作方法を学べるので安心してほしい。

　HAD についての詳細は本書 4 章に譲るが，ここでも簡単に紹介しておこう。HAD は Windows と Mac の Excel 上で動作する統計ソフトである。Excel で操作できるので，比較的扱いやすいソフトであると思う。HAD は筆者の Web サイト（http://norimune.net/had）からダウンロードでき，無償で利用することができる。また，ソースコードも自由に見ることができる。本書で解説する HLM，マルチレベル SEM，APIM はすべて HAD でも実行することができるので，マルチレベルモデルを無償ですぐに実行したいという読者は，まずご自分のデータを HAD で分析してみるのもいいだろう。

　ここで，やや言い訳じみたことを書かせてもらいたい。実は本書執筆の話は，ナカニシヤ出版の宍倉さんから 5 年ほど前からお話をいただいていた。執筆に 5 年もかかってしまったのは，筆者の遅筆のせいであることはもちろんだが，ほかにも HAD の開発に時間がかかったためでもある。当初はマルチレベルモデルの入門書を，SPSS を例に書けばいいかと思っていた。しかし，近年のフリーソフトの関心が高まってきたことと，あれよあれよと HAD の機能が増えてしまったこともあり，ついつい「フリーソフトで簡単にマルチレベルモデルができたほうがいいな」と欲張ってしまったのである。5 年前はまだ，マルチレベルモデルは「目新しい統計手法」だったように思うが，本書が発行されるころにすっかり「市民権を得た統計手法」になってしまった。おそらく出版社の方としては複雑な思いがあろうと思いつつ，筆者としては 5 年前には絶対に書けなかった内容を盛り込めるようになったと自負している。

　最後に，謝辞を述べたい。著者がこうやってマルチレベルモデルの本を書くきっかけとなったのは，二人の先輩のおかげである。一人は私が学部生の時に統計学の基礎を教えてくださった山口大学の小杉考司先生，そして，私にマルチレベルモデルの存在を教えてくださった追手門学院大学の石盛真徳先生である。お二人に出会わなければ，本書は存在してなかっただろう。おそらくこれからもさらにお世話になるとは思いつつ，ここでお礼申し上げる。また，広島大学大学院総合科学研究科の胡綾乃さんは本書の全文に目を通して誤字などをかなり丁寧にチェックしていただいた。本書がもし読みやすい文章になっているとすれば，それはすべて彼女のおかげである。そして末筆ながら，本書執筆のお話をいただき，長期間にわたって辛抱強く待っていただいた編集者の宍倉由髙さんにもお礼を申し上げる。

目　　次

はじめに　*i*

第1章　マルチレベルモデルとは何か：データの階層性とマルチレベルモデル ―― *1*

1　マルチレベルモデルとは　*1*
2　データの階層性　*2*
3　階層的データを従来の方法で分析することの問題点　*5*
4　集団内類似性の評価　*9*
5　マルチレベルモデルの考え方　*12*
6　マルチレベルモデルの種類　*14*

第2章　階層線形モデリング：理論編 ―― *17*

1　回帰分析　*17*
2　HLMの基礎　*20*
3　HLMの応用：説明変数の中心化と単純効果分析　*32*
4　HLMを利用するうえで知っておくと便利な知識　*37*

第3章　階層線形モデリングの実践：HLM7による分析 ―― *43*

1　HLM7による階層線形モデリング　*43*
2　HLM7で分析する流れ　*44*
3　分析モデルの指定　*50*
4　単純効果の検定　*58*

第4章　階層線形モデリングの実践2：HADによる分析 ―― *65*

1　HADとは　*65*
2　サンプルデータの解説　*66*
3　HADでの分析の流れ　*67*
4　HADによる階層線形モデリング　*74*
5　HADで単純効果分析　*80*

第5章　階層線形モデリングの実践3：SPSS, R, SAS による HLM の分析 ── 85

1. SPSS による階層線形モデリング　*85*
2. R による階層線形モデリング　*94*
3. SAS による階層線形モデリング　*99*

第6章　マルチレベル構造方程式モデル：理論編 ── 103

1. 個人レベル・集団モデルの相関係数　*103*
2. 構造方程式モデリングとは　*113*
3. マルチレベル SEM とは　*118*
4. マルチレベル SEM に関するいくつかの疑問点　*120*

第7章　マルチレベル構造方程式モデリングの実践：Mplus による分析 ── 127

1. Mplus とは　*127*
2. Mplus で SEM を実行する　*130*
3. Mplus によるマルチレベル SEM　*133*
4. マルチレベル SEM の応用　*140*

第8章　マルチレベル構造方程式モデリングの実践2：HAD による分析 ── 147

1. HAD で Muthén 最尤法によるマルチレベル SEM を実行する「からくり」　*147*
2. HAD で構造方程式モデリング　*149*
3. HAD によるマルチレベル SEM　*158*

第9章　ペアデータの相互依存性の分析 ── 165

1. Actor-Partner Interdependence Model とは　*165*
2. 識別可能データの APIM の推定方法　*168*
3. 交換可能データの APIM の推定方法　*171*
4. 階層線形モデル（HLM）による交換可能データの APIM　*178*

＊本書に記載されている会社名，ソフトウェア商品名はそれぞれ各社が商標として登録しています。本書ではそれらの会社名・製品名の商標表示 ®，TM を省略しました。

第1章

マルチレベルモデルとは何か
データの階層性とマルチレベルモデル

　本章では，マルチレベルモデルとは何か，なぜマルチレベルモデルを使う必要があるのか，どういう特徴があるのかについて解説する。

1　マルチレベルモデルとは

　マルチレベルモデルとは，いわゆる「階層的なデータ」を適切に分析するための手法である。すなわちマルチレベル（Multi-level）とは，データの多層性のことを意味しているのである。
　階層的なデータ構造については，次節で説明しているのでここでは詳しく触れないが，簡単にいえば多段階のサンプリングによって得られたデータである。以下に階層的データの例を挙げよう。

　　複数の国の人から集めたデータ
　　学級ごとに生徒をサンプリングしたデータ
　　家族単位で調査票を配布し，家族成員それぞれに回答を求めたデータ
　　恋愛関係にあるカップルを対象に，両方に調査票に答えてもらったデータ
　　2人に会話をしてもらい，会話内容やしぐさを記録したデータ
　　1人ひとりに複数の友人を思い浮かべてもらい，それぞれの友人との関係を尋ねたデータ
　　たくさんの子どもの発育を縦断的に測定したデータ

　これらのデータは，規模も分野も異なるデータではあるが，最初に集団やカップルといった単位をサンプリングし，その後その内部の人からデータを集めるといった，2段階（あるいはそれ以上）のサンプリングが行われている点で共通している。2段階以上の段階をふまえてサンプリングすることを，多段階抽出と呼ぶ。階層的データのほとんどはこの多段階抽出法によって集められたデータである。
　マルチレベルモデルとはすなわち，階層的データを適切に扱うことができる統計手法である。

マルチレベルモデルを使うことの利点
　ロビンソン（Robinson, 1950）は，集団単位で収集されたデータの相関と個人単位で収集されたデータの相関はまったく異なる数値になりえること，そして個人と集団のレベルをまたがって解釈することは誤りであることを示した。この誤りのことを生態学的誤謬（Ecological Fallacy）と呼ぶ。生態学的誤謬は具体的には，生態学的データ（地域単位のデータ）によって得られた相関係数

を，個人のレベルで解釈する誤りのことを意味している。これは当然逆にも当てはまって，個人単位で得られたデータをそのまま集団単位に解釈してはいけない。個人単位の相関と集団単位の相関は，まったく別物であると考えなければならないのである。

　階層的データでは，集団単位の情報と個人単位の情報の両方が含まれていると考えられる。たとえば各国の牛肉の消費量を考えたとき，食文化による国単位の変動が集団単位の変動，各国の中での牛肉の好みによる変動が個人単位の変動，ということになる。宗教的な理由によって牛肉をまったく食べない国がある場合，それは個人の食の好みを超えて，集団レベルの現象として解釈するほうがよいだろう。もちろん，牛肉をよく食べる食文化をもつアメリカの中でもベジタリアンがいるように，個人レベルによる変動も存在する。

　マルチレベルモデルを使うメリットは，一言でいえばこのような集団単位と個人単位の両方の情報をもつ階層的データを適切に扱えることにある。回帰分析や構造方程式モデル（SEM）など，従来使われてきた統計手法では，この階層的データを適切に扱うことができない。階層的データを従来法で分析する問題点については，次節で詳しく述べるが，簡単にいえば，従来の分析法では推定の精度を正しく評価できなくなる，という問題がある。つまり，標準誤差の推定や検定結果が正しくなくなるのである。この階層的データがもつ問題点を解決するための手法がマルチレベルモデルなのである。

　また，推定精度の問題を回避するだけではなく，もう１つメリットがある。それは集団と個人という階層構造にある対象を一度にモデルで扱い，それを解釈することができる，という点にある。従来の方法はデータの最小単位（大抵は個人）を対象にしかできなかった。それに対して，マルチレベルモデルを使うことで，集団単位の予測と，個人単位の予測をそれぞれに行うことができるようになる。すでに述べたように，階層的データは，サンプリングが多段階であるため，分析の単位も多段階になりえる。たとえば複数の国とその中の人のデータでいえば，「ある国のAという特徴とBという特徴には関連がある」という説明と，「ある人のAという特徴とBという特徴には関連がある」という２通りの説明が可能である。つまり，生態学的誤謬を犯しやすいデータであるともいえる。マルチレベルモデルはこういった，多段階の単位の分析を同時に行う手法であると考えればいいだろう。すなわち，マルチレベルモデルを使うことで，集団単位の因果関係と個人単位の因果関係を区別して，かつ同時に検討することができるのである。

　これらをまとめると，マルチレベルモデルを使う利点は，階層的データに対して，①正しい推定ができるようになるという統計学的なメリットと，②集団単位と個人単位の解釈をそれぞれ行うことができるという理論的なメリットがあるといえる。

2　データの階層性

　個人と集団（Group）の両方を対象とする研究領域は多い。筆者が専門としている社会心理学は，その名の通り人の心と社会の問題を考える学問である（清水，2006）。それ以外にも社会学，教育学，経済学，政治学など，人と社会の問題について興味がある研究者はたくさんいるだろう。そのような関心に基づいて取られたデータというのは，少なからず個人と集団という階層性（Hierarchy）をもっている。なお，ここでいう集団とは，学校，チーム，企業，地域，国，あるいは実験的に作られた一時的な集団すべてを含む。読者の専門分野に合った集団をイメージしてもらえればいい。

本書で扱うマルチレベルモデルが対象とするデータは，基本的に階層的データ（Hierarchical Data）である。本節では，マルチレベルモデルそのものの説明の前に，この「データの階層性（Hierarchy of Data）」について具体的に解説する。

　データの階層性の話をする前に，まずは階層的ではないデータとはどのようなものかを見ておこう。心理学では，一般に，表1-1のように行に参加者，列に変数を当てる。たとえば，ID1番目の参加者の変数1の得点が4.9，というようなデータである。

表1-1　階層的ではない普通のデータセット

ID	変数1	変数2	変数3
1	4.9	5.09	4.44
2	4.05	2.84	1.27
3	5.24	2.75	1.96
4	1.81	1.64	3.42
5	2.7	3.23	2.21
6	3.82	3.98	0.59
7	1.34	2.52	4.33
8	1.07	3.52	0.63
9	1.63	1.45	2.76

　一般的な心理学のデータ収集では，個人ごとにサンプリングが行われている。つまり，サンプリングの単位は個人である。よって，IDは個人ごとに番号が振られることになる。

　しかし，研究目的によっては，まず集団をサンプリングして，その集団に所属している個人からデータを収集することがあるだろう。たとえば，学校をまずサンプリングして，その中の生徒をさらにサンプリングする場合などがそうである。あるいは，実験的に数人の集団を作ってもらって，そこでの相互作用データを収集する場合も同様である。このような場合，データセットは以下の表1-2のようになる。

表1-2　階層的データセットの例

集団ID	個人ID	変数1	変数2	変数3	変数4
1	1	4.9	5.09	4.44	3
1	2	4.05	2.84	1.27	3
1	3	5.24	2.75	1.96	3
1	4	1.81	1.64	3.42	3
2	5	2.7	3.23	2.21	1
2	6	3.82	3.98	0.59	1
2	7	1.34	2.52	4.33	1
2	8	1.07	3.52	0.63	1
3	9	1.63	1.45	2.76	4
3	10	1.94	3.94	2.5	4
3	11	4.09	2.95	1.68	4
3	12	3.13	4.07	5.06	4
⋮	⋮	⋮	⋮	⋮	⋮

　最初のデータセット（表1-1）とまず異なるのは，集団IDが追加されていることである。これは，集団がサンプリングされた後，個人がサンプリングされているので2種類のIDが登場するのである。次に，変数4を見ると，各集団内で一致した値となっている。これは，集団の性質を表す変数であり，学校ならば生徒数や入試の偏差値などが挙げられるだろう。

上では個人と集団を例に挙げたが，データの階層性は別に個人と集団に限られたわけではない。たとえば実験心理学では，1人の参加者に何度も試行をさせることがほとんどである。そのような，個人を対象に反復測定するようなデータも同様に階層的データの範疇に入る。参加者1人ひとりが，4回の試行を行った場合の例が表1-3である。このときは，変数1～変数3は各試行の特徴を反映したデータ，変数4は個人差を反映したデータである。

このように，階層的データとは一般に，「2段階以上のサンプリングによって，入れ子構造になった（ネストされた）データ」のことを指す。入れ子構造とは，ある集団の個人は，その集団のみに所属し，別の集団には所属していないような状態を指している（図1-1）。反復測定データも，ある試行が1人の個人によるものである以上，入れ子構造をもった階層的データということになる。ほかにも，4人単位で行う集団実験のデータや，家族を単位に収集した社会調査データ，あるいは大学生の恋愛関係にあるカップルを対象にしたデータなど，ペアや小集団であっても，入れ子構造にあればそれは階層的なデータということになる。さらに，学校の中に学級があり，その中に生徒がいる，といった3段階の階層性をもったデータも当然階層的データである。

マルチレベルモデルが必要になるのは，このような階層的データを分析するときである。そもそも「マルチレベル」とは，データの水準が複数あることを意味している。すなわち，2段階以上の水準でサンプリングをすることによって，階層性をもったデータを適切に扱うための方法論である，ということである。次節で述べるように，階層性をもったデータを従来の方法（たとえば普通の回帰分析）で分析するといくつかの問題が生じる。その問題を解決するために提案されたのが，本書で扱おうとしているマルチレベルモデルなのである。

表1-3　個人の反復測定データの例

個人 ID	Occasion	変数1	変数2	変数3	変数4
1	1	4.9	5.09	4.44	3
1	2	4.05	2.84	1.27	3
1	3	5.24	2.75	1.96	3
1	4	1.81	1.64	3.42	3
2	1	2.7	3.23	2.21	1
2	2	3.82	3.98	0.59	1
2	3	1.34	2.52	4.33	1
2	4	1.07	3.52	0.63	1
3	1	1.63	1.45	2.76	4
3	2	1.94	3.94	2.5	4
3	3	4.09	2.95	1.68	4
3	4	3.13	4.07	5.06	4
⋮	⋮	⋮	⋮	⋮	⋮

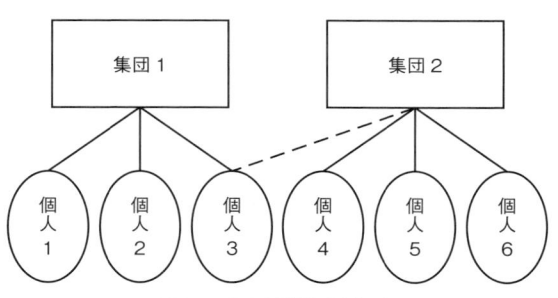

図1-1　入れ子構造のデータ
個人3が集団1にも集団2にも所属する場合は，入れ子構造ではない

3 階層的データを従来の方法で分析することの問題点

前節では，データの階層性とは何かについて説明した．本節では，そのような階層的データを従来の方法で分析した場合に，どのような問題が起こるのか，そしてそれはどのように解決できるのかについて解説しよう．ただし，ここでいう従来の方法とは，データの階層性を無視した手法を指し，具体的にはピアソンの相関係数や回帰分析のことを指している．

従来法を用いることの問題点

階層的データを従来の方法で扱う問題点は，大きく分けて2つある．1つは，サンプルの独立性の仮定への違反の問題，もう1つは，得られた効果を解釈できないという問題，である（Gonzalez & Griffin, 2000）．

(1) サンプルの独立性仮定への違反

すでに述べたように，階層的データとは，「2段階以上のサンプリングによって，入れ子構造になったデータ」のことである．では，入れ子構造になったデータには，どのような特徴があるのだろうか．

たとえば，学校をサンプリングした後，生徒をサンプリングするような場合を考えよう．この場合，学校をランダムにサンプリングしていれば，各学校は独立なサンプルである．しかし，学校の中の生徒をサンプリングする段階において，学校内の生徒は独立なサンプルではないだろう．なぜなら，学校A内の生徒同士は，ほかの学校の生徒に比べて，なにかしら似ている特徴があると考えられるからである．極端な場合，各学校に1つだけ与えられるようなデータの場合，その学校内の生徒はみんな同じ得点になる．

このように，階層構造をもったデータは，個々のサンプルが独立ではなくなっている，という問題をもっている．

サンプルが非独立であることの問題は，表1-4のデータの変数1と変数2の相関係数を算出することを思い浮かべるとわかりやすいだろう．ここでは，両方の変数は集団単位で同じ値が入っていることに注意しよう．このように集団に1つだけ与えられるようなデータを個人単位で相関係数を求めるのは，データを水増ししているように思える．実際，下のデータを$N=12$として相関係数を

表1-4 集団単位のデータを個人単位に並べたデータ

集団ID	個人ID	変数1	変数2
1	1	2	3
1	2	2	3
1	3	2	3
1	4	2	3
2	5	5	1
2	6	5	1
2	7	5	1
2	8	5	1
3	9	3	4
3	10	3	4
3	11	3	4
3	12	3	4

算出し検定することは，自由度を大きく見積もりすぎるという問題がある。このように集団に1つだけのデータに限らず，階層的データは内部で似ているがゆえに，これと同じような問題をもっているのである。

統計学的な方法論は，サンプルが独立に抽出されているというのが大前提で作られたものがほとんどであり，この仮定が満たされないと推定結果を誤ることになる。それは，サンプルの独立性仮定が，標本分布が特定の統計分布（たとえば正規分布，t 分布，F 分布など）に従うための条件となっているからである。たとえば，よく知られた平均値の差の検定（t 検定）も，サンプルが独立に収集されていない場合は，検定結果が正しくならないことが知られている（栗田, 1996）。

サンプルの非独立性は，別の言い方をすれば，データ内部に局所的な相関が生じているということでもある。先ほどと同様にいくつかの学校からそれぞれ生徒をサンプリングする場合を考えてみよう。このようなとき，学校A内の生徒同士は，ほかの学校の生徒よりもより「似ている」はずであるし，学校B内の生徒も同様にほかの学校の生徒に比べれば似ている。この似ている程度が，データ内部の相関のことである。これを「集団内類似性」と呼ぶことにする。

集団内類似性が大きければ大きいほど，それを考慮しない従来の統計法で分析する際に，バイアスの程度も大きくなる。具体的にどのようなバイアスが生じるかといえば，データの自由度を過剰に見積もってしまうため，推定値の標準誤差が小さく推定されてしまう。つまり，検定をした場合に本当は有意ではないのに，誤って有意と報告してしまう誤り，いわゆる第一種の過誤を犯しやすくなるのである。極端な例を挙げれば，100人のデータを3倍にして300人にしてしまうような誤りを犯しうるのである。

このように，集団内の類似性が大きいほど自由度を大きく水増ししている状態になっているといえるのである。しかし，逆にいえば，たとえデータが入れ子構造でも，集団内類似性がなければ，問題は生じない。なぜなら，データが入れ子構造であることが問題なのではなく，サンプルが非独立であることが問題だからである。サンプルの非独立性を生じさせるのは，集団内でデータが類似している場合なのである。集団内類似性の評価の仕方は，次節で解説する。

（2）得られた効果が解釈できないことの問題

次に，階層的データを分析した結果を，階層的ではないデータの分析結果と同じように解釈してしまうことの問題点について指摘する。

たとえば，大学単位で100校をサンプリングした後，大学内で生徒を100人ずつサンプリングし，全国模試の成績と下宿生か自宅生であるかをデータとして収集したとする。下宿生を1, 自宅生を0とすると表1-5のようなデータセットが得られる。

このとき，仮に下宿生の成績は平均78点，自宅生の成績は72点で，t 検定の結果，有意な差であったとしよう。この場合，どのように解釈したらよいだろうか。

従来の考え方では，「下宿をすると学生の成績は良くなる」，という結論が導かれる。しかし，今回のような2段階のサンプリングを行ったデータでは，学校単位で解釈すべきか，個人単位で解釈すべきかが実は判断できない。すなわち，「下宿をする学生は，成績が良い」という個人単位の解釈をすべきなのか，「下宿生が多い大学は，成績の良い学生が多い」という大学単位の解釈をするべきなのかが不明である，ということだ。実際，偏差値の高い大学は全国各地から学生が来るため，下宿する割合は高いかもしれない。

すなわち，従来法では，全国模試の成績と下宿をするかしないかの程度について大学間に差があ

表1-5 大学と学生をサンプリングした階層的データの例

学校ID	個人ID	成績	下宿
1	1	52	0
1	2	55	0
1	3	55	1
1	4	53	1
1	5	73	0
⋮	⋮	⋮	⋮
2	101	70	0
2	102	65	1
2	103	76	1
2	104	50	0
2	105	62	1
3	106	70	1
⋮	⋮	⋮	⋮

れば，得られた差や相関係数が個人単位の効果なのか，集団単位の効果なのかが区別できないのである。そして，解釈のレベルを間違えた場合，当然得られる結論も誤ったものになるだろう。これが効果の解釈についての問題である。

この問題は，相関係数でも同様である。たとえば下宿の有無と成績の相関係数が $r = 0.24$ で有意であったとしよう。この $r = 0.24$ の相関係数も同様に集団単位の影響による効果なのか，個人単位の影響によるものなのかが区別できない。集団単位の影響がほとんどで，個人の影響がまったくないかもしれないし，場合によっては，集団単位の影響がもっと大きいが（たとえば 0.5 ぐらい），個人単位の相関が負である結果（たとえば − 0.25 ぐらい），0.24 という相関係数になっているかもしれない。

集団平均値同士の相関に，なぜ個人レベルの情報が含まれうるかについて疑問をもつ読者もいるかもしれない。たとえば，ある集団に，集団の性質とは関係ない原因で，相関を見たい2変数の両方が極端に高い個人がいたとしよう。この場合，その個人の極端な得点は集団平均値を押し上げることによって，集団平均値間の相関として表れてしまうのがわかるだろう。ただし，もし集団内の人数が十分に多ければ，その極端な得点は集団平均値に寄与する程度が小さくなるため，集団平均値間の相関への影響も小さくなる。つまり，集団内人数が少ない場合，あるいは集団内類似性が小さい場合，個人レベルの情報が集団平均値に混入してしまう危険性が高くなるのである。

このように，階層的データの場合，われわれが普段使い慣れている従来の方法では，差にしても相関にしても，集団と個人の影響がそれぞれ混在した状態でしか得られないのである。

階層的データへの限定的な対処方法

すでに見てきたように，階層的データを従来の方法で分析するのは問題があった。では，どのようにこの問題に対処すればよいだろうか。ここからは，階層的データに対して見られる，誤ったあるいは限定的な対処法について触れ，なぜそれが問題なのかについて解説する。

(1) 集団ごとの平均値を算出して，集団単位で分析する

まず思いつく方法は，この解決法だろう。集団ごとに平均値を算出すれば，データは集団に対して1つずつになるため，サンプルの非独立性の問題は回避することができる。また，自由度を不当に多く見積もる心配もない。

しかし，データを集団で平均化する方法では，効果が集団単位と個人単位で混在している問題については解決することはできないことが知られている。それは，集団平均の分散には，実は集団単位の分散に加えて，個人単位の分散も含まれているからである（Gonzalez & Griffin, 2000）。よって，集団平均の差や相関係数には，依然として集団単位の影響と個人単位の影響が混在してしまっているのである。この点については，次節に詳しく解説する。

また，集団で平均化することの問題点として，データの情報を大きく損失してしまっているという点も挙げられる。100校からそれぞれ100人ずつサンプリングした場合，10,000ものデータがあるわけだが，集団で平均化すると100のデータとなってしまう。これは，多くの研究労力を費やしたわりには非常に貧弱な情報量であり，標準誤差を過剰に大きく見積もってしまう（推定精度を低く見積もる）だろう。

(2) 集団の効果をコントロールする

集団と個人の効果が混在することの問題点を回避する方法として，集団の差をコントロールしてしまうという方法も考えられる。その方法として，集団を識別する要因を分析に組み込んだ分散分析をする，あるいは偏相関分析をする，などが考えられる。

この方法は，確かに集団と個人の効果が混在するという問題を回避することができる。なぜなら，集団の効果を統制するため，純粋な個人の効果を取り出すことができるからである。ただし，集団効果を取り除くことから，集団の効果そのものを知ることはできなくなってしまうのが欠点である。

また，集団の差を統制する方法として，各変数について集団平均を得点から引いた残差得点を用いて分析する方法でも，純粋な個人単位の影響を検討することができる。ただしその場合は，自由度の計算には注意が必要である。従来法による自由度から集団の数を引いたものを自由度として検定を行う必要がある。

(3) 集団から1つだけデータを選び，分析する

この対処は，2者関係データなどでよく使われる方法である。サンプリングした集団から1つだけデータを使えば，データの階層性がなくなるため，サンプルの非独立性も解釈の問題もなくなる，というわけである。

しかし，これも(1)で指摘したように，データがもつかなりの情報を損失することになるのが一番の問題である。また，階層的データではなくなるため，そもそもの関心であった，個人と集団の階層性については何もわからなくなってしまう。

階層的データの適切な解決法

階層性のあるデータを適切に分析するにはどうすればいいのだろうか。それは本章で何度も述べてはいるが，マルチレベルモデルを使うことである。マルチレベルモデルを使えば，これまで問題とされていたサンプルの非独立性の問題，個人と集団単位の影響が混在している問題に適切に対処することができる。

ではどのようにして，マルチレベルモデルは階層的データを適切に対処しているのだろうか。詳しくは次節に譲るが，ここでは簡単に触れておこう。

階層的データは，繰り返しになるが，「2段階以上のサンプリングによって，入れ子構造になったデータ」のことであった。そして，それによって引き起こされる問題は，サンプルの非独立性と，

効果に個人と集団単位の効果が混在することであった。実はこの2つの問題は，サンプル内部に存在する集団内類似性が元凶なのである。すなわち，この集団内類似性を評価し，適切に対処することができれば，データの階層性の問題は解消するのである。

逆にいえば，集団内類似性がなければ，たとえ構造上データが入れ子になっていても，従来の方法で分析することが可能なのである。仮に集団内類似性がないデータをマルチレベルモデルで分析したとしても，従来法と同じ結果を得ることになる。このことから，データの階層性において本質的に重要なのは，集団内類似性である，ということがわかる。

次節では，階層的データがもつ相関構造をどのように評価するのかについて解説する。

4 集団内類似性の評価

前節では，階層的データに集団内類似性があることによって，サンプルの非独立性の問題や個人・集団単位の効果の混在の問題が引き起こされることを見てきた。そこで本節では，集団内類似性を評価する方法について解説する。

集団内類似性を統計的に評価するために使うのは，級内相関係数（Intra-class Correlation Coefficient: ICC）を用いる。級内相関係数を理解するためには，まず分散分析を理解しておく必要がある。なぜなら，級内相関係数は分散分析で用いられる公式を利用して計算することができるからだ。そこで，一元配置分散分析について簡単におさらいしておこう。

一元配置分散分析

一元配置分散分析は，複数の水準の平均値に差があるかどうかを検討する方法である。各水準間の差を2乗したものを合計し，その大きさを評価することで全体に違いがあるかどうかを検定する。このとき平均値からの偏差を2乗したものの合計を（偏差）平方和と呼ぶ。分散分析では，以下のような等式が成立することが知られている。

$$\text{全体の平方和} = \text{群間の平方和} + \text{群内の平方和} \qquad \text{式1-1}$$

全体の平方和は，各得点から全体平均を引いた偏差の平方和である。群間の平方和は，各群の平均値から全体平均を引いた偏差の平方和である。群内の平方和は，各得点から，所属している群の平均値を引いた偏差の平方和である。この等式が意味しているのは，データ全体の情報は，各群の違いを表す情報とそれ以外の誤差に分解できること，またそれらが独立している（無相関である）ことを示している。

分散分析では，群間平方和を要因の自由度で割った群間平均平方（Mean Square between group: MS_B）と，群内平方和を誤差の自由度で割った群内平均平方（Mean Square within group: MS_W）を比較して検定を行う。つまり，以下の式1-2で検定統計量である F 値が求まる。

$$F = MS_B / MS_W \qquad \text{式1-2}$$

F値はF分布に基づく値であり，要因と誤差の自由度が決まれば，有意かどうかの検定ができる．もしF値が十分大きな値であるなら，つまり誤差の効果の大きさに比べて要因の効果が十分に大きいなら，要因の効果が有意であると判断できる．これが一元配置分散分析である．

群間の分散と群内の分散

分散分析は，上記のように要因の効果と誤差の効果を比較することで検定を行う．F値の計算に用いる平均平方は，平方和を自由度で割ったものであるため，実は群間・群内それぞれの不偏分散を計算していることと等しいのである．これが，分散分析という名前の由来でもある．

このように，要因の効果と誤差の効果は，分散で表現することができる．仮に群間の分散が0であるなら，すべての群の平均値が等しいことを意味しており，要因に効果あるいは情報がまったくないことが容易にわかるだろう．

また，群間の分散が全分散と等しいなら，群内の分散は自動的に0であることも式1-1から容易に理解できると思う．要因の効果は，群間の分散と群内の分散の相対的な関係によって決まるのである．グラフで見ると，分散分析における群間の分散と群内の分散の違いがよくわかるかもしれない．図1-2では，要因における差の大きさは等しいが，誤差の大きさが違っている．グラフのエラーバーは群内の分散の大きさを意味している．左側は要因の効果は有意で効果量も大きいが，右側は非有意で効果量も小さい．群間の分散が同じでも，群内の分散（誤差の分散）が違えば相対的に群間の効果が小さくなることがわかる．

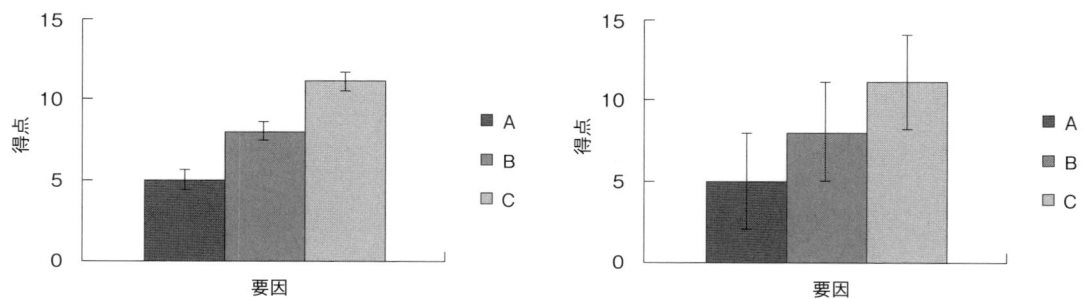

図1-2　群間分散が等しいが，群内分散が異なる2種類のデータ

級内相関係数

さて，ここで級内相関係数の話に戻ろう．級内相関係数は，集団内の類似性を評価する指標であると述べた．実は集団内の類似性は統計学的には，集団間における差の効果の大きさと等しくなるのである．上の図を見るとわかるように，各群で得点がちらばっていない（群内の誤差が小さい）左のグラフは，いいかえれば，各群の差の効果が大きいともいえるのである．

具体的に，級内相関係数は，以下の式1-3で計算することができる．

$$\mathrm{ICC} = (\mathrm{MS_B} - \mathrm{MS_W}) / (\mathrm{MS_B} + (k^* - 1)\,\mathrm{MS_W}) \qquad 式1\text{-}3$$

ここでk^*は，集団内の平均的な人数を示している．この式は，群間の分散である$\mathrm{MS_B}$が大きくなるほど高くなり，群内の分散である$\mathrm{MS_W}$が大きくなるほど，低くなるようになっている．このことから，群間の分散の相対的な大きさ（分散比率）を意味しているといえる．級内相関係数は，

定義上 $-1/(k^*-1)$ から1までの大きさをとる。MS_B が0の場合に $-1/(k^*-1)$，MS_W が0の場合に1となる。ただし，級内相関係数は分散の比率を意味していることから，負数を定義に含めるかどうかは立場によって異なる場合がある。

級内相関係数は，有意性検定も行うことができる。有意性検定は，母集団の級内相関係数が0と仮定した場合に，データから得られる級内相関係数が得られる確率を用いて行われる。この確率は，実は集団を要因とした一元配置分散分析によって得られる p 値と一致する。そのため，検定統計量 F 値は，式1-2で得ることができる。

また，級内相関係数によく似た指標に，内的一貫性指標がある。よく知られたクロンバックの α 係数などがそれである。内的一貫性（本書ではICC（2）と呼ぶ）は，以下の式1-4で求めることができる。

$$\mathrm{ICC}(2) = (\mathrm{MS_B} - \mathrm{MS_W})/\mathrm{MS_B} \qquad 式1\text{-}4$$

ICC（2）は式を見てわかるように，MS_W が小さくなるほど高くなるようになっている。ICCとICC（2）は，比例の関係にあり，ICCが大きければ，ICC（2）も同時に大きくなる。ICCとICC（2）の違いは，ICC（2）は集団内の人数が大きくなるほど高くなる一方，ICCは集団の大きさに左右されないことがあげられる。またICC（2）のことを6章では「集団平均の信頼性」と呼んでいる。

データの階層性の判断

集団内類似性を評価するための指標として，級内相関係数を紹介した。データに階層性があるかどうかは，1-3節で触れたように，データに集団内類似性が存在するかどうかで判断することができる。つまり，級内相関係数が高ければ集団内類似性が存在するため，1-3節で解説したように従来の方法では問題が生じるので注意が必要だ。

では，どれほどの級内相関係数があれば，従来法で問題が生じるほどの階層性があると判断したらいいだろうか。これについては，明確な基準はないが，いくつかの説がある。

①級内相関係数が有意である場合
②級内相関係数が0.1を超えている場合（0.05とする立場もある）
③デザインイフェクト（Design effect: DE, 後述）が2以上の場合。ただし，

$$DE = 1 + (k^*-1)\mathrm{ICC} \qquad 式1\text{-}5$$

最もわかりやすいのが①の基準だろう。級内相関係数が有意であれば，母集団の集団内類似性が0とは言えないので，データが階層的であることの判断としては有力な基準である。しかし，有意性はサンプルサイズに大きく依存することが問題点として挙げられる。サンプルサイズが少ない場合は級内相関が有意でなくても，データが階層的である可能性も否定できない。また，サンプルサイズが非常に大きい場合，ほとんどの級内相関係数が有意となってしまうため，無視できる程度の階層性に対しても敏感に反応してしまう可能性がある。

そこで，②の基準が有用になりえる。つまり，級内相関係数がある値以上であればデータが階層的であると判断する，というものである。一番よく使われるのは0.1以上という基準であるが，それに絶対的な意味があるわけではない。また，この方法にも問題がないわけではない。というのも，

データの階層性の問題には，級内相関の大きさに加えて，集団内の人数も影響するからである。すなわち，同じ級内相関係数でも，集団内の人数が 10 人の時と 100 人の時では，推定結果に与える影響の大きさは違うのである。集団の人数が大きいほどより深刻になりえる。

集団内の人数の影響を考慮に入れた指標が③のデザインイフェクトを使うものである。デザインイフェクトは，集団内の平均的な人数と級内相関係数の両方を考慮に入れた基準で，2 以上の場合はデータに階層性があると判断したほうがよいとされている。ただし，この指標は 2 者関係データの場合常に 2 以下となるため，集団内の人数が少ない場合には有効ではない。

このようにこれら 3 つの基準は，それぞれ限界点があるため，手元のデータに合わせて柔軟に判断する必要がある。一応，筆者の個人的な経験に基づく意見を書かせてもらえば，級内相関係数が 0.1 を超えているなら，データの階層性を疑ったほうがよいだろう。また，0.1 より小さくても，デザインイフェクトが 2 より大きければ，データの階層性を疑ったほうがよいだろう。ただし，仮にこれらの基準を超えていたとしても，集団の数が 5 以下なら，マルチレベルモデルではなく，多母集団分析を用いたほうが有効である場合が多い。

本節までは，データの階層性がどういうものか，どういう問題があり，どのように判断したらいいのかについて解説してきた。次節からは，ようやくマルチレベルモデルとはどのようなものかについて解説する。

5　マルチレベルモデルの考え方

これまで述べてきたように，マルチレベルモデルは階層性のあるデータに対して適切な分析を行うための方法論である。本節では，具体的にマルチレベルモデルがどのように階層的なデータに対してモデリングするのかについて解説する。

集団レベルと個人レベル

生態学的誤謬の例で挙げたように，階層的データは集団単位の情報と，個人単位の情報の両方をもっている。そして，この 2 つのレベルを混在した相関係数を算出することは，推定値にバイアスが生じるとともに，解釈にも誤りが生じうる。

マルチレベルモデルでは，階層的な構造をもつデータの分散が集団間の変動によるものと，集団内の変動，つまり個人独自の変動に分解できると考える。この集団間の変動のことを「集団レベルの分散」，集団内（個人間）の変動のことを「個人レベルの分散」と呼ぶことにしよう。すると，以下の式 1-6 のように変数の分散が分解できると仮定する。

$$\text{変数の分散} = \text{集団レベルの分散} + \text{個人レベルの分散} \qquad \text{式 1-6}$$

この式の意味するところは，変数が集団の効果と個人の効果の線形結合で表現できる，ということである。すなわち，集団の変動と個人の変動は独立であることが仮定される。図で示すと，図 1-3 のようなイメージになる。

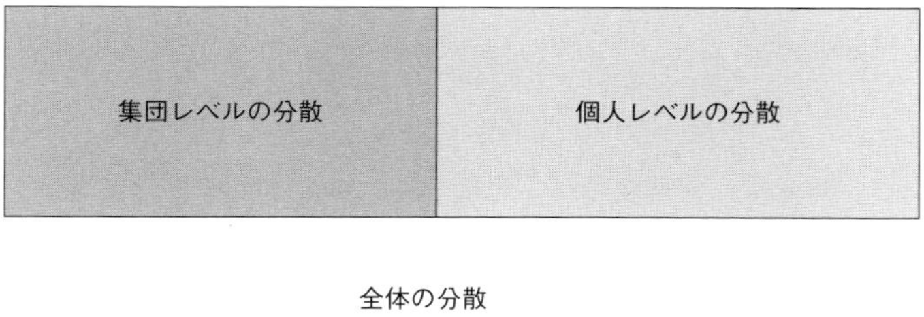

|集団レベルの分散|個人レベルの分散|

全体の分散

図1-3 変数の分散は，集団レベルの分散と個人レベルの分散の和で表現できる

　前節で解説した級内相関係数は，実は全体の分散に占める集団レベルの分散の大きさとして表現することができる。つまり，以下の式1-7のようになる。

　　　ICC=集団レベルの分散 / 全体の分散　　　　　　　　　　　　　　　　　　　　式1-7

　すなわち，もし集団レベルの分散が0なら，級内相関係数も0となる。一方，変数の全分散が集団レベルによって説明されるなら，級内相関係数は1となるのである。よって，級内相関係数がある一定値以上であるなら，データには集団単位で説明することができる情報が含まれているということができる。逆にいえば，級内相関係数が存在しない場合，データはすべてが個人レベルの情報でしかないため，従来の方法で分析することができるのである。このことからも，級内相関係数（つまり集団内類似性）が階層的データの本質であることがわかるだろう。

　このように，マルチレベルモデルは階層的データのもつ，集団レベルの分散と個人レベルの分散をそれぞれ推定してモデリングをする。モデリングの方法そのものはマルチレベルモデルの種類によって異なるが，目的となる変数の分散を集団レベル・個人レベルに分解して，説明変数がもつ効果をそれぞれ推定するという点では共通している。マルチレベルモデルがデータの階層性を適切に処理するとは，「集団・個人レベルの分散をそれぞれ推定してモデリングする」ということなのである。こうすることで，サンプルの非独立性や，集団と個人の効果の混在の問題の両方を解決することができるのである。各レベルの解釈の仕方については，次章で詳しく解説する。

　なお，マルチレベルモデルの文脈では，集団レベルの効果をBetween level effectと呼ぶことが多い。また個人レベルの効果をWithin level effectと呼ぶ。マルチレベルモデルは，常に個人と集団の階層性を意味するわけではないので，このような一般的な呼び方をするのである。本書でも，集団レベルのことをBetween，個人レベルのことをWithinと呼ぶことがあるので注意してほしい。

マルチレベルモデルのイメージ

　マルチレベルモデルは，個人レベルと集団レベル（あるいはWithinレベルとBetweenレベル）に分散を分解し，それぞれのレベルの効果を推定する。ただし，マルチレベルモデルの仮定から，集団レベルの分散と個人レベルの分散は相互に独立しているため，同じレベルの分散同士にしか相関は仮定することができない。なぜなら，1つの集団に目を向けた場合，個人レベルは分散があるが，集団レベルの分散は0（値が1つしかないため）になるからである。よって，個人レベルと集団レベル間に相関は生じない。

　集団レベルと個人レベルの相関を分解するイメージを図にすると図1-4のようになる。集団レベルの効果は，集団レベル同士の間の関連であり，また個人レベルの効果も同様に個人レベル同士の

関連を意味している。仮に集団レベルと個人レベルの相関を推定しても，0となる。

1-3節で，従来の方法で推定される効果が集団レベルの効果と個人レベルの効果が混在したものであると述べたが，そのことの意味が図1-4でわかるだろう。変数Aと変数Bの関連を示す効果は，個人レベルと集団レベルの分散に分解することによって，推定することができる。また，もし両方の級内相関係数が0ならば，変数間の関連を示す効果はすべて個人レベルの効果であると解釈することができる。一方，両方の級内相関係数が1ならば，変数間の関連の効果はすべて集団レベルによるものである。このようにして，マルチレベルモデルを使えば，集団と個人のそれぞれのレベルに基づいた効果を推定することができるのである。

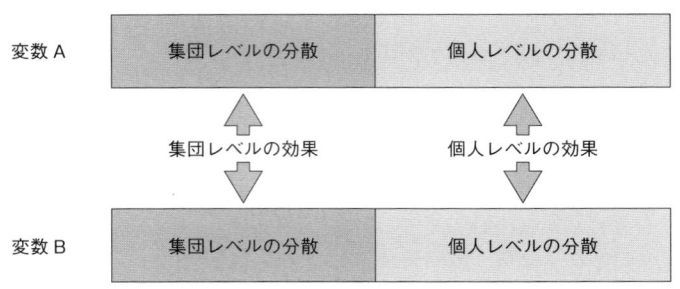

図1-4 集団レベルの分散同士の関連と，個人レベルの分散同士の関連

個人レベルと集団レベルの効果の解釈

マルチレベル分析では，すでに述べたように，個人レベルと集団レベルの2つの効果が検討できる。それでは，これらの効果はどのように違っていて，どのように解釈すればいいのだろうか。

まず集団レベルは，集団を単位とした効果を推定しているものと考えられる。たとえば，大学生の模擬テストの成績と住宅環境（下宿・自宅）の関連を考えた場合，解釈の単位は大学である。すなわち，「下宿生の多い大学は平均して模擬テストの成績が高い」，といった感じである。

一方，個人レベルはどうだろうか。個人レベルの効果は，解釈の単位はもちろん個人である。しかし個人レベルの得点は集団の平均からの偏差であるから，集団の効果を取り除いた効果であるといえる。つまり，集団内の相対的な位置づけに基づいて解釈する必要がある。具体的には，「同じ大学内で見れば，下宿している人の模擬テストの成績は高い」，といった解釈となるだろう。

ここで挙げた解釈の仕方は，あくまで一例である。実際のそれぞれのレベルの具体的な解釈は，データの取り方や背景にある理論，分析モデルによって変わってくるだろう。本書では，以降の章で具体的な分析手法について解説するので，各章でより詳細に個人レベルや集団レベルの効果をどう解釈すればいいかについて習得してもらえればと思う。

6　マルチレベルモデルの種類

マルチレベルモデルといっても，さまざまな手法が提案されている。最も多く利用されるマルチレベルモデルはラウデンブッシュとバーク（Raudenbush & Bryk, 2002）の階層線形モデル（Hierarchical Linear Modeling: 以下HLM）だろう。これは，回帰分析を階層データに対応させたもので，多くの論文で用いられている方法である。本書でもHLMの解説と実践に紙面の半分を費やしている。また，分散分析を階層データに対応させたものとして，線形混合モデル（Linear

Mixed Model）があるが，統計モデルとしては HLM と同じである。さらに，本書では扱わないが，HLM を発展させて，従属変数が正規分布ではない分布や，連続データではないものに対応させたモデルとして，一般化線形混合モデル（Generalized Linear Mixed Model: 以下 GLMM）がある。

回帰分析ではなく，相関係数を階層データに対応させたものとしては，ケニーとラボワ（Kenny & LaVoie, 1985）の集団レベル・個人レベル相関分析（以下，マルチレベル相関分析）がある。この手法は，因果関係の推定は行わないが，マルチレベルモデルを実行する前の基礎的な情報を得るための手法としては有用である。

HLM の次に多く利用されているのが，マクドナルドとゴールドスタイン（McDonald & Goldstein, 1989）のマルチレベル構造方程式モデリング（以下，マルチレベル SEM）である。これは，SEM を階層データに対応させたものである。まだ利用頻度が少ないモデルではあるが，マルチレベル SEM を実行するソフトウェアが普及しつつあるので，今後注目される手法であることは間違いないだろう。本書でも後半（6 章から 8 章）は，この手法について解説する。

時系列データの階層性を扱う手法としては，マクアードル（McArdle, 1988）の潜在曲線モデル（Latent Curve Modeling: LCM）がある。この手法は，反復測定データに対して，個人内の変化量をモデリングする手法である。本書では扱わないが，SEM の下位モデルとして推定できるので，多くの研究事例がある。

ペアデータに特化したマルチレベルモデルもある。本書の 9 章で解説するケニー（Kenny, 1996）の行為者 – 観察者相互依存性モデル（Actor-Partner Interdependence Model: 以下 APIM）がある。この分析法は，ペアデータの相互依存性をモデリングする手法ではあるが，SEM や HLM の下位モデルとして表現することができる。

上で紹介したマルチレベル分析の手法は，多くのソフトウェアで分析することができる。表 1-6 に記しているように，Mplus を用いればすべてのマルチレベルモデルを実行することができる。マルチレベル SEM やマルチレベル相関分析は，SEM が実行できるソフトであれば，制限があるが，部分的に実行可能である。APIM は SEM や HLM の下位モデルなので，SEM か HLM が搭載されていれば実行できる。なお，一番右にある HAD（清水・村山・大坊, 2006）というソフトは筆者が作成したフリーソフトウェアで，マルチレベル相関分析，HLM，そしてマルチレベル SEM を実行することができる。HAD の使い方については，各分析手法の説明とともに解説する。

表1-6 マルチレベル分析の種類と，対応しているソフトウェア

分析法	SPSS	SAS	R	Mplus	HLM7	HAD	章
階層線形モデル（HLM）	○	○	○	○	◎	○	2〜5章
マルチレベル相関分析		△	△	○		○	6章
マルチレベル構造方程式モデリング（ML-SEM）		△	△	◎		○	6〜8章
Actor-Partner Interdependence Model（APIM）	○	○	○	○	○	○	9章

本章では，階層的データについて，そしてその問題点を解説し，マルチレベルモデルがその問題を解決するための手法であることを説明した。以降の章では，より具体的に個々の方法について解説する。

第2章

階層線形モデリング
理論編

　本章では，マルチレベルモデルで最も利用されることが多い，階層線形モデリング（Hierarchical Linear Modeling: HLM）について解説する。HLM は重回帰分析を発展させたマルチレベルモデルで，推定されるパラメータの多くは重回帰分析と共通している。そこで，まずは回帰分析についておさらいし，その後 HLM のメカニズムについて解説する。

1　回帰分析

　回帰分析とは，1つの目的変数を説明変数で予測するための分析手法である。ここでいう「予測」とは，説明変数が増える（減る）ほど，目的変数も増える（減る）というような線形関係を仮定している。つまり，1次方程式によって目的変数を説明するのが目的である。ここで，目的変数を Y，説明変数を X とすると回帰分析は以下の式 2-1 で表現される。

$$Y_i = a + bX_i + r_i \qquad \text{式 2-1}$$

　ここで，a は切片と呼ばれ，Y 軸と関数が交差する点を意味している。そして b は回帰係数と呼ばれ，説明変数 X が1単位増えたとき，目的変数 Y が何単位増えるかを意味している。また，r は予測式と実際の目的変数との差，つまり残差（residual）を意味している。残差は個人によって変わるので，添え字の i がついている。

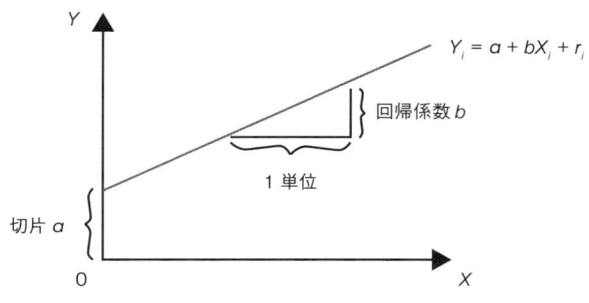

図 2-1　回帰分析の切片と回帰係数

　たとえば，学校の成績を予測するのに生徒の家の社会階層が影響するという仮説を立てたとしよう。その仮説を回帰分析で検証する場合，社会階層が高くなるほど学校の成績が良くなるという線形関係を想定するということになる。このとき，回帰分析で得られる切片は社会階層得点が0点の

ときの成績，回帰係数は社会階層得点が1点増えたときに，成績が何点上昇するかを意味している（図2-1を参照）。

たとえば，有名なアイリスデータで回帰分析をしてみよう。アイリスデータは3種のアヤメを50ずつ集めて，花弁などの大きさを測定したものである。ここで，3種のアヤメの花弁の長さと花弁の幅のデータを使って回帰分析をしてみよう。花弁の長さを花弁の幅から予測するモデルの場合，

$$\text{花弁の長さ} = \text{切片} + \text{回帰係数} \times \text{花弁の幅} \qquad \text{式 2-2}$$

という回帰式を構築できる。これを回帰分析で解くと式2-3を得る。

$$\text{花弁の長さ} = 1.084 + 2.230 \times \text{花弁の幅} + \text{誤差} \qquad \text{式 2-3}$$

これは，花弁の幅が0センチのとき，花弁の長さは1.084センチあり，花弁の幅が1センチ大きくなるにつれて，花弁の長さは2.23センチ大きくなっていくということを示している。すなわち，花弁の幅よりも長さのほうが常に長く，またその関係は線形の関係にあるということである。

回帰分析の残差と推定精度

回帰分析は，目的変数を最もよく予測できる切片と回帰係数を推定することが目的である。よって，目的変数とモデルの差（これを残差と呼ぶ）を小さくする回帰式を求める必要がある。残差を最小にする方法として，最小2乗法がある。最小2乗法は，残差の2乗和を最も小さくする推定値を求めるための方法であり，回帰分析に限らず，分散分析や因子分析など多くの分析手法で用いられる推定方法である。ここでは最小2乗法の具体的な方法には触れないが，回帰分析の場合は最小2乗解が解析的に（反復計算なしに）求められることがわかっている。

残差は，モデルによる予測と個人の目的変数の実測値との差であるので，個人（個体）ごとによって異なる値となる。そこで回帰分析では，残差を平均が0の確率分布に従う，確率変数として扱う。確率変数とは，特定の確率分布（回帰分析では正規分布）に従う，確率的に変動する変数のことである。確率変数として残差を扱うことのメリットは，1人ひとりの残差を推定するのではなくモデル全体の残差の散らばりの程度，すなわち分散を1つだけ推定すればよい，という点である。もし1人ひとり残差をモデルから推定すると，推定するべきパラメータが集めたデータ数よりも多くなってしまうため，とても推定が不安定になってしまう。その点，残差を正規分布に当てはめてその分散のみを推定すればよいのであればとても効率がよい。よって，回帰分析では残差については個人ごとの値を推定するのではなく，残差の分散（2乗和）を推定する。

残差分散が小さいことは，モデルの予測精度がよいことを意味し，回帰係数の有意性検定や，モデル全体の予測力を知るのに用いることができる。一方で，説明変数によって説明することができる分散を説明分散と呼ぶ。残差分散と説明分散は表裏一体の関係であり，予測したい目的変数の分散は，以下の式2-4のように説明された分散と残差の分散の和で表現することができる。

$$\text{目的変数の分散} = \text{説明分散} + \text{残差分散} \qquad \text{式 2-4}$$

分散は定義上，0より大きな値をとるため，推定精度の高さ，つまり説明率は以下のような式2-5で知ることができる。

説明率 ＝ 説明分散 / 目的変数の分散　　　　　　　　　　　　　　　　　　　　　式2-5

説明率は，0～1の範囲を取り，説明変数によって目的変数の情報の何パーセントを説明することができるかという予測力を意味している。説明率を表すこの指標は，回帰分析では特に決定係数と呼ばれる。

さきほどのアイリスデータの回帰分析の決定係数は，0.927であり，花弁の幅は，花弁の長さを知りたいとき，93%の予測力を持っているといえる。実際に回帰分析の結果を散布図で表示してみると，その予測力の高さを理解することができる（図2-2）。

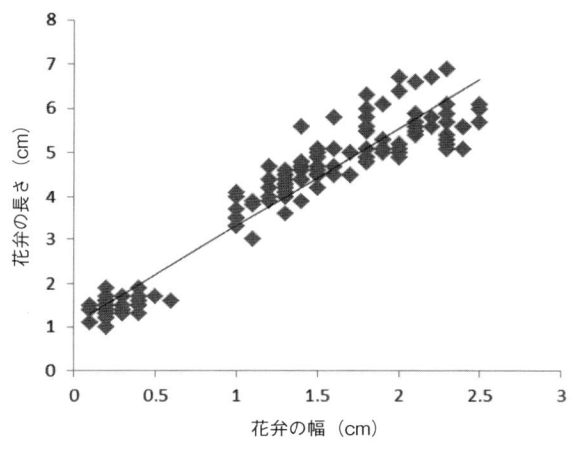

図2-2　アイリスデータの回帰分析結果

重回帰分析

回帰分析では，目的変数は1つだが説明変数は複数であっても構わない。説明変数が複数のときは特に，「重回帰分析」と呼ぶ。重回帰分析であっても，目的変数を1次方程式で表現することには変わりはない。

$$Y_i = a + bX_i + cZ_i + r_i$$

このとき，aは切片で，bとcが回帰係数である。ただし重回帰分析の場合，bやcは偏回帰係数と呼ばれる。偏回帰係数とは，他の説明変数が0点の場合の回帰係数である。これが意味することは，他の変数の影響が一定の場合にその説明変数が1単位上昇したときの目的変数の変化量，ということである。

さきほどのアイリスデータで重回帰分析をしてみよう。花弁の長さを予測するときに，萼の幅と長さも同時に回帰式に投入することを考える。すると回帰式は，

$$\text{花弁の長さ} = \text{切片} + \text{係数}1 \times \text{萼の幅} + \text{係数}2 \times \text{萼の長さ} + \text{係数}3 \times \text{花弁の幅} \quad \text{式 2-6}$$

となる。この回帰分析の結果は，式 2-7 のようになった。

$$\text{花弁の長さ} = -0.263 + 0.729 \times \text{萼の幅} - 0.646 \times \text{萼の長さ} + 1.447 \times \text{花弁の幅} \quad \text{式 2-7}$$

萼の特徴を回帰式に投入しても，花弁の幅の回帰係数は大きいままであった。そして，この回帰式の決定係数は，0.968 で花弁の幅だけの場合よりもさらに予測力が上がっていた。このように重回帰分析では複数の説明変数がどのように目的変数を予測するのかを同時に分析することができる。

以上のように，回帰分析をおさらいしてきた。次の節ではようやく HLM の解説に入る。

2　HLM の基礎

前節では HLM の前身である回帰分析について解説した。本節では，回帰分析との違いを中心に HLM の解説を行う。

学校ごとの数学の成績を社会階層で予測する

HLM の説明で用いるサンプルデータには，HLM の提唱者であるラウデンブッシュら (Raudenbush & Bryk, 2002) が例に使っている High School and Beyond（HSB）の 2 次データを用いる。このデータセットは 160 校の高校をサンプリングし，その後，各校 50 名程度の生徒をさらにサンプリングした 2 段抽出法によるデータであり，まさに個人・集団の階層的データの典型例である。変数は生徒の数学の成績と，その生徒の家庭の社会経済的地位（Socio-Economic Status: SES），そして学校の種類を表すセクター（0 = 公立高校，1 = カトリック系ミッションスクール）などが含まれている。以下からの解説では，このサンプルデータを使って，生徒の数学の成績が家庭の SES によって予測できるかどうかに焦点を当てよう。

まず，1 章で学んだように階層的データであることを確認するために，変数の級内相関係数を計算しておこう。級内相関係数を統計ソフトで計算すると，以下のような数値を得た（表 2-1）。

表 2-1　HSB データの各変数の級内相関係数と集団平均の信頼性係数

変数名	級内相関	集団平均の信頼性	p 値
数学の成績	.174	.904	.000
社会経済的地位（SES）	.267	.942	.000
セクター（0 = 公立，1 = カトリック系）	1.000	1.000	.000

数学の成績は ICC = 0.174 であり，有意であった。級内相関係数は学校内の類似性を表す指標だが，それは同時に，学校間に差があることでもあった。ICC が 0.174 であるということは，それは数学の成績の全変動のうち，約 17% は学校間の変動によって説明されるということを意味している。そして SES は ICC=0.267 で同様に有意であった。このことから，SES は学校によってかなりの差があることがわかる。セクターの級内相関係数が 1 であるのは，セクターは学校レベルの変数だからである。「集団平均の信頼性」とあるのは，学校ごとに各変数を平均した場合の信頼性を示して

いる。0.90以上の信頼性係数が得られていることから，学校ごとの数学の成績やSESの平均値は学校の性質を表すのに信頼できるものであることがわかる。これらの結果から，この160校の成績データは階層的データであることがわかる。

以下では，このデータを用いてHLMについて解説していこう。

集団ごとの回帰式

HLMは回帰分析を応用した手法である。一言でいえばたくさんの集団の回帰式を同時に扱うことができる手法，といえる。まずは説明のわかりやすさのために，集団が1つの場合の回帰分析を考えてみよう。A校の生徒の数学の成績とSESの関係について，回帰式を日本語で表すと，以下のようになる。

$$\text{数学の成績} = \text{切片} + \text{回帰係数} \times \text{SES} + \text{残差} \qquad \text{式2-8}$$

この式は前節の回帰分析とのパターンとまったく同じなので，大丈夫だろう。ここで，日本語ではなくもう少し数式らしい表現で表記してみよう。HLMの式の表記は，多くの論文で一貫していることが多く，ここでもそのお作法にならって，次のような表記を用いる。まず，切片と回帰係数をまとめてβと表記する。大抵，切片はβ_0，そのあと回帰係数の数だけ，β_1，β_2となる。そして，残差をr（residualのr）と表記する。すると，上の式は次のようになる。なお，式の意味は式2-8とまったく同じである。

$$\text{数学の成績} = \beta_0 + \beta_1 \times \text{SES} + r \qquad \text{式2-9}$$

次に，添え字をつける。1人ひとりで数値が異なる記号には，個人差があることを意味する，iをつけるのである。ここでの回帰式では，数学の成績やSESはすべて個人によって異なるので，添え字iがつく。また，残差も個人によって異なるので，添え字iがつく。一方で，切片と回帰係数であるβは個人差がない定数なので添え字はつかない。このルールで式を書いてみると，

$$\text{数学の成績}_i = \beta_0 + \beta_1 \times \text{SES}_i + r_i \qquad \text{式2-10}$$

となる。

この表記に基づいて実際に，たとえばA校だけのデータをもとに回帰分析を行うと，以下のような結果を得る。なお，SESは平均0に基準化された値のため，回帰係数の絶対的な値には意味はない。

$$\text{A校の生徒の数学の成績}_i = 10.81 + 2.51 \times \text{SES}_i + r_i \qquad \text{式2-11}$$

上の回帰式の意味は，SESが1ポイント上昇すると，平均的に数学の成績が2.51点上昇することを意味している。このように回帰分析は，添え字のつかない定数であるβを推定している分析法であるといえる。

では，ほかの高校についてはどうだろうか。ここで，160校全部に対して160回の回帰分析を行

うことを考えてみよう。

A校の場合　　数学の成績$_i$ = 10.81 + 2.51 × SES$_i$ + r_i
B校の場合　　数学の成績$_i$ = 13.12 + 3.26 × SES$_i$ + r_i
C校の場合　　数学の成績$_i$ = 8.09 + 108 × SES$_i$ + r_i
D校の場合　　……
　　　　　　　　　　　　　　　　　　　　　　　　　　　　式 2-12

このように，それぞれの集団ごとに切片と回帰係数が得られる。図で表すと，図2-3のようにたくさんの回帰直線が引かれることになる。

しかし160回の回帰分析を行うと，160個の切片と回帰係数が得られるので，情報としてかなり冗長で，わかりにくいものになってしまうことは想像に難くない。160個の回帰係数をすべて解釈するのはとても大変だろう。160個の回帰式をまとめて推定するほうが効率がいい。

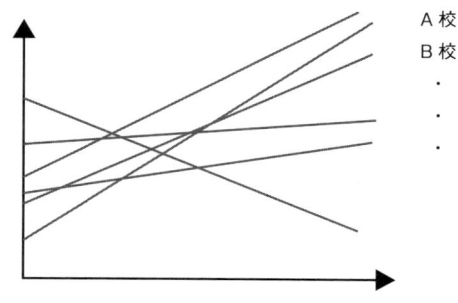

図 2-3　複数のグループの回帰直線

そこでHLMでは160個の回帰分析の式をまとめて1つの式で表現するのである。そこで登場するのが，集団差を表すもう1つの添え字，jである。階層的データは，集団がサンプリングされ，さらに生徒がサンプリングされるという，2重の構造になっていることを思い出そう。そこで，各変数も集団によっても個人によって異なるものはそれぞれ，2つの添え字をつけるのである。具体的には，数学の成績やSESは，学校によっても生徒によっても異なると考え，添え字ijをつける。一方で回帰係数は学校ごとに1つだけ推定されるものなので，β_jと添え字jだけを1つだけつける。すると，回帰式は以下のようになる。

$$数学の成績_{ij} = \beta_{0j} + \beta_{1j} \times SES_{ij} + r_{ij}$$
　　　　　　　　　　　　　　　　　　　　　　　　　　　　式 2-13

このように添え字iとjを使うことで，集団と個人という階層性を1つの式で表現できる。添え字が2つになったとはいえ，式の意味が大幅に難しくなったわけではない。その中身は，今の段階では，集団の数だけの回帰式が並んでいると考えればよい。160個の回帰式が1つの式で表現されているというだけの話である。

では，HLMは実際どのようにして160個もの集団の回帰係数を推定しているのだろうか。実際に回帰分析を160回も推定しているわけではない。あくまで推定するモデルは1つである。実は，HLMの推定について理解するためには，まず固定効果と変量効果の違いについて理解しておく必要がある。やや遠回りになるが，しばらく解説に付き合っていただきたい。

固定効果と変量効果

　固定効果とは，モデルによって推定されるパラメータが定数として得られるもので，回帰分析における切片や回帰係数などがそれである。固定された値として表現される効果なので，固定効果と呼ばれる。平均値やその差，相関係数，回帰係数などの効果は，定数で表現されるのですべて固定効果である。

　一方，変量効果という言葉はあまりなじみがないものかもしれない。変量効果は英語ではrandom effect と呼ばれ，確率的に変動する，という意味が含まれている。固定効果と比較して考えるならば，人によってパラメータが違っている，ということである。

　実は，回帰分析にも1つ変量効果が含まれている。残差がそれにあたる。すでに説明したように，残差は正規分布に従う確率変数として見なすことで，個人ごとの残差値を1つひとつ考えるのではなく，残差分散という全体的な傾向でモデルを評価するのに利用されていた。つまり変量効果とは，定数として推定値が得られるわけではなく，確率変数として表現される効果のことである。変量効果は確率的に効果が変動するので，モデル上では添え字 i や j などをつけて表現されることが多い。

　だが，変量効果は，決して残差だけを指すのではない。たとえば実験で用いられる刺激の効果などは変量効果として扱われることが多い。具体的にいえば，記憶の実験で無意味つづり（意味のない文字列）を提示して記憶してもらい，再生率を比較することを考えよう。このとき無意味つづりのそれぞれの文字列の違い（たとえば「いむね」と「へなけ」の違い）には関心がないことが多く，刺激語の違いによって再生率に影響する程度がどれくらいか，つまり刺激語による再生数の分散の程度を推定できれば十分であることがほとんどである。このように，刺激語1つひとつを意味ある水準として考えるのではない場合にも，その要因の効果を変量効果として扱うことがある。要は，変量効果は，実現値1つひとつを推定するのではなく，全体的な確率分布の性質（ほとんどの場合は正規分布の分散）を評価するような効果のことである。また，推定された変量効果の分散のことを，特に分散成分と呼ぶ場合がある。

　固定効果は，定数として得られる効果なので指標としてはわかりやすいが，たくさん推定すると情報過多になって，解釈が難しくなってしまうという欠点がある。一方，パラメータを変量効果として見なすと，個々の実現値ではなく効果の散らばりにのみに注目することができるので，たくさんの推定値を要約して理解することができる。

HLM による集団間変動の推定

　固定効果と変量効果の違いが理解できれば，HLM がどのようにして集団ごとの回帰式を一度に扱うかが想像できるのではないだろうか。HLM では，160校分の切片と回帰係数を160回推定するのではなく，160校で確率的に変動する変量効果としても扱うのである。正確にいえば，160校全体の平均的な効果（固定効果）と，そこから確率的に変動する分散成分（変量効果）の両方を推定するのである。これは，切片と回帰係数について，固定効果と変量効果を同時に推定することを意味する。このように，固定効果と変量効果の両方を推定した回帰係数のことを，変量係数，あるいはランダム係数と呼ぶことがある。

　もう少し具体的に解説してみよう。切片と回帰係数を固定効果としてだけ見なし，変量効果は推定しない場合，160校それぞれの係数の違いは無視することになる。つまり，160校全体の平均的な切片と回帰係数を推定するのである。よって，得られる切片と回帰係数は1つずつである。次に，変量効果を推定するときは，160個の切片と回帰係数の平均的な推定値を計算するだけではなく，

同時に正規分布に従う確率変数としてその分散成分を推定するのである。従来の回帰分析などでは，切片と回帰係数の固定効果しか推定せず（図2-4），変量効果は推定しないことと比較して，HLMではその両方を推定するのが特徴的である。以下に順を追って説明してみよう。

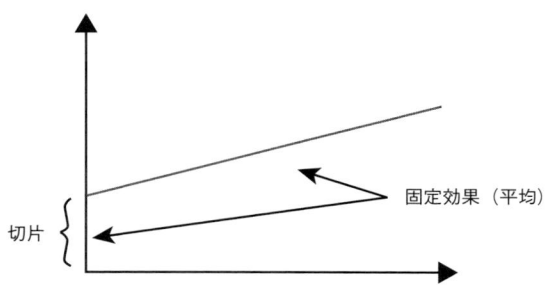

図2-4　切片も回帰係数も固定効果として推定したモデル

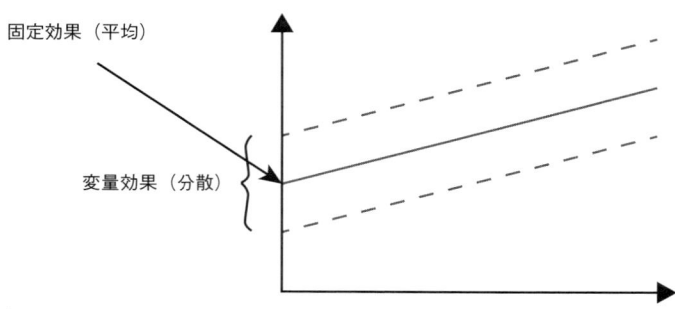

図2-5　切片を変量効果として見なした場合のモデル

図2-5は切片だけの変量効果を仮定した場合のイメージである。実線は平均的な回帰直線を，破線はその分散を意味している。回帰係数の変量効果は仮定していないため，すべての集団で回帰係数は等しいと仮定している。よって，回帰直線は平行である。しかし，切片は集団間で変動していると考えるので，ばらつきがある。このばらつきを確率変数と考えることで，160個もパラメータを推定する必要がなくなるのである。

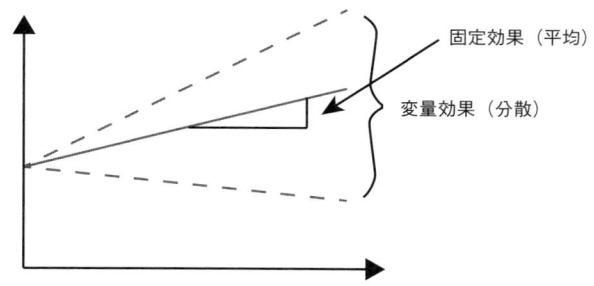

図2-6　回帰係数を変量効果として推定した場合のモデル

図2-6は，切片は変量効果を仮定せず，回帰係数だけ変量効果を仮定した場合のイメージである。切片に学校間変動は仮定していないので，同じ場所でY軸と接しているが，傾きに学校間変動が仮定されているので，回帰直線は平行ではない。

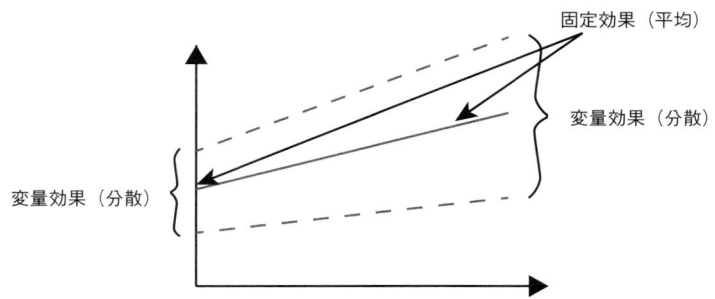

図 2-7　切片と回帰係数の両方を変量効果として推定した場合のモデル

　図 2-7 は，切片と回帰係数の両方に変量効果を仮定した場合のイメージである。回帰直線は平行ではなく，また Y 軸と接する点にも学校間でばらつきがある。このように，HLM では集団を単位として，サンプル全体の平均的な効果と，集団ごとの効果の散らばりを両方同時に推定することで，集団ごとの回帰式を 1 つのモデルとして表現することができているのである。

レベル 1 の式とレベル 2 の式

　それでは次に，HLM における固定効果と変量効果を回帰式で表現する方法を解説しよう。まず，複数の集団における回帰式をもう一度以下に記しておく。

$$数学の成績_{ij} = \beta_{0j} + \beta_{1j} \times SES_{ij} + r_{ij} \qquad 式\ 2\text{-}14$$

　このとき，β_0 と β_1 は添え字 j がついており，先ほど説明したように集団によって変動する変量効果であると同時に，平均的な回帰効果を表す固定効果でもある。その両義性を評価するために以下の式を追加する。

$$\begin{aligned}\beta_{0j} &= \gamma_{00} + u_{0j} \\ \beta_{1j} &= \gamma_{10} + u_{1j}\end{aligned} \qquad 式\ 2\text{-}15$$

　この式は，切片である β_{0j} が，固定効果 γ_{00} と変量効果 u_{0j} によって表現されていることを示している。同様に，回帰係数 β_{1j} が，固定効果 γ_{10} と変量効果 u_{1j} によって構成されていることを意味している。γ_{00} や γ_{10} は，サンプル全体の平均的な切片と回帰係数を意味しており，そこから集団によって切片と回帰係数が確率的に変動していることを u_{0j} と u_{1j} が意味している。

　変量効果は，さきほどその実現値ではなく分散成分が推定されることを説明した。そこで，変量効果 u_{0j} や u_{1j} が正規分布に従っていることを示す表記として，以下の式が記されることがある。

$$U \sim N\left(0, \begin{pmatrix} \tau_{00} & \tau_{01} \\ \tau_{10} & \tau_{11} \end{pmatrix}\right) \qquad 式\ 2\text{-}16$$

　ここで $U \sim N(\ )$ は，変量効果 u_{0j} や u_{1j} が多変量正規分布に従っていることを示す記号である。多変量正規分布とは，1 変量だけではなく複数の変数が同時に正規分布に従っている場合の拡張された正規分布のことである。多変量正規分布は平均と分散だけではなく，変数間の共分散（相

関）もパラメータとして与えられる。具体的には，回帰分析の切片と回帰係数が160集団分推定された場合，160個の切片と回帰係数の分散だけではなく，その共分散も推定の対象となる，ということである。切片と回帰係数が相関する例としては，数学の成績が全体的に高い「学校」は，SESが数学の成績を予測する程度が低くなる，といったものがあげられる。

なお，式2-16でτが4つあるのは，変量効果uの分散成分と共分散を並べた行列の形式で表現しているからである。統計学では，分散と共分散を並べた行列のことを，「分散共分散行列」と呼ぶ。分散共分散行列は，分散を対角の要素に，共分散を非対角の要素に並べた行列のことである。対角のτ_{00}は切片の変量効果u_{0j}の分散を，τ_{11}は回帰係数u_{1j}の分散を意味している。そして，τ_{01}とτ_{10}はそれぞれ切片と回帰係数の共分散を意味している。ただし，τ_{01}とτ_{10}は等しいので，推定される分散成分は全部で3つである。まとめると，変量効果u_{0j}やu_{1j}については，それらを多変量正規分布に従う確率変数と見なしたうえで，その分散成分であるτ_{00}〜τ_{11}が推定されるのである。

また，モデルの残差であるr_{ij}の分散成分も正規分布に従うと仮定されている。r_{ij}の分散成分を，σ^2と表記することがあるので覚えておこう。

このように，HLMでは式2-14と式2-15といったように2つのレベルの式の表現を用いることが多い。この2種類の式は後述するように1つにまとめることもできるのだが，HLMではモデル内容の見やすさから2つに分けて表記することが一般的である。ここで，式2-14のほうをレベル1の式，式2-15をレベル2の式と呼ぶ。

レベル1の式では，各生徒のSESを予測変数として投入している。SESは生徒単位で測定されていることから，レベル1の式では個人レベルの回帰式を表しているといえる。一方，レベル2の式では，学校単位の切片と回帰係数がモデルで表現されている。すなわち，集団レベルの回帰式を表しているのである。レベル1の式では添え字iとjの両方が使われている一方，レベル2の式では添え字jしか使われていないところに注目すれば，2つの式の違いがわかりやすいかもしれない。

さて，この2つのレベルの式は，1つの式に表現しなおすこともできる。方法は簡単で，レベル1の式のβ_{0j}やβ_{1j}に，レベル2の式を代入すればよいのである。すると以下のようになる。

$$\text{数学の成績}_{ij} = (\gamma_{00} + u_{0j}) + (\gamma_{10} + u_{1j}) \times \text{SES}_{ij} + r_{ij} \qquad \text{式 2-17}$$

というようになる。この式を展開すると，式2-18となる。

$$\text{数学の成績}_{ij} = \gamma_{00} + \gamma_{10} \times \text{SES}_{ij} + u_{0j} + u_{1j} \times \text{SES}_{ij} + r_{ij} \qquad \text{式 2-18}$$

式2-18の$u_{1j} \times \text{SES}_{ij}$も変量効果であるので，固定効果が2つ，変量効果が3つのモデルとして表現することができることがわかる。展開して1つの式で表現すると，モデルの内容はややわかりにくいが，推定結果を式の形で書く場合には便利である。

では実際に，HLM専用ソフト，HLM7（3章で解説）を使って数学の成績をSESで予測するモデルを推定してみよう。結果は以下のとおりである。なお，推定法は制限つき最尤法である。

固定効果
$$\text{数学の成績}_{ij} = 12.67 + 2.39 \times \text{SES}_{ij} + u_{0j} + u_{1j} \times \text{SES}_{ij} + r_{ij} \qquad \text{式 2-19}$$

変量効果の分散成分

$\tau_{00} = 4.83$

$\tau_{10} = -0.15$

$\tau_{11} = 0.41$

$\sigma^2 = 36.83$ 式2-20

まず，全体的な切片 γ_{00} は 12.67 で，その分散 τ_{00} は 4.83 であった．標準偏差にすると 2.2 程度となり，切片については 12.67 を平均に，集団間で ± 2.2 程度にばらついていることがわかる．SES の全体的な回帰係数 γ_{10} は，2.39 であり，その分散 τ_{11} は 0.41 だった．標準偏差にすると 0.64 なので，± 0.64 程度ばらついているといえる．なお，SES の回帰係数の固定効果は有意（$t(159) = 20.34, p < .01$）であり，生徒の SES は数学の成績と母集団においても関連がみられることがわかる．

また，HLM では切片と回帰係数の変量効果の分散成分についても検定を行うことができる．変量効果の分散成分が有意であるとき，切片や回帰係数は集団間で有意に散らばっている，つまり集団間変動が母集団において存在していることが示される．今回の分析結果では，切片の分散成分は有意（$\chi^2(159) = 905.26, p < .01$）で，回帰係数の分散も有意（$\chi^2(159) = 216.21, p < .01$）であったことから，数学の成績は学校によって違いがあり，また SES が数学の成績に与える影響にも学校差があることがわかる．

有意性検定の自由度を見ればわかるように，HLM では集団単位の自由度を用いて検定を行っている．これは切片や回帰係数の変動が集団単位で定義されているからである．このように自由度を調整することで，1章で触れたように，階層的データにおいてタイプⅠエラーが危険率を超えるのを防いでいるのである．ただし，あとで解説するように仮に回帰係数の変量効果を仮定しない場合は，自由度は個人レベルの残差に基づく自由度によって計算されることもある．

最後に，残差の分散成分（残差分散）は 36.83 と推定された．これは回帰分析における残差分散と同じもので，モデルで説明されていない変動を表している．この残差分散を使って，決定係数を計算することができる．目的変数の数学の成績は分散が 47.32 なので，決定係数は，1 − (36.83 / 47.32) = 0.22 となる．すなわち，数学の成績の 22% をモデルで説明できていることになる．

変量効果を含むモデルと含まないモデル

なお，今回の例では最初から切片と回帰係数を変量効果として扱ったが，実は回帰係数の変量効果を仮定しない，つまり回帰係数の集団間変動を仮定しないモデルも想定できる．回帰係数の変量効果を仮定しない場合，集団間に回帰係数の傾きに違いがないと考えるので，回帰係数は 160 校すべて同じになる，すなわち 1 つだけの回帰係数が推定されるということである．モデル式としては，以下のようになる．

レベル 1

数学の成績$_{ij}$ = $\beta_{0j} + \beta_1 \times SES_{ij} + r_{ij}$

レベル 2

$\beta_{0j} = \gamma_{00} + u_{0j}$

$\beta_1 = \gamma_{10}$ 式2-21

レベル1の回帰係数である β_1 に添え字がなくなり，レベル2の式から u_{1j} がなくなった。これは，SES の回帰係数の集団間変動を仮定しない定数だと見なすことを意味している。このモデルを推定すると，以下のようになる。

$$\text{数学の成績}_{ij} = 12.66 + 2.39 \times \text{SES}_{ij} + u_{0j} + r_{ij} \qquad \text{式 2-22}$$
$$\tau_{00} = 4.77$$

切片と回帰係数の推定値はほとんど変わらないが，τ_{01} と τ_{11} が推定されなくなった。このモデルでは，SES の回帰係数は全体で 2.39 であり，集団間に変動がないと仮定している。このように回帰係数は集団間で変動がある，つまり変量効果を仮定するモデルと，仮定しないモデルを比較することができる。

それではどのような基準で，回帰係数の変量効果を仮定すればいいのかを判断すればいいだろうか。この判断にはまず，1章で触れた級内相関係数が有意であることで集団内類似性の有無を判断したのと同じように，回帰係数の分散成分が有意であるかどうかで決める方法が考えられる。分散成分が有意であるなら，回帰係数の集団間変動は無視できないものであるといえる。しかし有意性検定はサンプルサイズに大きく依存するため，それだけでは十分ではない。そこで，AIC や BIC といった情報量規準を利用する方法もある。多くのソフトウェアは各種情報量規準を出力してくれるので，変量効果を仮定したモデルの情報量規準が仮定しないモデルよりも小さくなっているなら，回帰係数の変量効果を仮定すべきであるという判断をすることができる。実際に計算してみると，SES の回帰係数の変量効果を仮定しない場合の AIC は 46649 で，仮定する場合は 46648 であった。すなわち，かろうじて，回帰係数の変動を仮定するほうがモデルの当てはまりはよいことが示唆される。

普通の回帰分析との比較

さきほどの HLM による分析によって，SES が1ポイント上昇すると数学の成績は平均約 2.39 点上昇することがわかった。しかし，それだけならば普通の回帰分析でもわかりそうなものである。一度，普通の回帰分析と結果を比較してみよう。

一般的な統計ソフトで回帰分析を行ってみると，以下のような結果が得られた。

$$\text{数学の成績}_{ij} = 12.75 + 3.18 \times \text{SES}_{ij} + r_{ij} \qquad \text{式 2-23}$$

結果は，大きく異なり，SES1 ポイントにつき平均して 3.18 点ほど数学の成績が上昇するという推定結果となった。このように大きく結果が異なるのは，通常の回帰分析が集団内類似性を考慮せずに推定しているからである。従来の回帰分析はすべての個人を相互独立なものと仮定して推定を行っているのに対し，HLM ではサンプルが非独立であることも含めて推定しているため，このような差異が生まれる。

また，もっと本質的に違うのは，推定精度を意味する標準誤差の大きさである。普通の回帰分析の回帰係数は，標準誤差が 0.097 であり，t 値は 32.78 だった。それに対して HLM の回帰係数（変量効果を仮定）の標準誤差は，0.118 と回帰分析よりも大きく，t 値も 20.35 と大幅に小さくなっている。さらに，回帰分析の自由度は全体のサンプルサイズと対応する 7183 であるのに対し，HLM

では集団の数に対応する 159 となる．よって，有意性検定の結果は大きく異なることがわかるだろう．今回の HSB データは 7000 人以上の大きなデータなので，どちらも高度に有意ではあるが，回帰分析がきわめて第一種の過誤（タイプ I エラー）を犯す危険性が高いことがわかる．

Null モデルの推定と級内相関係数

HLM において切片の変量効果は仮定するのが基本である．それは，HLM が階層的データを扱うための方法である以上，目的変数に集団間変動を仮定するのは，ある意味当然の前提だからである．HLM の文脈では，説明変数を投入しないモデルを Null モデルと呼ぶ．Null とは空っぽという意味である．説明変数を投入せずに回帰モデルを推定することに違和感がある読者もいるかもしれないが，HLM では目的変数の集団間変動のみを推定するために，この Null モデルを推定することがある．具体的に説明すると，Null モデルは，以下のように書ける．

レベル 1
　数学の成績$_{ij}$ = $\beta_{0j} + r_{ij}$
レベル 2
　$\beta_{0j} = \gamma_{00} + u_{0j}$　　　　　　　　　　　　　　　　　　　　式 2-24

ここで，r_{ij} は個人レベルの数学の成績の変動，u_{0j} は集団レベルの数学の成績の変動を意味している．1 章によれば，級内相関係数 ICC は以下の式で計算できる．

ICC = 集団の分散 / 全体の分散　　　　　　　　　　　　　　　　式 2-25

上の式を，記号の形で書き直すと，以下のようになる．ただし，τ_{00} は u_{0j} の分散（式 2-16 参照），そして σ^2 は r_{ij} の分散を意味している．

ICC = $\tau_{00}/(\tau_{00} + \sigma^2)$　　　　　　　　　　　　　　　　　　　式 2-26

すなわち，集団の分散である τ_{00} を，集団の分散と個人の分散の総和である全体の分散（$\tau_{00} + \sigma^2$）で割ってやればよいのである．実際に数学の成績について Null モデルを解くと，τ_{00} = 8.61，σ^2 = 39.15 であり，ICC = 8.61 / (8.61+39.15) = 0.18 となる．これは先ほど計算した 0.174 とかなり近い値である．数値が若干異なるのは，推定方法が違うからである．

このように，切片の変量効果を仮定するということは，目的変数の級内相関係数が 0 ではないことを仮定する，すなわち階層的データであることを仮定することと等しい．よって，HLM では常に切片の変量効果は仮定すべきである．逆に言えば，切片の集団間変動 = 級内相関を仮定しないのであれば，普通の回帰分析を使えばよいのである．

なお，Null モデルはまったく説明されていない分散を推定するときに用いられる．すでに述べたように，モデルの予測精度を評価するときに，予測変換によって何も説明されていない分散と，予測変換によって説明された後の分散を比較する必要があるからである．よって目的のモデルを実行する前に，Null モデルをあらかじめ推定しておくと便利である．

集団レベルの変数の投入

これまでに，HLMでは切片と回帰係数を固定効果としてだけでなく，変量効果としても見なすことで，いくつもある集団の回帰式を1つのモデルとして表現できることを解説した。次の段階として，切片と回帰係数の変動を別の変数で説明するということを考える。

典型的な変量効果として，回帰分析の残差を挙げた。回帰分析の残差は個人の実測値とモデルのずれを表すもので，その分散成分が小さいほどモデルの予測力が高いことを解説した。それと同様に，切片や回帰係数の集団間の変動も，他の集団レベルの変数によって説明することができる。これは式2-27のように，レベル2の式に集団レベルの変数を説明変数に投入することで表現することができる。

$$\beta_{0j} = \gamma_{00} + \gamma_{01} \times W_j + u_{0j}$$
$$\beta_{1j} = \gamma_{10} + \gamma_{11} \times W_j + u_{1j}$$

式2-27

W_jは集団単位で測定された説明変数であり，γ_{01}とγ_{11}はそれぞれ，切片と回帰係数の集団間変動をWで説明した時の回帰係数である。添え字がjのみであることから，Wが個人ではなく集団ごとに異なる変数であることがわかるだろう。このモデルは，切片と回帰係数が集団間で異なり，その集団間での違いが別の集団レベルの変数によって説明されるということを意味している。

実際に具体例を挙げて説明してみよう。HSBのデータには，高校の特徴を表すものとして，その高校が公立高校かカトリック系のミッションスクールかを区別する変数，「セクター」が含まれている。セクターは公立校が0，カトリック系が1でコードされている。レベル2の式にセクターを投入すると，以下のようになる。

$$\beta_{0j} = \gamma_{00} + \gamma_{01} \times セクター_j + u_{0j}$$
$$\beta_{1j} = \gamma_{10} + \gamma_{11} \times セクター_j + u_{1j}$$

式2-28

式2-28上は，公立校とカトリック系の高校では数学の成績が学校単位で異なるのかを説明するモデルであり，式2-28下は，公立校とカトリック系の高校ではSESが数学の成績に与える影響が異なるのかを説明するモデルとなっている。式2-28下は，分散分析でいうところの交互作用項を意味していることに気づいた読者もいるかもしれない。実際にそのとおりで，HLMでは式2-28下のようにレベル2の変数でレベル1の回帰係数を予測するモデルのことを，「レベル間交互作用モデル」と呼ぶことがある。また，式2-28はレベル2の回帰式であるので，u_{0j}とu_{1j}はレベル2の説明変数で説明したあとの残差として見ることもできる。つまり，u_{0j}とu_{1j}からレベル2の式の予測精度を評価することもできるのである。よって，集団レベルの変数を投入するモデルを検討する場合，回帰係数の変量効果を仮定しておいたほうがよいだろう。変量効果を仮定しなければ，レベル2の式の予測精度を評価できないからである。

さて，レベル2の式に説明変数を投入したモデルも，同様に1つの式に変換することができる。レベル1の式のβ_{0j}とβ_{1j}に，式2-28をそれぞれ代入すると，以下のようになる。

$$数学の成績_{ij} = (\gamma_{00} + \gamma_{01} \times セクター_j + u_{0j})$$
$$+ (\gamma_{10} + \gamma_{11} \times セクター_j + u_{1j}) \times SES_{ij} + r_{ij}$$

式2-29

この式をさらに展開すると，

$$\text{数学の成績}_{ij} = \gamma_{00} + \gamma_{10} \times \text{SES}_{ij} + \gamma_{01} \times \text{セクター}_j \\ + \gamma_{11} \times \text{セクター}_j \times \text{SES}_j + u_{0j} + u_{1j} \times \text{SES}_{ij} + r_{ij} \qquad \text{式 2-30}$$

となる。式 2-30 から，γ_{01} がセクターの主効果，γ_{11} がセクターと SES の交互作用効果であることがわかるだろう。

では，さっそく集団レベルの説明変数を投入したモデルを推定してみよう。SES をレベル 1 の説明変数，セクターをレベル 2 の説明変数として投入し，レベル 1 の切片と回帰係数を変量効果に指定したモデルを推定したのが，以下の結果である。

固定効果
$$\text{数学の成績}_{ij} = 11.75 + 2.96 \times \text{SES}_{ij} + 2.13 \times \text{セクター}_j - 1.31 \times \text{セクター}_j \\ \times \text{SES}_{ij} + u_{0j} + u_{1j} \times \text{SES}_{ij} + r_{ij}$$

変量効果
$\tau_{00} = 3.86$
$\tau_{10} = 0.54$
$\tau_{11} = 0.13$ 　　　　　　　　　　　　　　　　　　　　　　　　　式 2-31

レベル 2 の説明変数を投入する前と比較してみよう。セクターの主効果は 2.13 であり，有意だった。このことから，SES をコントロールするとカトリック系の高校のほうが数学の成績が平均して 2 点近く高いことがわかる。そして，セクターと SES の交互作用効果も有意で，-1.31 点であった。この交互作用効果は，セクターが 1 点増加すると，SES の回帰係数が-1.31 点増える，つまり 1.31 点減ることを意味している。すなわち，カトリック系の高校は公立高校に比べて，1.31 点回帰係数が小さいことを意味している。SES の主効果に注目すると，SES の効果はレベル 2 にセクターを投入する前に比べてやや大きくなった。実はこの SES の効果は，セクターが 0 点，つまり公立高校のときの回帰係数と等しい。それは重回帰分析の回帰係数が，ほかのすべての説明変数が 0 点の時の回帰係数であったことを思い出せば理解できるだろう。カトリック系の回帰係数は，先ほど述べたように-1.31 点とすればいいので，2.96-1.31=1.65 点程度であることがわかる。カトリック系と公立高校の SES の回帰係数は，交互作用効果が有意であることから，母集団においても異なっていることが推察できる。カトリック系のほうが SES の効果が小さくなるということは，社会階

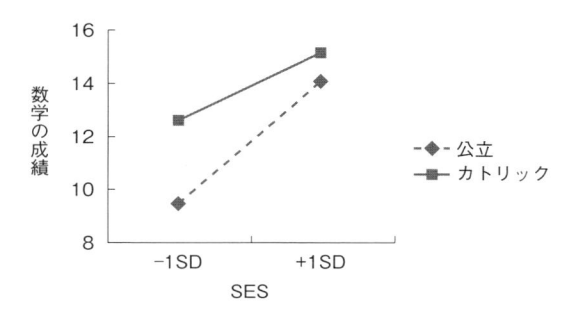

図 2-8　セクター別の，数学の成績への SES の単純効果

層による成績の違いが小さくなっているということから，より平等な教育が行われていることが示唆される。その結果をグラフにしたものが図2-8である。

なお，セクターごとの回帰係数をそれぞれ分析する方法，単純効果分析については後述する。

集団間変動の説明率

回帰分析では，残差分散によって説明変数がどれほど目的変数を予測しているかを知ることができた。HLM でも同様に，残差分散から説明率を計算することができる。ただし，HLM の場合は，変量効果が複数あるため，それぞれについての説明率を計算することになる。

集団レベルの変数を説明変数として投入したモデルの分散成分を見てみよう。τ_{00} は，投入する前は 4.83 であったのが，3.86 まで減少している。これは，切片の集団間変動がセクターによって説明されたため，減少したと考えられる。また同様に，SES の回帰係数の分散成分である τ_{11} は，セクター投入前は 0.41 だったのが，0.13 まで減少しており，また有意ではなくなった（χ^2 (158) = 178.09 = n.s.）。このことから，SES の回帰係数の集団間変動は，セクターによって十分に説明されたことが示唆される。

この分散成分の変化から，レベル2のモデルの予測精度を疑似的に計算することができる。切片の分散成分は 4.83 から 3.86 まで減少したことから，切片のレベル2のモデルの決定係数は，以下の式で計算できる。

$$決定係数 = 1-(3.86/4.83) = 0.20 \qquad 式2\text{-}32$$

すなわち，切片の集団間変動の 20% をセクターで説明していることがこれでわかる。同様に SES の回帰係数の集団間変動に対するセクターの説明率は，$1-(0.13/0.41) = 0.68$ であり，68% も説明していることがわかる。このように分散成分の推定値を使って分散説明率を疑似的に計算することができる。

しかし，この方法がいつもうまくいくとは限らない。なぜなら，回帰係数の変量効果を推定している場合，決定係数を計算すると値が負になることがあるからである。それは，次節で説明するように HLM が集団レベルの効果と個人レベルの効果を両方含んだモデルであるので，単純に集団レベルの変動だけが変化するわけではないからである。

3　HLM の応用：説明変数の中心化と単純効果分析

説明変数の中心化

1章で解説したように，階層的データでは説明変数の効果に集団レベルと個人レベルの効果が混在しうる。それは特に，説明変数に級内相関が認められる場合である。今回用いている HSB データは，目的変数である数学の成績だけでなく，説明変数である SES にも級内相関があり，またそれは十分に大きなものであった。したがって，上で解説したモデルの推定値は，有意性検定に誤りはないが，SES の回帰係数に実は個人レベルの効果と集団レベルの効果が未だ混在している状態といえる。混在している状態とは，前節で得られた回帰係数の推定値が，SES が高い個人の数学の成績が高いのか，SES が高い学校の生徒の数学の成績が高いのか，正確に解釈できないという

ことを指している。

　HLMにおいて個人レベルと集団レベルの効果を分離して推定するためには，これから説明する，説明変数の中心化（Centering）が必要となる。HLMでは2種類の中心化を用いる。1つは集団平均中心化（Group-mean Centering），もう1つは全体平均中心化（Grand-mean Centering）である。前者はレベル1の式に投入する説明変数に施し，後者は主にレベル2の式に投入する説明変数に施す。順に説明していこう。

集団平均中心化

　まず集団平均中心化とは，レベル1の変数，つまり個人レベルの変数について，各集団の平均値を引いた値に変換することを指す。各集団平均を得点から引くということは，各集団平均が0になる，すなわち各集団の回帰式について切片を集団平均に移動させることを意味している（図2-9）。この処理を集団すべてについて行うのが，集団平均中心化である。

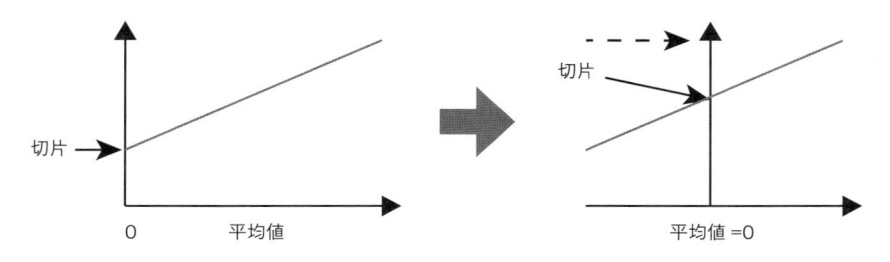

図2-9　中心化のイメージ　得点から平均値を引くことで，平均値を0にする

　集団平均中心化を行うメリットは，個人レベルの得点から集団の効果を完全に取り除くことができる点である。なぜそうなるかといえば，集団平均を得点から引いているので，すべての集団ごとの平均が0になり，集団間変動が完全になくなるからである。したがって，集団平均中心化を施した変数をレベル1の式に説明変数として投入した場合，そこで得られる効果は純粋な個人レベルの効果になるのである。

　そこで気になるのは，失われた集団レベルの効果をどうするか，である。集団平均中心化を施した変数は，純粋な個人レベルの情報をもってはいるが，逆に集団レベルの情報を失っている状態にある。よって，集団平均中心化した変数だけをモデルに入れていたのでは，知りたい情報の一部，つまり個人レベルだけしかモデルに表現されていないことになる。たとえばSESを集団平均中心化した場合，学校平均に比べてSESが高い学生と低い学生で数学の成績がどう変わるかについては検討できるが，SESが高い学校と低い学校で数学の成績がどう変わるかについては検討することができなくなるのである。

　この問題を解決するために，HLMでは集団平均中心化を施した変数については，変数の集団平均値を集団レベルの変数としてモデルに含めることが推奨される。SESの例でいえば，SESの学校平均を集団レベルの説明変数としてレベル2の式に投入することで，SESの高い学校と低い学校でどのように数学の成績が変化するかを検討することができるのである。

　ただし，注意が必要なのは，1章でも説明したように，集団で平均化した得点にはまだ個人レベルの情報が混在しているということである。集団平均値にどれほど個人レベルの情報が含まれているかは，表2-1で示した集団平均についての信頼性係数で推定することができる。SESの集団平均値は信頼性が0.942と非常に高いため，混在している個人レベルの情報はかなり少ないといえる。

逆に集団平均の信頼性が低い場合，集団平均をHLMに投入した場合でも，個人レベルの効果が無視できないことになるので注意が必要である。言い方をかえれば，母集団において集団レベルの効果が0であっても，個人レベルの効果が大きく，集団平均値の信頼性が低い場合，集団平均の効果は有意になってしまうことがあるのである，ということである。すなわち，集団平均値の信頼性が小さい場合は，HLMで分析することには限界があるといえる。そのような場合は，6章以降で解説する，マルチレベル構造方程式モデルを使うとよい。

今回のデータではSESの集団平均の信頼性は十分に高いので，集団平均をレベル2変数として利用することには問題がない。そこで実際に，SESを集団平均中心化した変数をレベル1の式に，SESの集団平均をレベル2の式に投入したモデルを推定してみよう。今回はレベル2の切片だけに集団レベルの変数を投入する場合を考えてみる。

レベル1
　　数学の成績$_{ij}$ = β_{0j} + β_1 × SES_g$_{ij}$ + r_{ij}
レベル2
　　β_{0j} = γ_{00} + γ_{01} × MEAN_SES$_j$ + u_{0j}
　　β_1 = γ_{10} 　　　　　　　　　　　　　　　　　　　　　　　　　　式2-33

なお，SES_gは集団平均中心化を施したSESであり，MEAN_SESはSESの集団平均である。回帰係数には変量効果を仮定していない。このモデルを推定すると，以下のようになる。

数学の成績$_{ij}$ = 12.64 + 2.19 × SES_g$_{ij}$ + 5.86 × MEAN_SES$_j$ + u_{0j} + r_{ij}
τ_{00} = 2.69 　　　　　　　　　　　　　　　　　　　　　　　　　　式2-34

レベル1のSESの効果は，中心化せずに推定した推定値2.39から2.19と若干小さくなった一方，レベル2のSESは5.86とかなり大きな係数となった。すなわち学校単位でみれば，SESの学校平均が1ポイントあがると，数学の成績の学校平均は5.86点も上昇するということである。また，切片の分散成分であるτ_{00}も4.77から2.69と大幅に小さくなった。これは，SESの集団レベルの効果が非常に大きな効果をもっていることを意味している。

全体平均中心化

次に，全体平均中心化について説明しよう。こちらのほうがむしろ簡単で，変数の平均値を各得点から引くだけである。すなわち，変数の平均が0になるように変換する手続きのことである。集団平均中心化と異なるのは，集団平均ではなくて変数全体の平均値を用いる，という点である。全体平均中心化は平均値を0にするだけなので，分散や共分散には変化がない。よって，得られる回帰係数にも変化はない。しかし，この処理を施すことで，レベル間交互作用を検討するときに解釈がしやすくなるのである。

レベル間交互作用をモデルに含むとき，レベル1の回帰係数は，レベル2の回帰係数が0のとき回帰係数になっているということをすでに解説した。学校のセクターの場合は，0と1でコードされた変数だったので解釈は容易だったが，変数によっては0点が意味のある数値ではない場合がある。極端な例でいえば，身長をレベル2の変数に入れた場合，身長が0cmの人なんていないの

で，そのときの回帰係数を求めてもほとんど情報として価値がないことになる。そのようなときに，全体平均中心化をレベル2の式に投入する変数に施しておけば，レベル1の式の回帰係数は，レベル2の式の変数が平均値である場合の推定値になる。こうしておくと，仮に交互作用効果が有意であっても，レベル交互作用を仮定する前と後で主効果の推定値が大きく変わることがないため，解釈に戸惑うことは少なくなる。

また，レベル間交互作用を検討するときに全体平均中心化を施しておいたほうがいい理由のもう1つに，多重共線性の回避が挙げられる。レベル間交互作用効果はレベル1の変数とレベル2の変数の積の効果であるが，一般的にレベル1の変数とその積は相関が高くなる。説明変数間の相関が高い場合，多重共線性という望ましくない事態が発生してしまう。多重共線性が生じると，回帰係数の標準誤差が非常に大きくなってしまい，推定値の信頼性が大きく損なわれてしまう。この多重共線性を回避するために，レベル2の変数に対して全体平均中心化を施すことが有効である。なぜなら，全体平均中心化した変数による交互作用項は，主効果の変数と相関が小さくなり，多重共線性が起きにくくなるからである。

以上の点から，レベル2の式に投入する変数は，事前に全体平均中心化を施しておくことが推奨される。

それではこれまで説明してきた方法を用いて，学校の数学の成績に及ぼすSESとセクターの効果について検討するモデルを推定してみよう。MEAN_SESについては全体平均中心化を施している。セクターは2値データなので中心化は行っていない。推定するモデルは以下のようになる。なお，SES_gはSESを集団平均中心化したものであることを思い出そう。

レベル1
$$\text{数学の成績}_{ij} = \beta_{0j} + \beta_1 \times \text{SES\_g}_{ij} + r_{ij}$$
レベル2
$$\beta_{0j} = \gamma_{00} + \gamma_{01} \times \text{MEAN\_SES}_j + \gamma_{02} \times \text{セクター}_j + u_{0j}$$
$$\beta_{1j} = \gamma_{10} + \gamma_{11} \times \text{MEAN\_SES}_j + \gamma_{12} \times \text{セクター}_j + u_{01j} \qquad \text{式2-35}$$

すると推定値は以下のようになる。ここではあえて式を書き下すのではなく，推定値の意味と記号を並列して記しておこう。HLMの論文を理解するうえで必要なトレーニングである。

固定効果の推定値
- モデルの切片 　　　　　　　　　　　　　　$\gamma_{00} = 12.10$
- MEAN_SESの主効果 　　　　　　　　　　　$\gamma_{01} = 5.33$
- セクターの主効果 　　　　　　　　　　　　$\gamma_{02} = 1.23$
- SES_gの主効果 　　　　　　　　　　　　　$\gamma_{10} = 2.94$
- MEAN_SESとSES_gの交互作用効果 　　　　$\gamma_{11} = 1.03$
- セクターとSES_gの交互作用効果 　　　　　$\gamma_{12} = -1.64$

変量効果の分散成分
- 切片の分散成分 　　　　　　　　　　　　　$\tau_{00} = 2.38$
- SES_gの回帰係数の分散成分 　　　　　　　$\tau_{11} = 0.15$

切片とSES_gの回帰係数の共分散	$\tau_{01} = \tau_{10} = 0.19$
モデルの残差	$\sigma^2 = 36.70$

推定値の記号と指している効果がどのように対応しているか，よく確認しておこう。まず，γ_{10}はSES_gの回帰係数を予測するモデルの切片である。これはつまり，SESの個人レベルの平均的な効果を意味している，といえる。しかし，セクターとのレベル間交互作用が投入されており，さらにセクターは中心化されていないので，γ_{10}はセクターが0のとき，すなわち公立高校のSES_gの効果であることを理解しておこう。なぜそうなるかといえば，回帰係数を予測する切片は，レベル2の説明変数が0の場合の回帰係数の得点を意味しているからである。よって，説明変数が0，つまり公立高校の回帰係数となる。

変量効果については，切片と回帰係数の分散・共分散が推定される。共分散のτ_{01}とτ_{10}は等しいので，パラメータは3つである。切片と回帰係数の変量効果から，レベル2の予測精度を計算することができる。Nullモデルの切片の変量効果の分散成分は8.61なので，1−(2.38 / 8.61) = 0.72，すなわち約72%の切片の変動を学校平均のSESとセクターで説明していることを意味している。また，レベル2の変数を投入しない状態におけるSES_gの回帰係数の分散成分は，0.68であった。よって，回帰係数の変動に対する決定係数は，1−(0.15 / 0.68) = 0.78であり，約78%を説明していることがわかる。

さらに，残差の分散であるσ^2も推定される。これはレベル1のモデルで説明されない数学の成績の分散である。数学の成績が分散=47.31であるので，36.70が説明できていないということは，1−(36.70 / 47.31) = 0.224，つまり数学の成績の約22%はレベル1のSESによって説明されていることがわかる。

単純効果の分析

HSBデータの例では，個人レベルのSESが数学の成績に与える影響は，学校のセクターによって変化することがわかった。これは，個人レベルのSESと学校セクターに交互作用効果が認められたことを意味している。

分散分析を使ったことがある読者なら，交互作用効果が認められたとき，単純効果の検定を行ってきただろう。HLMでも分散分析と同様に，レベル間の交互作用が認められたとき，単純効果の分析を行うことがある。

単純効果の分析とは，たとえばセクターが公立とカトリック系のミッションスクールそれぞれについて，個人レベルのSESが数学の成績に与える影響を検討する手法である。学校セクターは2値データで，かつ，0と1にコードされているので，HLMで分析した場合のSESの効果は，セクター=0，つまり公立高校の結果であることはすでに述べたとおりである。では，ミッションスクールの場合の回帰係数はどのように推定できるだろうか。学校平均SESとセクターの両方を投入した最終的なモデルを例に解説しよう。

ミッションスクールの回帰係数自体は，先述のように，計算は容易である。公立高校における個人レベルのSESの効果は2.94であり，セクターとSESの交互作用項の係数は−1.64であった。交互作用項の係数は，セクターが1点上昇することで，SESの回帰係数が−1.64変化することを意味しているから，ミッションスクールの回帰係数は2.94−1.64 = 1.30と計算することができる。

それでは，標準誤差はどのように計算できるだろうか。これもそれほど難しくない計算で算出で

きる。ただし，以下の式は標準誤差ではなく，標準誤差の2乗を計算する式であることに注意が必要である。標準誤差を求めるには，以下の式の結果の平方根を求めればいい（Preacher, Curran, & Bauer, 2006）。

単純効果の分散 ＝ SES_gの係数の標準誤差の2乗
　　　　　　　　＋2×SES_gの係数と交互作用効果の共分散 × 群分け得点
　　　　　　　　＋交互作用効果の標準誤差の2乗 × 群分け得点の2乗　　　式2-36

　いくつか，見慣れない言葉が出てきたかもしれないが，1つずつ解説しよう。最初の項は，単純効果を見たい変数（個人レベルのSES_g）の回帰係数の標準誤差を2乗したものである。2番目の項には，単純効果を見たい変数であるSES_gの係数と交互作用項の係数の共分散が登場する。この回帰係数の共分散は，本章では初登場であるが，大抵のソフトウェアは回帰係数の共分散も出力してくれるので，簡単に値を得ることができる。つぎに，群分け得点とは，今回の例でいえば，セクターの得点を意味している。セクター＝1の単純効果を見たいわけであるから，群分け得点は1ということになる。続いて3番目の項は，交互作用効果の標準誤差の2乗と群分け得点の2乗をかけたものになる。これらの総和の平方根が，単純効果の標準誤差になる。なお，もしセクター＝0の単純効果を計算するために上の式に当てはめると，群分け得点がすべて0になるため，最初の項だけが残り，結局はSES_gの標準誤差と等しくなることがわかるだろう。

　それでは，具体的にセクター＝1の場合の単純効果を検定してみよう。まず，各係数の分散と共分散を計算する。これはHLM用のソフトウェアを使って出力しよう。実際に計算すると，SES_gの係数の分散は0.0247，交互作用項の係数の分散は0.0590だった。そして，SES_gと交互作用項の共分散は，－0.0265だった。群分け得点は1点なので，セクターが1のときのSES_gの単純効果の分散は，$0.0247^2 + 2 × -0.0265 × 1 + 0.0590^2 × 1^2 = 0.0307$であり，その平方根である標準誤差は0.175となる。よって，セクターが1のときの単純効果のt値は，1.30 / 0.175 = 7.429で，自由度が157であるため1％水準で有意である。

　回帰係数の計算に比べ，標準誤差の計算はやや煩雑ではあるが，電卓で計算できるレベルである。また，これらの単純効果の検定を必要なパラメータを入力するだけで計算してくれるサイトもある（3章で詳述）。また，著者の作成したプログラムHADはHLMと単純効果分析をすべて自動的に行うこともできる（4章で詳述）。一度は自分で計算してみると勉強のためにはよいが，毎回この計算をせずともこれらのプログラムを利用すれば，簡単に単純効果分析が実行できる。

4　HLMを利用するうえで知っておくと便利な知識

　前節で，HLMの考え方の基礎を解説した。本節では，HLMを利用するうえで知っておくとよい推定法や応用的知識について解説する。

HLMの推定法　最尤法と制限つき最尤法

　回帰分析は，最小2乗法という方法を用いて，残差を最小にするようなモデルを推定していた。しかしHLMはモデルの残差以外にも複数の変量効果（いわば，複数の残差）を推定する必要があ

るため,単純な最小2乗法を使うと推定にバイアスが生じてしまう。そこで,多くの推定値を同時に推定することができる最尤法(Maximum Likelihood: ML)と呼ばれる方法で推定することがほとんどである。

　最尤法とは,今手元にあるデータから考えて,尤（もっと）もらしいモデルを,つまり手元のデータが最も得られる確率が高くなるようなモデルを推定する方法である。手元にあるデータから見て,特定のモデルの尤もらしさについて関数を尤度関数と呼ぶ。尤度を最大にするようなモデルを推定することから,最尤法と呼ばれている。最尤法は,尤度を用いることで推定するパラメータ全体のデータとの当てはまりを考慮するため,変量効果が複数あったとしても問題なく推定を行うことができる。また最尤法は,推測統計学的に望ましい性質を多く備えている。たとえば,サンプルサイズが十分大きければ,推定値は母集団のものと一致し,誤差が最も小さい方法であり,そして推定値の分布が正規分布に収束することがわかっている。ただし,最尤法がこれらの性質を示すのはサンプルサイズが十分に大きいときに限られる。サンプルサイズが50人程度に満たないぐらい小さい(あくまで目安)場合には,適切な解は得られない場合がある点には注意が必要である。

　近年では,構造方程式モデリングを中心にさまざまなモデルの推定に最尤法が用いられている。それは上記のような望ましい性質をもっているからである。ただ,HLMを分析に用いる研究においては十分に大きなサンプルサイズが満たされない場合も多い。具体的には,集団の数が20～30といった最尤法を適用するには十分とはいえないようなサンプルサイズしか収集できない場合がある。集団の数が十分大きくはない場合,最尤法で推定される変量効果の分散成分は,バイアスが生じる(過小推定される)ことがわかっている。これは最尤法で推定される分散が,不偏推定量ではないことによる。HLMでは集団間の変動を評価することが重要な場合があるので,小さいサンプルサイズの場合は,分散成分の推定にバイアスが生じる最尤法はあまり向かないことになる。

　そこで,最尤法の望ましい性質を残しつつ,分散成分の不偏推定を行うことができる方法として,制限つき最尤法(Restricted Maximum Likelihood: REML)という推定法が考案された。制限つき最尤法は,固定効果を取り除いて残差についてのみ最尤法を適用する方法である。こうすることで固定効果の分の自由度を減らしたバイアスのない分散成分の推定が可能になる。

　HLMや一般線形混合モデルを扱うソフトウェアでは,制限つき最尤法がデフォルトの推定方法になっていることが多い。ただ,構造方程式モデリングのソフトウェア(たとえばAmosやMplus)では制限つき最尤法を実行できないので,その場合は最尤法での推定となる。

　前節での推定例はすべて制限つき最尤法によるものであった。そこで,同じ分析を最尤法で推定してみよう。結果は以下のようになる。

　　固定効果の推定値
　　　　モデルの切片　　　　　　　　　　　　　　　$\gamma_{00} = 12.10$
　　　　集団レベルのSESの主効果　　　　　　　　　$\gamma_{01} = 5.33$
　　　　セクターの主効果　　　　　　　　　　　　　$\gamma_{02} = 1.23$
　　　　SES_gの主効果　　　　　　　　　　　　　　$\gamma_{10} = 2.94$
　　　　MEAN_SESとSES_gの交互作用効果　　　　　$\gamma_{11} = 1.04$
　　　　セクターとSES_gの交互作用効果　　　　　　$\gamma_{12} = -1.64$

　　変量効果の分散成分

切片の分散成分	$\tau_{00} = 2.32$
SES_g の回帰係数の分散成分	$\tau_{11} = 0.06$
切片と SES_g の回帰係数の共分散	$\tau_{01} = \tau_{10} = 0.20$
モデルの残差	$\sigma^2 = 36.72$

　固定効果の推定値は，ほとんど変わらない。だが，変量効果には違いが見られる。SES_g の回帰係数の分散成分は，制限つき最尤法で 0.15 であったのに対し，最尤法では 0.06 とかなり小さく推定されている。切片も 2.38 が 2.32 と小さくなった。このように最尤法では分散成分が過小推定され，バイアスが生じるので注意が必要である（Kreft & De Leeuw, 1998）。

　ただし，最尤法と制限つき最尤法のどちらがよいのかについては，未だ決着がついていない。最尤法は固定効果と変量効果をすべて同時に推定するため，効率がよい。よって，サンプルサイズが十分大きい場合，最も推定精度がよい（標準誤差が小さい）。また，対数尤度や情報量規準についても，最尤法は固定効果を含めて計算されるが，制限つき最尤法は変量効果のみについて計算される。このことから，モデル選択において最尤法のほうがより柔軟であるといえる。もし固定効果にのみ興味がある場合や，集団レベルのサンプルサイズが大きい場合は，最尤法を使っても特に問題はない。なお，4 章で解説する HAD というソフトは，最尤法しか選択できない。ほかの HLM7 や SPSS, R, SAS などは制限つき最尤法を実行できる。本書はいくつかのソフトウェアとの結果の整合性を保つため，3 章以外は最尤法による推定結果を表示する。

HLM の仮定と頑健な標準誤差の推定

　HLM は最尤法，制限つき最尤法どちらとも，目的変数が正規分布に従っていることを仮定している。よって，目的変数が大きく正規分布から逸脱すると，推定は信頼のおけないものになる。また，HLM では，残差の分散が集団ごとで等しいという分散の均一性の仮定もある。正規性の仮定と同様に，均一分散の仮定も常に成り立つとは限らない。

　実は最尤法も制限つき最尤法も，ただ切片や回帰係数の推定値に限っていえば，サンプルサイズが大きければ正規分布や集団間の等分散から逸脱しても一致性が満たされることがわかっている。よって，得られる切片回帰係数の値そのものは，分布が歪むことによるバイアスはあまり生じないのである。

　分布が歪むことで信頼がおけなくなるのは標準誤差のほうである。目的変数の正規性の仮定や集団間の等分散性が崩れると，推定値の散らばりである標準誤差が正しく推定できなくなる。標準誤差がうまく推定できないということは，仮に回帰係数が一致推定量であったとしても，有意性検定や信頼区間の推定の結果にバイアスがあることを意味している。これは母集団の性質を推定する上で大きな問題である。

　この問題を解決するため，いくつかの HLM のソフトウェアでは頑健な標準誤差（Robust Standard Error）を推定するオプションがついている。頑健な標準誤差は，モデルの仮定である正規分布や均一分散をもとに推定するのではなく，データの分布に合わせて推定することで，仮定からの逸脱に対して文字どおり頑健な結果を示す方法である。頑健な標準誤差に基づいて有意性検定や信頼区間の推定を行うことで，より正確な母集団の性質の推定を行うことができる。

　SPSS や R では，標準な手続きでは頑健な標準誤差を利用することはできない（ただし，どちらのソフトもまったく不可能というわけではない）。HLM7（3 章で紹介），HAD（4 章で紹介），

SAS（5章で紹介）は HLM のプロシージャでそのまま頑健な標準誤差の推定結果を出力することができる。

ただし，頑健な標準誤差は万能ではなく，大幅に正規分布から逸脱するようなデータではそもそも推定値が正規分布にならず，標準誤差を用いた検定が適切ではない場合がある。その場合は，ブートストラップ法を用いるなどの工夫が必要である。また，ほかの分布を仮定したほうがよいデータ（たとえば2値データやカウントデータ）の場合は，それに適したモデルをあてはめたほうがよい。次章で解説する HLM7 というソフトウェアは，目的変数が2値データの場合は二項分布にロジットリンクを当てはめたモデルを，カウントデータの場合はポアソン分布に対数リンクを当てはめたモデルを，順序カテゴリカルデータの場合は順序ロジスティックモデルをそれぞれ HLM に適用することができる。

なお，分布の制約があるのは目的変数のみであり，説明変数の分布は問題にならない。説明変数に求められる性質は，間隔尺度であることだけである。ただし，2値データは間隔尺度として見なすことができる。

HLM の適合度とモデル比較

HLM は最尤法や制限つき最尤法を用いて推定するため，モデルとデータの乖離度は尤度に基づいて推定される。尤度は確率の積であり非常に小さい値になり扱いにくいため，多くの場合，尤度の対数（に-2をかけたもの）がモデルの乖離度として使われる。乖離度は小さいほうが，モデルがデータによく適合していることを示しており，この指標を用いることでよりよいモデルを選択することができる。

しかし，乖離度は推定するパラメータを増やせば増やすほど小さくなるため，乖離度だけでモデル適合を判断してしまうと，複雑なモデルがいつもよいモデル，という結論を導いてしまう。だが，分析結果の再現性という観点に立てば，できるだけ少ないパラメータで乖離度を小さくできるような，倹約的なモデルがよりよいモデルと判断すべきであろう。そこでよく使われる適合度の指標として情報量規準がある。

情報量規準は，乖離度に対して推定するパラメータの数だけペナルティを与える。よって，乖離度をあまり小さくしないパラメータは情報量規準を逆に大きくするため，より倹約的なモデルを選択できるようになる。情報量規準は乖離度と同様に，小さいほうがよいモデルであることを意味している。よって複数のモデルを比較し，最も情報量規準が小さいモデルを選択すればよい。ただし，情報量規準はサンプルサイズによっても大きくなるため，その絶対的な値には意味がない。相対的な比較のみに意味がある指標である。ただし，すでに述べたように制限つき最尤法では固定効果についての尤度を計算しないため，情報量規準を用いてモデル比較を行うことができない。すなわち，制限つき最尤法では，情報量基準を用いて，どの変数を固定効果としてモデルに含めるべきかを判断することはできないのである（Raudenbush & Bryk, 2002）。一方，最尤法ではそれが可能である。情報量規準には，ペナルティのかけ方によって種類があり，有名なのは AIC（赤池情報量規準），BIC（ベイズ情報量規準），CAIC（修正赤池情報量規準）などがある。AIC はほかの指標より複雑なモデルを好み，BIC は最も倹約的なモデルを選択する傾向がある。

また，Null モデルと比較して特定のパラメータを追加することに意味があるかどうかをチェックするために，尤度比検定を行うこともできる。尤度比検定は，あるモデルにパラメータを追加した場合に乖離度が統計的に有意に小さくなったかどうかを検定する方法である。実際には対数変換

した尤度である乖離度を用いるため，検定には比ではなく差を用いる。乖離度の差は追加したパラメータを自由度とする χ^2 分布に漸近的に従うため，χ^2 値が有意であるなら，乖離度が有意に減少したことを意味する。ただし注意が必要なのは，尤度比検定はパラメータを追加する前とした後を比較することしかできないため，違うパラメータを入れたモデル同士を比較することはできない。また，繰り返しになるが，制限つき最尤法では尤度を用いて推定するのは変量効果の分散成分のみであるため，固定効果について尤度比検定を行うことはできない。

第3章

階層線形モデリングの実践

HLM7 による分析

　本章では，HLM を実際にソフトウェアで実行し，結果を解釈するまでの流れを解説する。

　HLM を実行することができるソフトウェアは，2014 年現在では多岐にわたる。最も用いられているであろうソフトウェアは，最初に説明する HLM（紛らわしいが，ソフトウェア名）である。次に SPSS や SAS などの商用の汎用統計ソフトウェア，そしてフリーソフトウェアの R が続くと思われる。

　そこで，本章ではまず HLM（ソフトウェア名）の使い方と出力の見方を解説しつつ，HLM の分析プロセスの理解を目指す。その他のソフトウェアの使い方については，次章で解説する。

1　HLM7 による階層線形モデリング

　HLM を実行するうえで十分に，そして最も簡単に実行できるのは，ラウデンブッシュ（S. W. Raudenbush）らが開発した HLM（ソフトウェア名）だろう。2013 年 4 月現在の最新バージョンは HLM7.01 である。HLM7.01 は SPSS や SAS などの汎用統計ソフトウェアのファイル形式を読み込むことができ，さらに GUI（グラフィカルユーザーインターフェイス）を備えているので，とても扱いやすいのが特徴である。以下，ソフトウェア名を表記する場合，「HLM7」とする。

　HLM7 には良心的にも，無料の学生版（HLM7 Student Edition）が存在する。この HLM 学生版は，SSI 社の HP（http://www.ssicentral.com/）から無料でダウンロードすることができ，実は学生でなくても使用することができる。ただし，学生版にはいくつか制限があり，レベル 1 のサンプルサイズは 7200，レベル 2 のサンプルサイズは 350 までである。また，各レベルに用いることができる説明変数の数は 5 つまでという制限もある。しかし，逆にいえばこれらの制約範囲内であれば，HLM7 の機能をすべて使用することができる。本書でも，読者が同じ分析を実行できるように無料版の HLM7 学生版を用いて分析を行っている。幸い，2 章で用いたデータは学生版の制限範囲に収まったサンプルサイズであるので，同じ分析を学生版で実行することができる。

　HLM7 の学生版をダウンロードすると，サンプルデータもついてくる。このサンプルデータの 1 つは，2 章で紹介した数学の成績や社会経済的地位のデータ（High-School & Business）である。したがって読者も一度 SSI 社から学生版をインストールして，本書とともにこのデータで HLM の使い方を学習してみてほしい。

HLM7 学生版のダウンロード

　まず，SSI 社の HP（http://www.ssicentral.com/）にアクセスし，左側のメニューにある "HLM"

をクリックし，そのあと"Free Downloads"をクリックしよう．すると無料でダウンロードできるソフトの一覧が表示される．そこで，図 3-1 の Free Student Edition of HLM7 for Windows という個所があるので，そこから学生版のダウンロードページに行くことができる．

　HLM7 学生版のダウンロードとインストールをしたら，サンプルデータも同時に手に入れることができる．サンプルデータは，HLM7 を C ドライブにインストールした場合，C:\HLM7 Examples\AppendixA に HSB1.dat と HSB2.dat というデータがそれである．なお，SPSS を持っている人は HSB1.sav などの sav ファイルを開けば SPSS 形式でデータを見ることができる．SPSS をもっていない人は .dat ファイル（メモ帳ソフトで開くことができる）でデータを確認することができる．

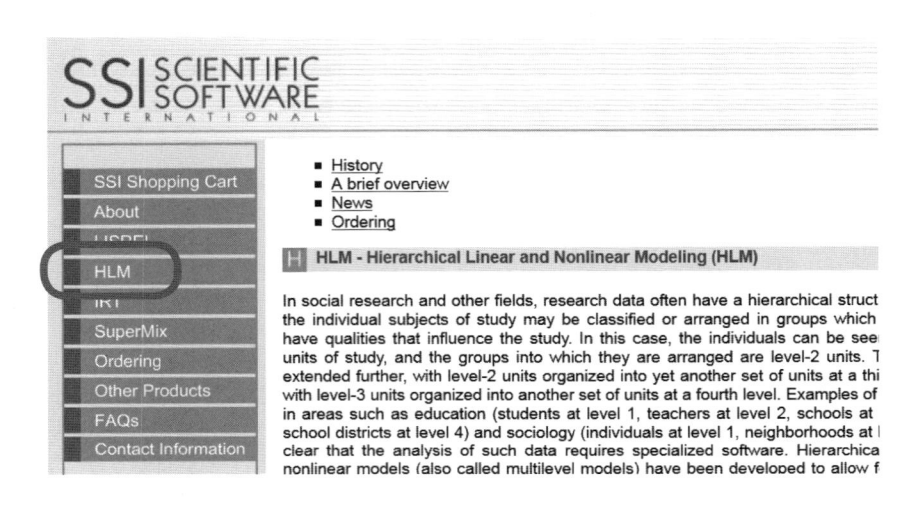

図 3-1　SSI のサイトから HLM7 のダウンロード

2　HLM7 で分析する流れ

　インストールしたら，C:\Program Files（x86）\HLM7Student というフォルダに WHLMS.exe という実行ファイルがあるのでそれをダブルクリックすると，HLM が立ち上がる．毎回フォルダに行くのが面倒なら，デスクトップにショートカットを作っておくとよい．

　HLM7 で分析する流れとしては，0. HLM7 を起動，1. MDM ファイルを作成し，2. モデルと分析オプションを指定，3. HLM ファイルを作成，4. 分析実行というステップとなる．MDM ファイルとは，Multivariate Data Matrix ファイルの略で，ローデータを平均と共分散行列の形で保存したファイルを指す．HLM7 ではまず HLM7 内部でローデータから十分統計量（分析に最低限必要な統計量）を計算して，それを用いて分析するのである．次に HLM ファイルとは，指定したモデルを保存したファイルである．HLM ファイルを呼び出せば，前回実行したモデルを簡単に再現することができる．それでは，HLM7 を起動するところから順に解説していこう．

MDM ファイルの作成

　HLM を起動すると，小さめのウィンドウが立ち上がる。まずメニューバーの"File"をクリックすると，いくつかサブメニューが表示される（図3-2）。最初は MDM ファイルがないので，"Make new MDM file"を選択し，そのあと"Stat package input"を選択する。なお，今回は SPSS の sav ファイルから読み込むのでこちらを選んでいるが，もし dat ファイルから読み込む場合は"ASCII input"を選ぶ。読み込みの方法は"Stat package input"のほうが簡単である。仮に SPSS をもっていなくても，sav ファイルからの読み込みは可能なので，今回は Stat package input から読み込む方法を解説する。

　クリックしたら，図3-3のような小さいウィンドウが立ち上がる。このウィンドウでは MDM ファイルのタイプを選択する。今回はレベルが2つの HLM を実行するので，Nested Models の HLM2 を選択する。仮にレベルが3つなら HLM3 を選択する。Nested Models 以外にもさまざまなタイプが存在するが，本書では割愛する。

　図3-3で OK ボタンをクリックすると，図3-4のようなウィンドウが立ち上がる。ここで

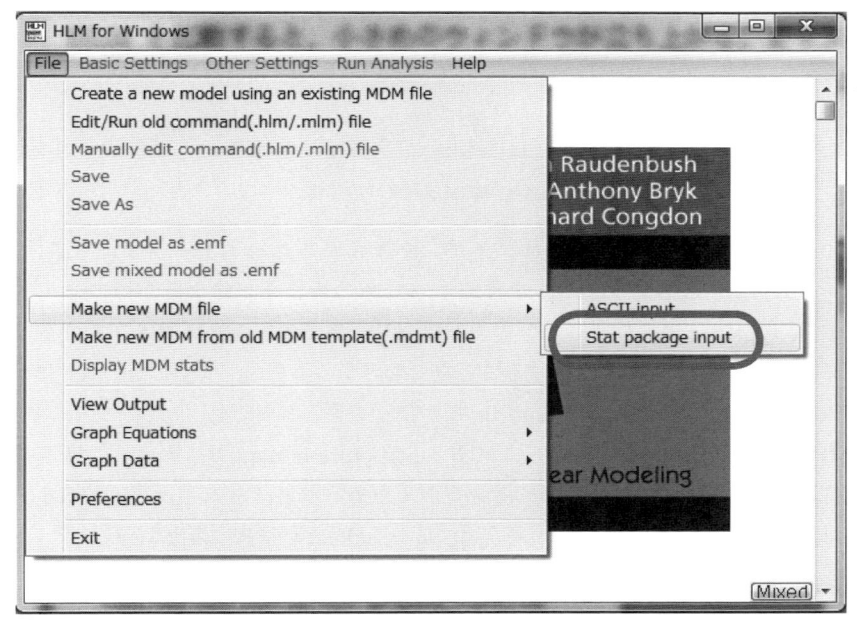

図 3-2　MDM ファイルの新規作成

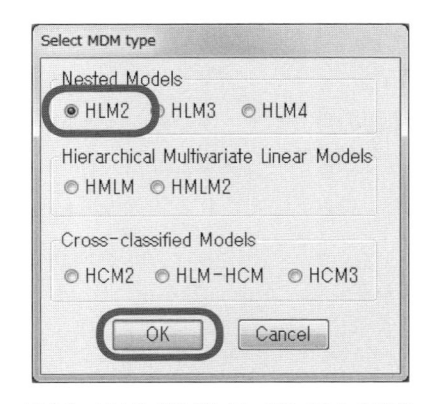

図 3-3　HLM2 を選択して，OK ボタンを押す

第3章　階層線形モデリングの実践　45

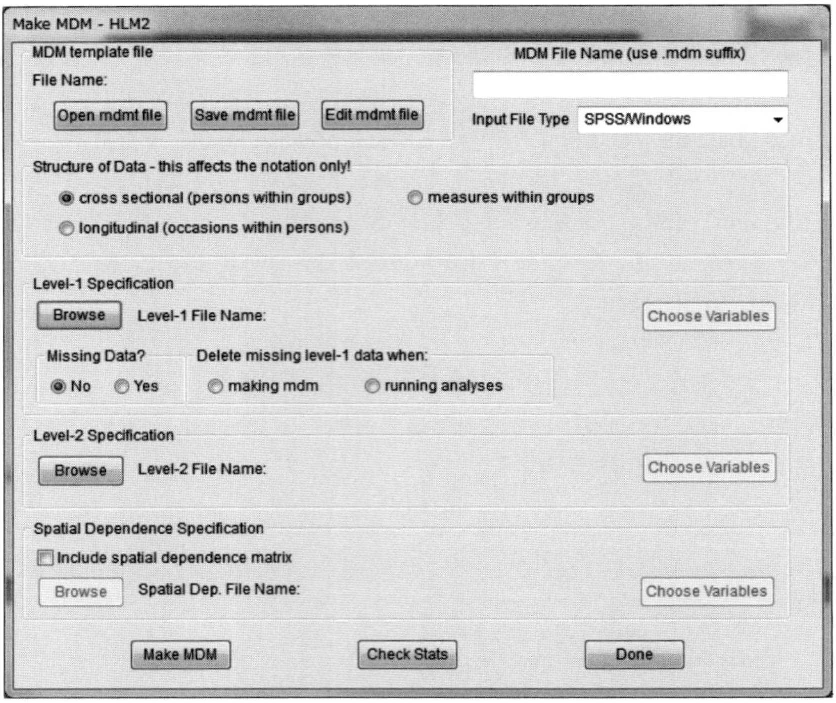

図3-4 MDMファイルの作成

はMDM templateファイル（MDMTファイル）を作成するためのデータファイルを指定する。MDMTファイルとは，MDMファイルを作成するための情報を記録するためのファイルである。まず，input file typeがSPSSになっているのを確認し，作成するMDMファイルの名前を付ける。できれば半角英数字でファイル名を付けることをお勧めする。また，すでにMDMTファイルがあり，それを編集したい場合はOpen mdmt fileをクリックするといい。

新しいMDMTファイルを作る場合，下にあるStructure of dataで，データの構造を指定する。今回の例では，集団の中に個人がいるデータであるため，左上にあるcross sectionalを選択する。個人を反復測定しているようなデータの場合は，longitudinalを選択するといい。

次に，データセットファイルを指定する。今回はサンプルデータを利用するため，C:\HLM7 Student Examples\AppendixAのフォルダの中にある，HSB1.savをレベル1のデータセットに，HSB2.savをレベル2のデータセットに指定する。HLM7では，個人レベルのデータは個人単位で，集団レベルのデータは集団単位で別のファイルに入っていることを前提としている。具体的にはレベル1のデータは測定した個人の数分のデータ（サンプルデータの例でいえば，7185人），レベル2のデータはサンプリングした集団の数分のデータ（サンプルデータでいえば，160校）が収納されているということである（図3-5）。しかし，実際には個人レベルの変数と集団レベルの変数を同じファイルに入れていても問題なく読み込んでくれる。その場合，集団レベルの変数は，同じ集団のメンバーには同じ数値を入れておく必要がある。なお，集団を識別するためのID変数は，すべてのサブジェクトで同じ桁数である必要がある。例えば，ID番号が1の人がいたとしても，4ケタの人がいる場合は0001というように入力しておく必要がある。

Browseを押すと，エクスプローラからデータファイル（今回はsavファイル）を選択することができる。ファイルを選択したら，次にChoose variablesボタンを押す。すると図3-6のよう

	id	minority	female	ses	mathach
1	1224	0	1	-1.528	5.876
2	1224	0	1	-.588	19.708
3	1224	0	0	-.528	20.349
4	1224	0	0	-.668	8.781
5	1224	0	0	-.158	17.898
6	1224	0	0	.022	4.583
7	1224	0	1	-.618	-2.832
8	1224	0	0	-.998	.523
9	1224	0	1	-.888	1.527
10	1224	0			
11	1224	0			
12	1224	0			
13	1224	0			
14	1224	0			
15	1224	0			
16	1224	0			
17	1224	0			
18	1224	1			
19	1224	0			
20	1224	0			
21	1224	0			
22	1224	0			

	id	size	sector	pracad	disclim
1	1224	842	0	0	2
2	1288	1855	0	0	0
3	1296	1719	0	0	0
4	1308	716	1	1	-1
5	1317	455	1	1	-2
6	1358	1430	0	0	2
7	1374	2400	0	1	2
8	1433	899	1	1	0
9	1436	185	1	1	-1
10	1461	1672	0	1	2
11	1462	530	1	0	0
12	1477	531	1	1	-1
13	1499	1921	0	0	1

図 3-5　個人レベルデータと集団レベルデータ

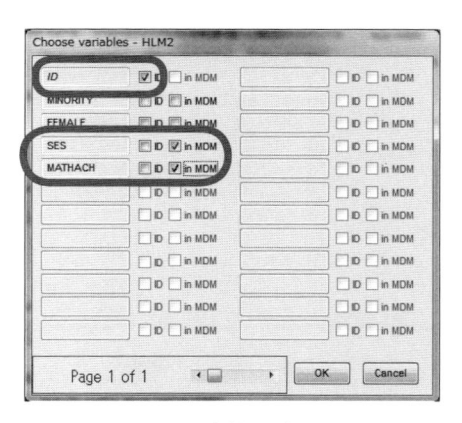

図 3-6　変数の選択

なウィンドウが立ち上がるので，集団を識別する ID 変数と，レベル 1 のモデルに入れる変数を選択する。ここでは，SES と数学の成績（MATHACH）を分析に用いるので，その 2 つをチェックしておく。選択し終わったら OK を押そう。もし欠損値がある場合，Missing Data? で Yes のほうを選択するのだが，どのタイミングで欠損値を省くかを選択できる。選択肢は making mdm と running analyses で，前者は MDM ファイルを作成するときに欠測データを削除し，後者は分析の時にモデルに含まれている変数のみの欠測データを削除する。ここで注意が必要なのが，making mdm を選ぶと選択した変数のうちどれかで欠測があるサブジェクトがすべて省かれてしまう点である。もし極端に欠測が多い変数があるなら，running analyses を選ぶといい。しかし，running analyses は，モデルに含まれる変数が異なるとサンプルサイズも異なるため，モデルの比較ができなくなる。もし欠測データが少ないなら，making mdm のほうが便利かもしれない。今回のサン

プルデータには欠測がないので，NO を選択しておけば問題ない。

　次にレベル 2 のデータセットを同じように選択する。ただし，レベル 2 のデータには欠測が許されていないので注意が必要である。もし欠測があるなら，あらかじめ削除しておく必要がある。また，レベル 1 のデータセットで選択した ID 変数とレベル 2 で指定する ID 変数は同じである必要があることも気をつけよう。今回のサンプルデータは SECTOR（公立高校かカトリック系かを識別する変数）と MEANSES（SES の学校平均）を用いるので，その 2 つをチェックして OK を押そう。

　ここまでの設定が終わったら，Save mdmt file を押して MDMT ファイルを保存しておこう。これで保存した MDMT を再度開いた場合，同じ状態から MDM ファイルの設定が可能になる。新しい変数を追加したくなったら，MDMT ファイルを呼び出せば新しい MDM ファイルが簡単に作成できるというわけである。MDMT ファイルを保存したら，一番下にある Make MDM ボタンを押そう。このときに MDMT ファイルの設定やデータセットに不具合があれば，警告が出る。もし警告が出ず，図 3-7 のような統計量がメモ帳で表示されたら，読み込みと MDM ファイルの作成は成功だ。念のため，レベル 1 とレベル 2 のサンプルサイズや，各変数の平均値や最小値・最大値が正しい値になっているか確認しておこう。読み込みが成功したら，Done を押す。

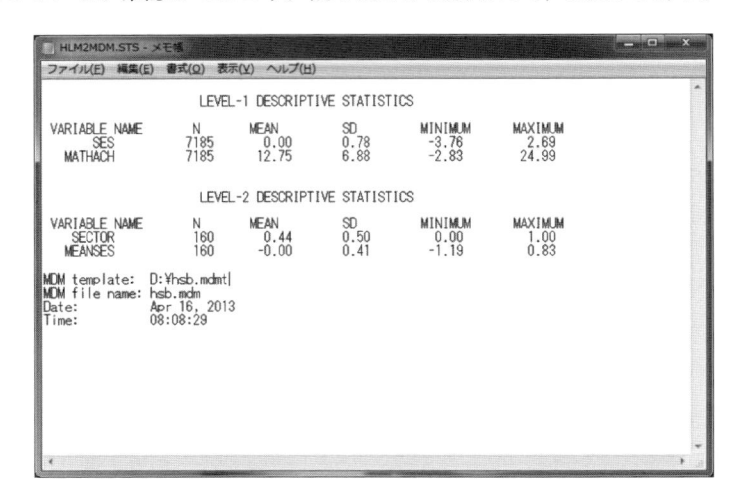

図 3-7　統計量の確認

分析オプション設定

　MDM ファイルの作成が終わると，次にモデルを指定するためのウィンドウに切り替わる。ここでは分析モデルの指定と分析の設定を行うことができる。まずは分析設定の説明を行い，そのあとモデルの指定方法について解説しよう。

　分析の設定には 2 種類あり，それは Basic setting と Other setting である。

　Basic setting では目的変数の性質を選択できる。デフォルトでは正規分布に従う連続値データ（図 3-8 では"Normal（Continuous）"がそれにあたる）になっているが，そのほかにもベルヌーイ分布に従う 2 値データ，ポワソン分布に従うデータ，二項分布に従うデータ，名義カテゴリカルデータ，順序カテゴリカルデータなどが選択できる。Basic setting ではそのほかにも，残差のデータを保存するファイルを指定したり，Output ファイルや Graph ファイルを保存する場所を選択したりすることができる。

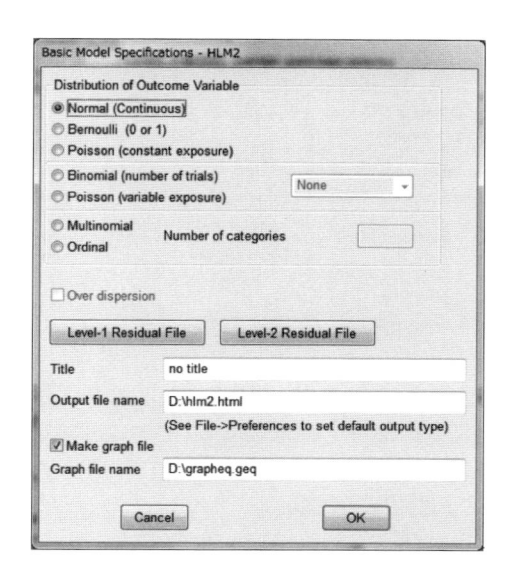

図3-8 基本的な設定の画面

　Other settingでは，反復計算の設定を行うIteration setting，推定方法の設定を行うEstimation setting，モデル比較を行うためのHypothesis testing，出力の設定を行うOutput settingの4つが行える。

　Iteration settingでは計算の反復回数や，収束基準などの設定が行える。基本的にはそのままで問題ないのだが，HLM7のデフォルトでは100回の計算で一度計算を続行するかどうかを聞いてくる。しかし複雑なモデルでは100回で計算が終わらないことも多く，毎回尋ねられるのをややうっとうしく感じるかもしれない。その場合は，図3-9の"What do when maximum number of iteration achieved without convergence"のところで，"Continue iterating"を選択しておこう。すると，収束するまで計算を続けてくれる。なお"Prompt"を選ぶと，コマンドプロンプト画面で計算を続けるかどうかを聞いてくるようになるので，そこでYes（あるいは単にyだけ）を入力すると続行してくれる。

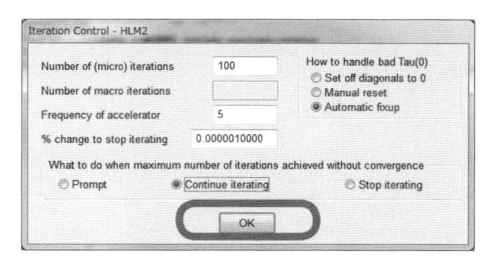

図3-9 反復計算の設定

　Estimation settingでは，推定方法として制限つき最尤法（Restricted maximum liklihood）か，最尤法（Full maximum likelihood）を選択できる（図3-10）。デフォルトでは制限つき最尤法である。今回はこのままにしておこう。ほかにもいろいろな設定ができるが，そのままで問題ない。

　Hypothesis testingやOutput settingについては後で使用するので，後述する。

第3章　階層線形モデリングの実践　49

図 3-10　推定方法の設定

3　分析モデルの指定

　分析の設定が終わったら，ようやくモデルの指定である（図 3-11）。まず，表示されている変数から，目的変数を 1 つ選択しよう。今回は個人の数学の成績（MATHACH）を目的変数に使うので，Level-1 の MATHACH をクリックし，表示されたメニューから "Outcome variable" を選択する。なお，Outcome variable とは，目的変数という意味である。

　目的変数を選択すると，目的変数を予測するためのレベル 1 のモデル式が表示される。この状態でレベル 1 の SES をクリックすると，図 3-12 のように，説明変数に投入する方法として 3 種類の選択肢が表示される。1 つは，add variable uncentered で，センタリングをせずそのままモデルに投入する方法である。次は add variable group centered で，集団平均中心化を行ってモデルに投入する方法である。最後は，add variable grand centered で，全体平均中心化を行ってモデルに

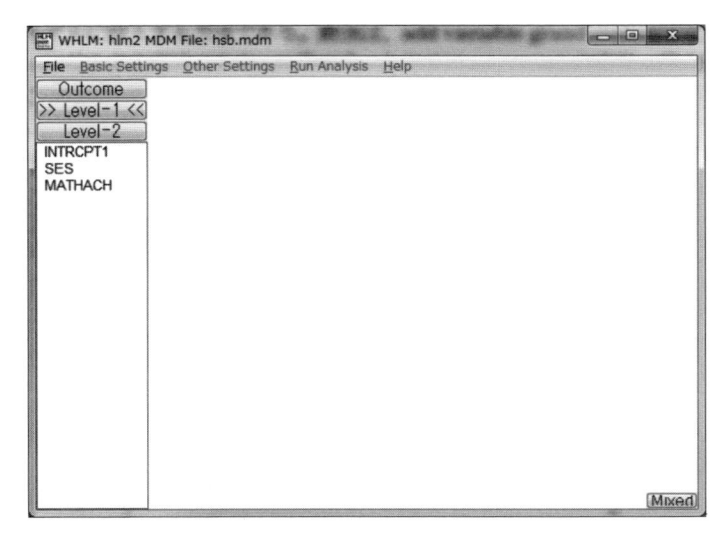

図 3-11　HLM のモデル指定画面

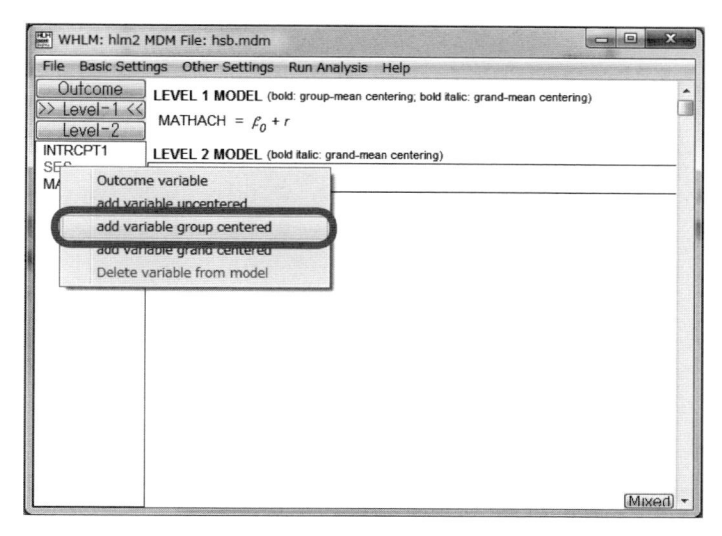

図 3-12　3 種類の説明変数の投入方法

投入する方法である。2 章で述べたように，レベル 1 の変数は集団平均中心化を行うことが推奨されるので，add variable group centered を選択しよう。

それでは，HLM をさっそく実行してみよう。モデルは集団平均中心化を施した SES をレベル 1 に投入し，レベル 2 に MEANSES（SES の学校平均）と SECTOR を投入したものである。まず SES をレベル 1 の式に，add variable group centered で投入する。すると，Bold（太字体）で SES が表示される。次に，"Level-2" のボタンを押すとレベル 2 の変数が表示されるので，SECTOR と MEANSES を投入する。レベル 2 の式は，レベル 1 の変数を追加するごとに増えていく。編集したい式をクリックすると，図 3-13 のように黄色に反転する。SECTOR はダミー変数なので中心化せずに投入（add variable uncentered）し，MEANSES は全体平均で中心化するので，add variable grand centered で投入する。全体平均中心化すると Italic（斜字体）になる。最後に，レベル 1 の SES の回帰係数に変量効果（集団間変動）を仮定するかどうかを決める。変量効果を仮定する場合は，字が薄くなっている u_1 をクリックしよう。字が濃くなったら，変量効果を仮定

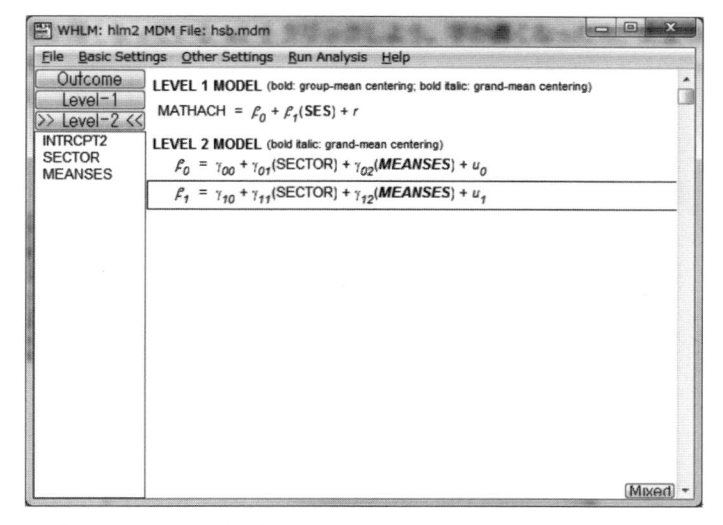

図 3-13　切片と SES の回帰係数の集団間変動をセクターと SES の学校平均で予測するモデル

することを意味している。今回は，SES の変量効果を仮定して推定するので，クリックしておこう。最終的には図 3-13 のようなモデル式となる。

分析の設定とモデルの指定が終わったら，これらの設定を HLM ファイルに保存する。メニューバーにある File を選択して Save As をクリック，そして任意の名前をつけて HLM ファイル（拡張子は .hlm）を保存しよう。これで分析設定やモデルなどが保存される。HLM ファイルを作ってしまえば，次からは MDM ファイルの作成などを飛ばして，HLM ファイルを編集するだけで分析を実行できるようになる。

分析の実行と結果の見方

ようやく分析の実行まで来た。メニューバーにある Run Analysis をクリックすると分析が実行される。なお，HLM ファイルが変更されていた場合，保存してから走らせるか，保存させずに走らせるかを尋ねられる。好きなほうを選択すると分析が実行される。

分析を実行すると図 3-14 のようなコマンドプロンプトが表示される。今回の分析では 61 回の反復で収束したことがわかる。データやモデルの複雑さによっては，数千回以上の計算が必要な場合もある。どうしても収束しないなら，Iteration setting で収束基準を変えるか，最大反復数を自分で決めて無理やり結果を出力させるなどをする必要がある。

分析結果は，HLM7 からは HTML ファイルで表示されるようになった。読者が使っているインターネットを見るためのブラウザ（Internet Explorer や Firefox，Google Chrome など）で結果が表示される。

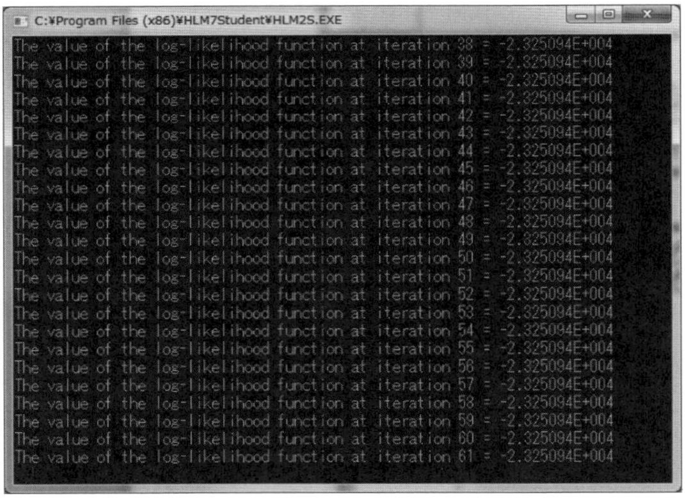

図 3-14　HLM7 の推定画面

分析結果には，最初指定したモデルが，そのあとに収束した分析結果（Final Results）が表示される（図 3-15）。Final Results の最初には，残差分散や変量効果の共分散行列など，変量効果の情報が記される。σ^2 は残差の分散を意味している。τ の欄には切片（β_0）と SES（β_1）の分散共分散行列（上）と相関行列（下）が表示される。その下には，Reliability estimate，つまり集団平均の信頼性係数が表示されている。集団平均の信頼性係数は，切片や回帰係数の集団平均の分散のうち，真の集団レベルの分散が何割存在しているかを表す指標である。具体的に言えば，切片の場合，数学の成績の学校平均値の分散のうち，真の学校レベルの分散がどれほどを占めてい

るかを示している。信頼性が低い場合，その係数に変量効果を仮定する意味がないことになる。Raudenbush & Bryk（2002）は 0.05 より信頼性が小さい場合，集団間の変動が非常に小さいことを指摘しており，その場合は固定効果として推定するほうがよい。

```
Final Results - Iteration 61
Iterations stopped due to small change in likelihood function
σ² = 36.70313
τ
INTRCPT1, β₀    2.37996   0.19058
SES, β₁         0.19058   0.14892

τ (as correlations)
INTRCPT1, β₀    1.000   0.320
SES, β₁         0.320   1.000

Random level-1 coefficient   Reliability estimate
INTRCPT1, β₀                    0.733
SES, β₁                         0.073
The value of the log-likelihood function at iteration 61 = -2.325094E+004
```

図 3-15　HLM7 の推定結果　変量効果の共分散行列と分散成分の信頼性の結果

Final estimation of fixed effects
(with robust standard errors)

Fixed Effect	Coefficient	Standard error	t-ratio	Approx. d.f.	p-value
For INTRCPT1, β_0					
INTRCPT2, γ_{00}	12.095006	0.173688	69.637	157	<0.001
SECTOR, γ_{01}	1.226384	0.308484	3.976	157	<0.001
MEANSES, γ_{02}	5.333056	0.334600	15.939	157	<0.001
For SES slope, β_1					
INTRCPT2, γ_{10}	2.937787	0.147615	19.902	157	<0.001
SECTOR, γ_{11}	-1.640954	0.237401	-6.912	157	<0.001
MEANSES, γ_{12}	1.034427	0.332785	3.108	157	0.002

図 3-16　固定効果の推定結果

　次に表示されるのは，固定効果の結果である（図 3-16）。固定効果の結果は，モデルの仮定に基づいた標準誤差の結果と，頑健な標準誤差の結果の 2 種類がある。特に理由がなければ後者の頑健な標準誤差の結果を参照するとよい。なお，2 つの出力は点推定値（切片や回帰係数の値）に違いはなく，標準誤差が違うだけである（検定結果はそれによって変化する）。結果を実際に見てみると，Fixed Effect とあるのは固定効果，つまり切片と回帰係数のことである。HLM7 では，個人レベル，集団レベルという区別で回帰係数を表示するのではなく，β_0, β_1 という順番で表示する。最初はどの係数が何を意味しているのかわかりにくいかもしれないが，β_0 は全体的な切片と，レベル 2 変数の主効果を意味している。そして，β_1 以降はレベル 1 変数の主効果と，それらの交互作用項を意味している。Coefficient は点推定値で，Standard error は標準誤差で，t-ratio は検定統計量 t 値である。Approx d.f は t 検定に用いる自由度で，t 値と自由度に基づいた p 値が p-value である。

　その次に表示されるのは，変量効果の分散成分とその検定結果である（図 3-17）。HLM7 では，検定結果の出力は分散成分のみで，共分散については行われない。Random Efect とあるところに，u_0 と u_1 と r についての結果が表示されている。ここでは，u_0 は切片の集団間変動，u_1 は SES の回帰係数の集団間変動を示しており，r はモデルの残差分散である。Standard Deviation は標準偏差で，Variance Component は分散成分を意味している。検定は自由度（ここでは 157）に基づく χ^2 検定で行われる。

Final estimation of variance components

Random Effect	Standard Deviation	Variance Component	d.f.	χ^2	p-value
INTRCPT1, u_0	1.54271	2.37996	157	605.29503	<0.001
SES slope, u_1	0.38590	0.14892	157	162.30867	0.369
level-1, r	6.05831	36.70313			

図 3-17　変量効果の推定結果

　最後に，モデルの逸脱度が表示される（図 3-18）。Deviance とあるのがそれである。Number of estimated parameters は推定した分散成分のパラメータの数である。今回のモデルでは切片と回帰係数の分散が 2 つ，共分散が 1 つ，そして残差が 1 つで 4 つとなる。固定効果のパラメータの数は含まれていない点に注意しよう。2 章で解説した尤度比検定によるモデル比較を行うには，この Deviance の値とパラメータ数が必要となるため，どこかに保存しておく必要がある。

Statistics for current covariance components model

Deviance = 46501.875643
Number of estimated parameters = 4

図 3-18　逸脱度の出力

モデル比較

　2 章で解説したように，HLM では Null モデル，つまり説明変数が 1 つも投入されていないモデルを推定しておくと，モデルの予測精度を計算するときに便利である。そこで Null モデルを推定し，徐々にモデルを複雑にしていきながら比較していこう。

　Null モデルは説明変数を投入していないモデルなので，一度すべての説明変数を除去しておこう。すでに投入している変数をクリックすると，Delete variable from model という選択肢が表示されるので，それを選ぶと変数がモデルから除かれる。全部の変数を除くと，図 3-19 のようなモデルになる。

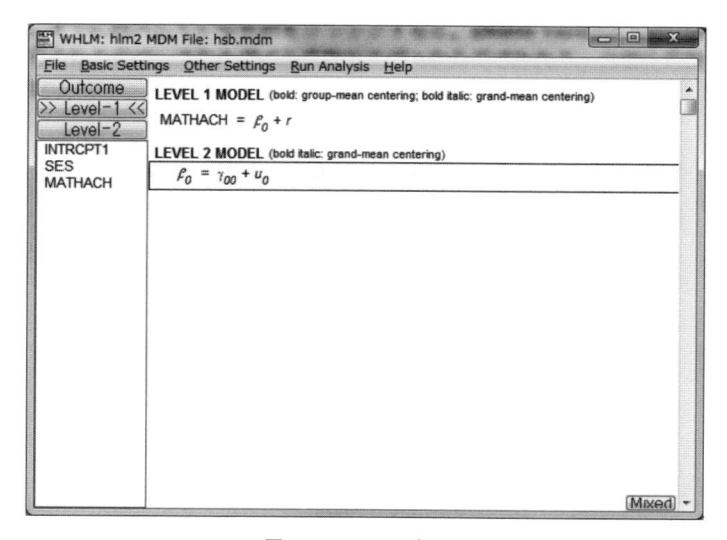

図 3-19　Null モデルの推定

この状態で実行を押すと，分析を実行できる。Null モデルでチェックすべきポイントは切片の変量効果の分散と，モデルの残差分散である。図 3-20 のように切片の分散成分は 8.61 で，有意であった。残差分散は 39.15 であった。この値から数学の成績の級内相関係数が計算できることは 2 章で触れたとおりである。級内相関係数は，8.61 / (8.61 + 39.15) = 0.18 と計算できる。級内相関係数の有意性検定は，実は切片の変動である u_0 の検定と同じであるので，χ^2 (159) = 1660.23, p < .01 で有意であるといえる。

モデルの適合度である Deviance は 47116.79 で，パラメータ数は 2 である。

Final estimation of variance components

Random Effect	Standard Deviation	Variance Component	d.f.	χ^2	p-value
INTRCPT1, u_0	2.93501	8.61431	159	1660.23259	<0.001
level-1, r	6.25686	39.14831			

Statistics for current covariance components model

Deviance = 47116.793477
Number of estimated parameters = 2

図 3-20　Null モデルの変量効果の分散成分

次に，SES と MEANSES を投入するモデルを検討する。ただし，SES の変量効果は推定せず，固定効果としてだけ推定することにしよう。変量効果を仮定しないようにするには，u_1 の文字をクリックして，字を薄くすればよい。すると，結果は図 3-21 のようになった。

Final estimation of fixed effects
(with robust standard errors)

Fixed Effect	Coefficient	Standard error	t-ratio	Approx. d.f.	p-value
For INTRCPT1, β_0					
INTRCPT2, γ_{00}	12.647016	0.148469	85.183	158	<0.001
MEANSES, γ_{01}	5.866178	0.320130	18.324	158	<0.001
For SES slope, β_1					
INTRCPT2, γ_{10}	2.198921	0.125953	17.458	7023	<0.001
MEANSES, γ_{11}	0.324436	0.359506	0.902	7023	0.367

Final estimation of variance components

Random Effect	Standard Deviation	Variance Component	d.f.	χ^2	p-value
INTRCPT1, u_0	1.64086	2.69241	158	670.20266	<0.001
level-1, r	6.08415	37.01692			

Statistics for current covariance components model

Deviance = 46566.087196
Number of estimated parameters = 2

図 3-21　個人レベルの SES と学校平均の SES を投入したモデルの結果

切片の変量効果を見てみると，8.61 から 2.69 まで低下している。これを級内相関として計算すると，2.69 / (2.69+37.02) = 0.07 と，先ほどの 0.18 から半分以上小さくなっているのがわかる。これは，MEANSES をレベル 2 の変数として投入することで，集団レベルの数学の成績が説明されたからである。

2 章で説明したように，Null モデルの残差と説明変数を投入した後の残差を比較することで，決定係数を疑似的に計算することができる。レベル 1 の決定係数は，1 − (37.02 / 39.15) = 0.05 であり，

レベル2の決定係数は，$1 - (2.69 / 8.61) = 0.69$だった。このことから，SESの効果は，数学の成績の学校間分散をより強く予測していることがわかる。1つ注意が必要なのは，この方法で決定係数を計算できるのは，回帰係数の変量効果が推定されていない場合のみである。ランダム係数を推定すると，決定係数が負の値になったり，不当に高くなったりする。説明変数の固定効果の説明力を検討したい場合は，回帰係数の変量効果を推定しない状態で擬似的な決定係数を計算するといい。

モデルの適合度であるDevianceは46566.09で，パラメータ数はNullモデルと同様に2である。なぜパラメータ数が変わらないのにDevianceが小さくなっているかといえば，推定法が制限つき最尤法を用いているからである。制限つき最尤法は固定効果を取り除いた分散成分についてのみ最尤法を適用しているので，パラメータ数は推定した分散成分の数である2のままなのである（固定効果を投入することで多少Devianceが小さくなることはある）。また，制限つき最尤法の場合，固定効果の適合度については評価することができない。固定効果について尤度比検定を行いたい場合は，最尤法を用いる必要がある。

続いて，投入する説明変数はそのままで，SESの変量効果を推定してみよう。結果を図3-22に記した。

Final estimation of fixed effects
(with robust standard errors)

Fixed Effect	Coefficient	Standard error	t-ratio	Approx. d.f.	p-value
For INTRCPT1, β_0					
INTRCPT2, γ_{00}	12.644344	0.148335	85.242	158	<0.001
MEANSES, γ_{01}	5.868757	0.319770	18.353	158	<0.001
For SES slope, β_1					
INTRCPT2, γ_{10}	2.195987	0.125294	17.527	158	<0.001
MEANSES, γ_{11}	0.285635	0.354116	0.807	158	0.421

Final estimation of variance components

Random Effect	Standard Deviation	Variance Component	d.f.	χ^2	p-value
INTRCPT1, u_0	1.64106	2.69308	158	675.73330	<0.001
SES slope, u_1	0.81717	0.66777	158	211.94894	0.003
level-1, r	6.05962	36.71903			

Statistics for current covariance components model

Deviance = 46555.464138
Number of estimated parameters = 4

図3-22 変量効果を推定したモデルの結果

固定効果については，若干MEANSESの切片と傾きが小さくなっている以外は大きな変化はない。このように適切に中心化を施していれば，ランダム係数を推定することで大きく回帰係数が変化することはない（多少はある）。そのため，符号が変わるほど数値が変化した場合などは中心化の方法が適切であるかを確認するほうがいいだろう。

変量効果に目を向けると，切片の分散は変化がないが，残差分散が小さくなっている。これはSESの回帰係数が集団ごとで異なっていることを仮定することで，より数学の成績を予測できるようになったことを意味している。

モデルの適合度を見ると，先ほどと違い推定パラメータの数が2から4に増えているのがわかる。これはSESの変量効果の分散成分と，切片とSESの共分散の2つが新たに推定されているからである。変量効果を推定する前の逸脱度である46566.09と比べて，今回のモデルの逸脱度は456555.46と，10.63小さくなっている。逸脱度の差は，パラメータ数の差を自由度としたχ^2乗分

布に従うので，χ^2 値 =10.63，自由度 =2 の χ^2 検定を行うことができる。この検定を尤度比検定と呼び，追加した変量効果の分散成分がすべて 0 であるという帰無仮説に対して検定することができる。結果は p = 0.0049 であり，変量効果の分散成分は 0 ではないことがわかった。

　尤度比検定は，回帰係数を変量効果として推定するべきかどうかについて指針を与えてくれる。もし尤度比検定が有意なら，回帰係数の集団間変動が無視できないものであることを示しているからである。ただし，尤度比検定は切片と係数の共分散も同時に検定していることに注意が必要である。回帰係数の分散だけを検定したいなら，変量効果のところに表示されている p 値を利用するといい。また，尤度比検定は分散成分についてはやや保守的な検定であり，確率を大きく見積もる性質がある。Raudenbush & Bryk（2002）は個々の Random effect の検定結果を参照することを勧めている。

　なお，尤度比検定は上記のように手計算することもできるが，HLM7 のソフトウェア上で行うこともできる。メニューバーの Other Setting から，Hypothesis Testing を選択すると，以下のようなウィンドウが立ち上がる（図 3-23）。

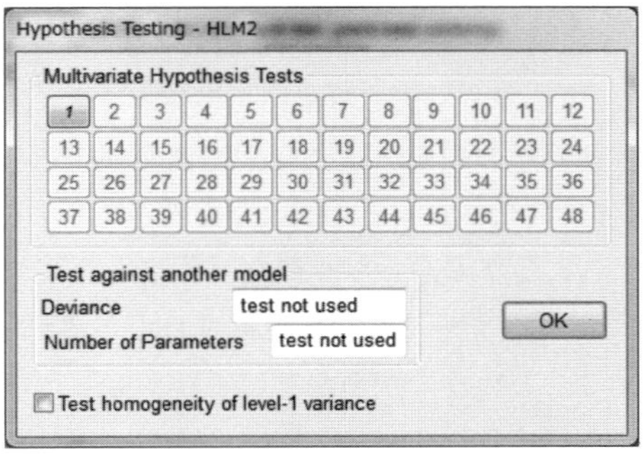

図 3-23　モデル比較の設定

　ここでは，比較したいモデルの Deviance とパラメータ数を入力する。そうすることで推定したモデルとの尤度比検定を行うのである。ここでは，SES のランダム係数を推定していないモデルの Deviance である 46566.09 を入力し，パラメータ数を 2 と入力する。この状態で SES の変量効果を推定するモデルを走らせると，出力の最後に以下のようなものが追加される（図 3-24）。

Deviance = 46555.464138
Number of estimated parameters = 4

Variance–Covariance components test

χ^2 statistic = 10.62586
Degrees of freedom = 2
p-value = 0.005

図 3-24　尤度比検定の結果

このように，Deviance の差を χ^2 値とした尤度比検定の結果が出力される。

4　単純効果の検定

　2章で，個人のSESと数学の成績は，学校のセクターによって回帰係数が変化することがわかった。具体的には，公立高校はSESと数学の成績の回帰係数が大きいが，ミッションスクールの場合は回帰係数が小さいことがわかった。本節では，このようにレベル2の変数によってどのように回帰係数が変化するのかを具体的に検討する方法を解説する。

　今回のHSBデータの例のように，集団レベルの変数が0と1のように2値データであれば，セクターごとの回帰係数の推定は容易である（2章を参照）。しかし，SESの学校平均のように，連続的な変数が集団レベルの変数となる場合もある。そのような場合，どのようにしてレベル間交互作用を理解したらよいだろうか。

　すぐに思いつく簡単な方法は，集団レベルの変数を二分してHLMを実行する方法である。たとえば平均値で二分して，低群を0，高群を1というようにコード化してやれば，低群の回帰係数と，低群と高群の回帰係数の差（交互作用項）を同時に推定できる。しかし，本来連続的な変数を2値データに変換することはあまり推奨されない。その理由は，連続量を2値にすることは情報をかなり損失してしまうからである。よって，本来の母集団の性質をうまく推定できないことになる。

　そこで近年よく使われる単純効果の検定方法に，平均値から1SD（標準偏差）高い点と，1SD低い点について，それぞれ回帰係数を推定する，というものがある。この方法は説明変数が連続的である場合にも情報を損失することなく，レベル間交互作用を表現することができる。また，グループを2つに分けなくてよいので，データの自由度も減らす必要がない。

　±1SDで回帰係数を推定する，というのがわかりにくいかもしれないので，ここではイメージしやすいようにグラフ化したものを図示してみよう。図3-25の左側は個人レベルのSESとセクターの交互作用，右側は，個人レベルのSESと学校平均のSESとの交互作用をグラフ化したものである。左側のセクターのグラフは，実線はセクターが1の場合，破線はセクターが0の場合の回帰直線を意味している。右側の学校平均SESのグラフは，実線の回帰直線は学校平均のSESが全体平均から1SD高い学校の推定値，逆に破線の回帰直線は全体平均からSESが1SD低い学校の推定値を表している。また，単純効果を検討している個人レベルのSESの布置点も，±1SDの点で推定されている。学校平均SESのように連続変量の単純効果の分析では，2群に分けるのではなく，平均より高めの点と低めの点についての回帰係数を連続的に推定することができるのである。なお，±1SDの点を利用するのはあくまで慣例的なもので，本質的な意味はない。解釈がしやすい，という以上の意味はないので注意してほしい。研究目的によっては+2SDの点の回帰係数を推定する必要があれば，そのように設定すればよい。またセクターのように2値データの場合は，そのまま0と1の点の回帰係数を推定すればよい。

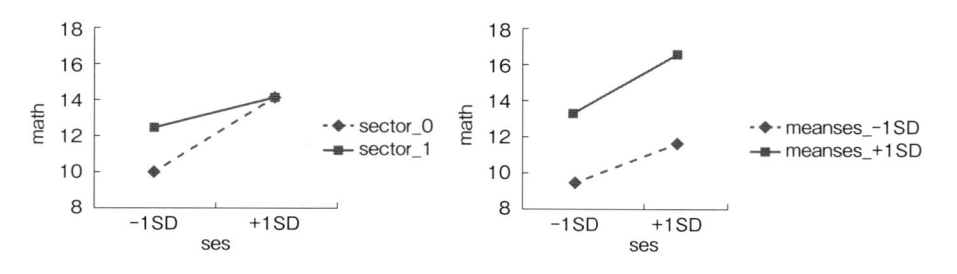

図3-25　調整変数を±1SDでスライスした単純効果分析のグラフの例

ただ，残念ながら，HLM7には現状この単純効果の検定を計算してくれるオプションは実装されていない。よってHLM7だけで上のようなグラフを書いたり，単純効果の検定を行ったりすることができない。しかし幸いにもプリーチャー（K. J. Preacher）が，HLMの単純効果の検定を行ってくれるWebサイトを作成しており，無償で活用することができる。

以降では，このサイトで単純効果分析を行う方法について解説する。

Preacherのサイトによる単純効果分析

Preacherのサイト（http://www.quantpsy.org/index.htm）にアクセスし，左側のメニューにあるMediation & moderation materialsをクリックすると，媒介分析や調整分析を行うためのページに行くことができる。このページの一番上にあるInteraction Utilitiesをクリックし，Hierarchical Linear Modelingのところにある"Simple slopes and the region of significance for HLM 2-way interactions"をクリックしよう。すると，HLMの単純効果検定を実行するためのページに行くことができる（http://www.quantpsy.org/interact/hlm2.htm）。

ここではレベル間交互作用の単純効果検定の方法について解説する。レベル間交互作用を実行するためのプログラム（図3-26）はそのページの一番下にある（Case 3: x1: focal predictor; w1: moderatorと書いてある場所）。

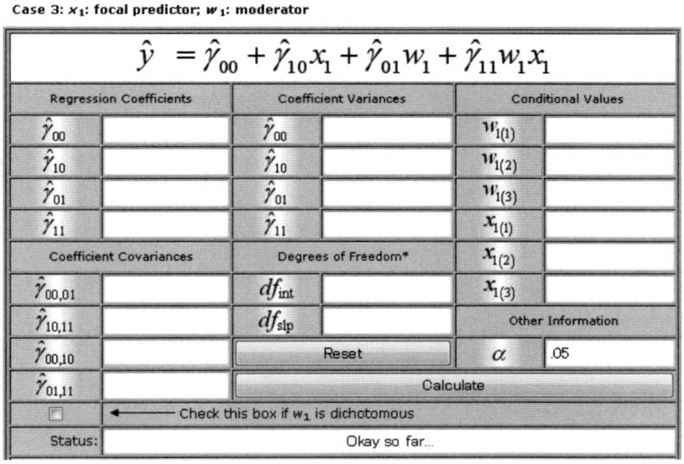

図 3-26　PreacherのWebサイトにある単純効果分析用のプログラム

さて，このプログラムを利用するにはいくつかの数値を事前にHLM7などのソフトウェアで計算する必要がある。このプログラムで単純効果を検定するのに必要なパラメータは以下のとおりである。

1. HLMで推定された固定効果の係数
2. 固定効果の分散と共分散
3. 回帰係数の自由度
4. 単純効果を推定するポイント

まず，1.の回帰係数はすでに本章で推定してきた固定効果をそのまま利用することができる。特

に必要なのは，単純効果が見たい変数の固定効果（個人レベルの説明変数）と，群分けをする変数の固定効果（集団レベルの変数），そしてそれらの交互作用効果の固定効果（レベル間交互作用）の3つと，最後に切片の固定効果である。

次に2.の固定係数の分散と共分散が必要とされる。固定効果の分散とは，固定効果の標準誤差の2乗と等しい。したがって，すでに推定されている標準誤差を利用することで計算できる。しかし，固定効果の共分散は本章でこれまで解説してきた方法では出力されていない。だがHLM7が計算できないわけではない。HLM7の場合，メニューバーにある"Other Settings"を開き，"Output Settings"をクリックすると，図3-27のようなウィンドウが開く。そこで，"Print variance-covariance matrices"をチェックしておこう。すると，以降，固定効果の共分散行列がテキストファイル（gamvc.dat）で出力されるようになる。

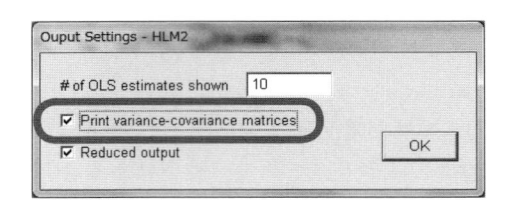

図3-27　固定効果の共分散行列の出力

では実際にHLM7とPreacherのサイトを使って単純効果分析を行ってみよう。ここでは，切片とSESの変量効果に対してSESの学校平均とセクターの両方が予測するモデル（本章で一番最初に走らせたモデル）の共分散行列を例に単純効果分析を行ってみよう。

まず，HLM7でモデルを推定する。そのとき，共分散行列を出力するように設定しておく。すると，MDMやHLMファイルがあるフォルダの中に，"gamvc.dat"というテキストファイルが追加されている。それを開くと，スペース区切りで係数と共分散行列が図3-28のように入力されている。なお，".dat"ファイルが開けない場合，「プログラムから開く」→「Notepad（メモ帳）」を選択すれば開くことができる。1行目は回帰係数，2行目以降は共分散行列である。なお，E-002となるのは，小数点が2つ左側に移動することを意味している。3.9488440E-002は，実際は0.039488440である，ということである。

この状態では見にくいので，図3-29のように一度Excelに移動させて，どの数値がどの係数の分散・共分散なのかをわかりやすくしてみよう。

そして，3.の単純効果を推定するポイントを定める。すでに述べたように，単純効果分析の際には，平均値からの±1SDの回帰係数を推定することが多い。よって，単純効果を検討する変数と群分け変数のそれぞれについて，平均+1SDと平均-1SDの点を事前に計算しておく必要がある。ただ，今回は交互作用項を検討するときに中心化しているので，SESも学校平均SESもともに平均値は0である。よって，標準偏差の値だけ求めておけばよい。SESの標準偏差は0.779，学校平均の標準偏差は0.414だった。

ただし，セクターのように0と1のように2値データの場合は，推定するポイントは標準偏差ではなくそのまま0と1に設定するほうがよい。

それでは，準備が整ったので実際に単純効果分析を行ってみよう。まずは，SESとセクターの交互作用について，分析してみる。セクターの場合は，回帰係数の記号がWebサイトに表示されている記号と一致しているのでわかりやすい。該当する回帰係数，係数の分散，係数の共分散，自

```
   12.0950062        1.2263840         5.3330564         2.9377874        -1.6409540         1.0344270
 3.9488440E-002 -4.2425394E-002   1.7959450E-002   2.2987741E-003  -2.4745921E-003   1.0537419E-003
-4.2425394E-002   9.3802258E-002  -4.0245691E-002  -2.4743120E-003   5.6273247E-003  -2.4032180E-003
 1.7959450E-002 -4.0245691E-002   1.3628002E-001   1.0585086E-002  -2.4135827E-003   8.1498269E-003
 2.2987741E-003 -2.4743120E-003   1.0585086E-002   2.4686438E-002  -2.6503915E-003   1.3342233E-002
-2.4745921E-003  5.6273247E-003  -2.4135827E-003  -2.6503915E-003   5.9003013E-002  -2.5814267E-002
 1.0537419E-003 -2.4032180E-003   8.1498269E-003   1.3342233E-002  -2.5814267E-002   9.1546402E-002
```

図 3-28　固定効果の共分散行列

回帰係数の推定値		
切片	γ_{00}	12.09501
セクター	γ_{01}	1.226384
MEANSES	γ_{02}	5.333056
SES	γ_{10}	2.937787
SES*セクター	γ_{11}	-1.64095
SES*MEANSES	γ_{12}	1.034427

回帰係数の分散・共分散行列		γ_{00}	γ_{01}	γ_{02}	γ_{10}	γ_{11}	γ_{12}
切片	γ_{00}	3.95E-02	-4.24E-02	1.80E-02	2.30E-03	-2.47E-03	1.05E-03
セクター	γ_{01}	-4.24E-02	9.38E-02	-4.02E-02	-2.47E-03	5.63E-03	-2.40E-03
MEANSES	γ_{02}	1.80E-02	-4.02E-02	1.36E-01	1.06E-02	-2.41E-03	8.15E-03
SES	γ_{10}	2.30E-03	-2.47E-03	1.06E-03	2.47E-02	-2.65E-02	1.33E-02
SES*セクター	γ_{11}	-2.47E-03	5.63E-03	-2.41E-03	-2.65E-02	5.90E-02	-2.58E-02
SES*MEANSES	γ_{12}	1.05E-03	-2.40E-03	8.15E-03	1.33E-02	-2.58E-02	9.15E-02

図 3-29　Excelに張り付けた固定効果の推定値と固定効果の共分散行列

由度をそれぞれ入力すればよい。"Conditional Values" とあるのは単純効果をみるポイントのことで，Wはセクターに該当するので，0と1を図 3-30のように入力する。Xは個人レベルのSESに該当するので，−1SDと0，+1SDをそれぞれ入力する。αは有意水準である。また，Wであるセクターは2値データなので，一番下のボックスにチェックを入れよう。

Case 3: x_1: focal predictor; w_1: moderator

$$\hat{y} = \hat{\gamma}_{00} + \hat{\gamma}_{10}x_1 + \hat{\gamma}_{01}w_1 + \hat{\gamma}_{11}w_1 x_1$$

Regression Coefficients		Coefficient Variances		Conditional Values	
$\hat{\gamma}_{00}$	12.0950062	$\hat{\gamma}_{00}$	3.95E-02	$w_{1(1)}$	0
$\hat{\gamma}_{10}$	2.9377874	$\hat{\gamma}_{10}$	2.47E-02	$w_{1(2)}$	
$\hat{\gamma}_{01}$	1.226384	$\hat{\gamma}_{01}$	9.38E-02	$w_{1(3)}$	1
$\hat{\gamma}_{11}$	-1.640954	$\hat{\gamma}_{11}$	5.90E-02	$x_{1(1)}$	-0.779
Coefficient Covariances		Degrees of Freedom*		$x_{1(2)}$	0
$\hat{\gamma}_{00,01}$	-4.24E-02	df_{int}	157	$x_{1(3)}$	0.779
$\hat{\gamma}_{10,11}$	-2.65E-02	df_{slp}	157	Other Information	
$\hat{\gamma}_{00,10}$	2.30E-03	Reset		α	.05
$\hat{\gamma}_{01,11}$	5.63E-03	Calculate			
☑	← Check this box if w_1 is dichotomous				

図 3-30　セクターによるSESの単純効果分析

　図 3-30の状態で "Calculate" ボタンを押すと，分析が始まる。分析結果は3種類表示される。一番上のボックスに表示されているのは，単純効果分析の結果である。次のボックスは，グラフ表示するためのRプログラムで，これをWeb上で実行すればグラフを見ることができる。3番目のコードもRプログラムで，信頼帯（Confidence bands）のグラフを表示するためのものである。今回は，信頼帯の説明は省略する。

　まず，最初のボックスに出力される結果について解説する。ここではいろいろ表示されるが，"Simple Intercepts and Slope at Conditional Values of w" のところに注目しよう。図 3-31のように，指定したポイントでの単純効果の有意性検定結果が表示される。Wの低群と高群それぞれの単純

```
Simple Intercepts and Slopes at Conditional Values of w
=====================================================
At w1(1)...
  simple intercept = 12.095(0.1987), t=60.8566, p=0
  simple slope     = 2.9378(0.1572), t=18.6927, p=0
At w1(3)...
  simple intercept = 13.3214(0.2202), t=60.4893, p=0
  simple slope     = 1.2968(0.1752), t=7.4014, p=0
```

図 3-31　単純効果分析の結果

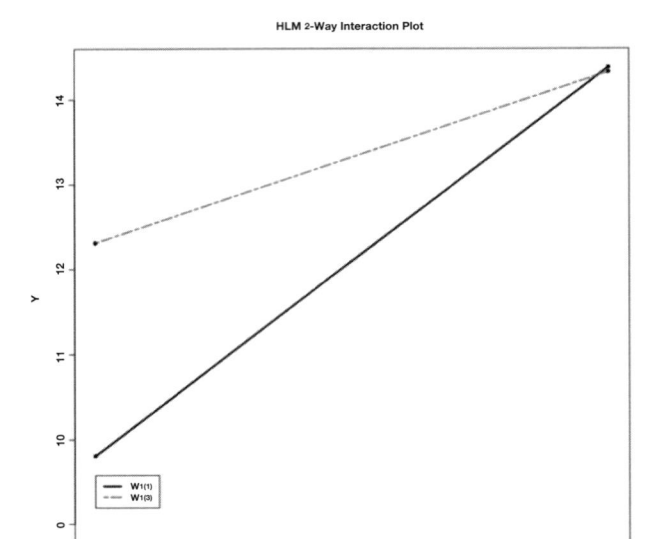

図 3-32　単純効果分析のグラフ表示

効果は有意であることが確認できる。

次に，2番目のボックスの下にある"Submit above to Rweb"をクリックすると，Web 上で R コードを実行してくれる。すると，図 3-32 のようなグラフが表示される。破線はセクターが 1 の回帰直線，黒色はセクターが 0 の回帰直線である。図 3-25 の左側のグラフと同じ結果が得られているのがわかるだろう。

それでは，次に学校平均 SES と個人レベルの SES との交互作用について分析してみよう。学校平均 SES の回帰係数は γ_{02} で，個人レベルの SES との交互作用は γ_{12} であることに注意しよう。つまり，Web サイトの γ_{01} を γ_{02} に，γ_{11} を γ_{12} に読み替えて入力するのである。図 3-33 に入力したものを表示しているので，自分で確認しながら入力してみてほしい。また，W の Conditional Values は，学校平均 SES の標準偏差（0.414）に合わせて入力し，一番下の 2 値データであるかどうかのチェックを外しておこう。

図 3-33 のように入力できたら，"Calculate"ボタンを押そう。結果の見方は上で説明したとおりである。グラフを表示すると，図 3-34 のようになる。

このように，HLM7 と Preacher のサイトを使えば，HLM について一通りの分析が可能である。

Case 3: x_1: focal predictor; w_1: moderator

$$\hat{y} = \hat{\gamma}_{00} + \hat{\gamma}_{10}x_1 + \hat{\gamma}_{01}w_1 + \hat{\gamma}_{11}w_1x_1$$

Regression Coefficients		Coefficient Variances		Conditional Values	
$\hat{\gamma}_{00}$	12.0950062	$\hat{\gamma}_{00}$	3.95E-02	$w_{1(1)}$	-0.414
$\hat{\gamma}_{10}$	2.9377874	$\hat{\gamma}_{10}$	2.47E-02	$w_{1(2)}$	
$\hat{\gamma}_{01}$	5.3330564	$\hat{\gamma}_{01}$	1.36E-01	$w_{1(3)}$	0.414
$\hat{\gamma}_{11}$	1.034427	$\hat{\gamma}_{11}$	9.15E-02	$x_{1(1)}$	-0.779
Coefficient Covariances		Degrees of Freedom*		$x_{1(2)}$	0
$\hat{\gamma}_{00,01}$	1.80E-02	df_{int}	157	$x_{1(3)}$	0.779
$\hat{\gamma}_{10,11}$	1.33E-02	df_{slp}	157	Other Information	
$\hat{\gamma}_{00,10}$	2.30E-03	Reset		α	.05
$\hat{\gamma}_{01,11}$	8.15E-03	Calculate			

☐ ← Check this box if w_1 is dichotomous

図3-33 学校平均 SES による単純効果分析

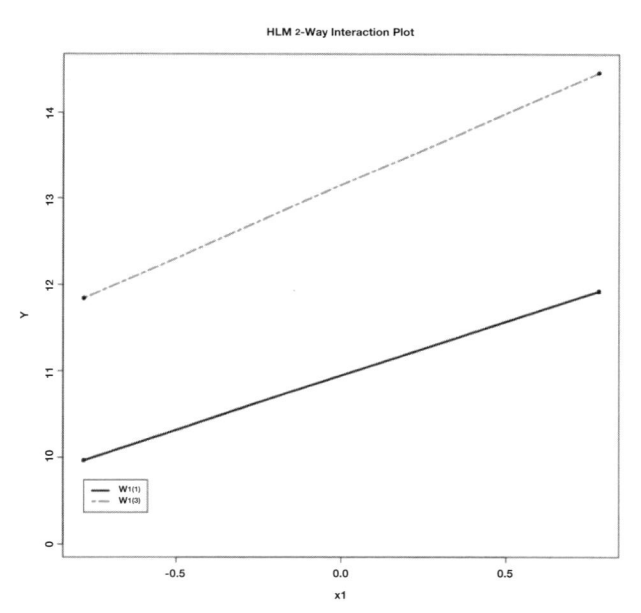

図3-34 学校平均 SES による個人レベルの SES の効果

第4章

階層線形モデリングの実践2
HADによる分析

　3章では，HLMを分析するために広く用いられているHLM7の使い方について解説した。本章では，筆者の作成した統計分析ソフトであるHADによるHLMの分析法について解説する。

1　HADとは

　HAD（清水・村山・大坊，2006）は筆者が作成したMicrosoft ExcelのVisual Basic Application（以下，VBA）で動く統計分析用のフリーソフトウェアである。オペレーティングシステム（OS）がWindowsかMacであり，Windowsの場合はExcel2007以降，Macの場合はExcel for Mac 2011以降のバージョンのExcelが入っていれば，HADを無償で利用することができる。

　HADはHLMだけではなく，平均値や分散といった要約統計量，平均値や順位の差の検定，相関分析，分散分析，回帰分析，因子分析といった一般的な統計解析を行うことができる。しかし，本書の範囲を超えるため，HADのその他の機能の使い方については，筆者のWebサイト（http://norimune.net/had）を参照してほしい。本章では，HADを用いて階層的データを分析する一連の流れについて解説する。

　階層的データ分析について限定すれば，HADは以下の分析を行うことができる。

1. 級内相関係数の計算
2. 個人・集団レベルの相関係数の計算（マルチレベル相関分析）
3. グループごとの回帰係数の計算とグラフ表示
4. 階層線形モデル
5. SEMおよびマルチレベルSEM
6. Actor-Partner Interdependence Model

　本章では，1.級内相関係数の計算と，3.グループごとの回帰係数の計算，4.階層線形モデルについて解説する。2，5については8章で，6については9章で解説する。

HLM7とHADの違い

　HLM7とHADの違いについて，簡単に触れておこう。HLM7と比較した場合，HADの特徴は以下の点がある。

1. Excelが入っていれば，無償で利用できる
2. 日本語に対応している
3. 級内相関係数を簡単に計算することができる
4. HLMの推定法は最尤法に限られる（制限つき最尤法は選択できない）
5. 推定に時間がかかる（計算速度が遅い）
6. 単純効果の検定を簡単に行うことができる

　HLM7との大きな違いは，無償である点と，日本語に対応している点である。学生や院生など，金銭的な理由でHLM7の購入に壁を感じる人にとってはHADのほうが利用しやすいだろう。また，使い慣れたExcelでの操作なので，比較的敷居は低く感じるかもしれない。
　機能については，級内相関係数を簡単に計算できる点が便利だろう。また本書では触れないが，変数の作成や因子分析などの他の統計手法も同様に利用可能な点も便利な点である。
　しかし，商用のソフトウェアに比べて計算速度の遅さや，推定法が限定されている点などデメリットもある。計算速度は，2章や3章で取り上げた7000人程度の比較的大規模なデータの場合，パソコンのスペックにもよるが，20秒〜30秒ほどかかってしまうだろう。ただ，1000人未満のデータであれば，数秒程度で分析できる。また，推定法については，HADには最尤法しか搭載されておらず，制限つき最尤法を選択できない点にも注意が必要である。2章で述べたように，最尤法と制限つき最尤法はほとんど同じ推定結果を出すが，分散成分の推定に少し違いがある。
　最後に，HADでHLMを実行する最大のメリットは，単純効果検定を自動的に行うことができる点にある。群分け変数を指定するだけで，自動的に±1SDの点の回帰係数を推定することができる。
　それでは，実際にHADを使ってマルチレベル分析を行ってみよう。まず，HADの使い方の前に，新しいサンプルデータについて解説しよう。

2　サンプルデータの解説

　これまではHSBデータを用いてHLMの理論や実践について解説してきたが，本章以降は別のデータを使って解説しよう。なお，このデータは実際に実験をして得たデータではなく，著者が作成したダミーのデータである。
　今回のデータは，学校ではなく，3人の課題集団である。3人が話し合いながら課題をこなす，という実験を想定する。実験参加者は3人集団が100グループで，300人である。実験中はビデオ撮影を行って，3人の発話を録音・録画している。また，実験には2つの条件が設定されており，統制条件は何も教示しない群，実験条件はほかのグループと競争していると教示した群である。その結果，以下の変数を得た。

1. 課題に対する満足度（5段階評定）……満足度
2. 課題前期の発話量（5段階評定）……発話前期
3. 課題後期の発話量（5段階評定）……発話後期
4. 課題集団全体の成績（8段階評定）……集団成績（集団レベル変数）

5. 課題前に測定した，コミュニケーションスキル（3段階評定）……スキル
6. 実験条件（0が統制群，1が実験群）……条件（集団レベル変数）

このダミー実験では，課題後の満足度を規定する要因を検討することが目的である。課題の満足度は個人ごとに測定しているので，個人レベルの変数であるが，集団内類似性が高いと考えられる。なぜなら，課題がうまくいった集団はメンバー全員の満足度が高くなり，そうでなかった集団は逆に低くなることが予想されるからである。つまり，満足度は個人単位で測定してはいるが，データは相互独立でないことが推測される。満足度を予測する有力な説明変数としては，個人レベル変数の課題中の発話量と，集団レベル変数の集団成績である。課題中によく発言した人のほうが，そして課題の集団成績が高い集団のほうが，よりメンバーの満足度は高くなるだろう。

コミュニケーションスキルは課題前に測定している個人差の変数である。よって，集団内で類似することはないはずである。この変数は統制変数として利用できる。

実験条件か統制条件かは，集団単位で配置されるので，集団レベルの変数である。条件によって，満足度に影響するかどうかを検討する。

図4-1に，Excelに入力されたデータを記した。グループとあるのは，集団を識別する変数である。集団内の人数が3人なのがわかるだろう。また，欠損値はピリオドで入力してある（図4-1の，スキルの18行目のデータ）。本章以降は，このデータを用いて解説する。なお，このデータはこれから説明するように，HADのファイルと同じ場所からダウンロードできる。

	A	B	C	D	E	F	G
1	グループ	満足度	発話前期	発話後期	集団成績	スキル	条件
2	1	3	2	3	3	1	1
3	1	3	2	2	3	3	1
4	1	3	3	3	3	1	1
5	2	3	2	3	3	3	0
6	2	2	4	1	3	2	0
7	2	2	1	1	3	1	0
8	3	1	2	3	2	3	0
9	3	3	5	3	2	2	0
10	3	3	2	2	2	2	0
11	4	1	4	4	1	2	1
12	4	1	4	4	1	3	1
13	4	1	4	4	1	3	1
14	5	2	2	2	5	2	1
15	5	3	3	4	5	3	1
16	5	2	3	3	5	1	1
17	6	3	2	3	5	3	0
18	6	3	2	2	5	.	0
19	6	3	1	2	5	3	0
20	7	4	1	3	7	3	1

図4-1　集団討議データ（仮想データ）

3　HADでの分析の流れ

HADのダウンロードと起動

HADは筆者のWebサイト（Sunny side up!: http://norimune.net/had）からダウンロードすることができる。このページにアクセスし，「HADのダウンロード」をクリックすると，ダウン

ロードページに飛ぶことができる。その中の,「HAD12 ソルバーオン」というフォルダの中にある Excel ファイル（拡張子が .xlsm のファイル）をダウンロードしよう。本書執筆時点での最新版は ver12.210 であるので, HAD12_210.xlsm がそのファイルである（図 4-2 の丸のついたファイル）。ただ,随時更新しているので,読者によってはこれよりも新しいバージョンであるかもしれない。また,「サンプルデータ」というフォルダの中に,本書で使うサンプルデータも置いてあるので,合わせてダウンロードできる。

　HAD をダウンロードしたら,適当な場所に保存し,ファイルを開こう。ただし, HAD を起動するうえで注意点が 2 つある。1 つは,最初に起動した場合に「コンパイルエラー」が出ることがある。これはソルバーアドインが参照されていない場合に表示される。しかし,もう一度起動するとこのエラーは基本的には表示されなくなる。最初の起動時にコンパイルエラーが表示されたら一度 HAD を閉じて,もう一度起動してみよう。もし何度もコンパイルエラーが出る場合, Excel にソルバーが入っていない可能性がある。その場合は,「HAD12off ソルバーオフ」のフォルダに入っているバージョンをダウンロードすれば,エラーは出ない。ただし,ソルバーオフバージョンは, 8 章で説明するマルチレベル SEM が実行できないので注意しよう。

　次に VBA マクロで動くプログラムであるため, Excel の設定でマクロを有効にする必要がある。マクロを有効にする方法は, Excel2010 や Excel2013 の場合はメニューの「ファイル」を開き,下の方にある「オプション」を選択する。Excel2007 の場合は, Office ボタンを押して,一番下にある「Excel のオプション」を選択する。そして,表示されたウィンドウの「セキュリティセンター」を選択し,一番下にある「セキュリティセンターの設定」のボタンをクリックしよう。すると,左のメニューの真ん中あたりに「マクロの設定」というメニューがあるのでそれを開く。マクロの設定は,「警告を表示してすべてのマクロを無効にする」を選択しよう。これを選択すると,マクロが利用可能になる。Excel2013 の場合でも,ほとんど同じ方法でマクロの設定を変更できる。

　Excel のマクロ設定が終わったら,さっそくファイルを開いてみよう。ファイルを開いたとき,図 4-3 のような警告がウィンドウに表示されたら,右側にある「コンテンツの有効化」をクリックしよう。するとマクロが実行可能になる。

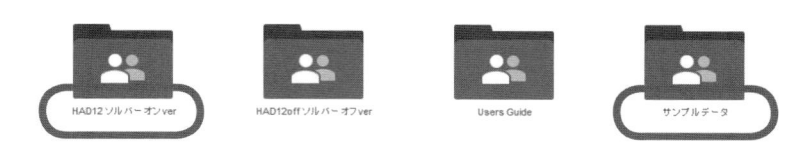

図 4-2　HAD のダウンロード

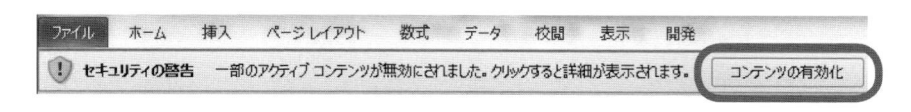

図 4-3　警告がでたら,「コンテンツの有効化」をクリック

データの読み込み

HAD には最初，2つのシートがある。1つは「データシート」で，データを入力するシートである。もう1つは「モデリングシート」で，分析の指定を行うシートである。まず，データシートを表示させ，データを読み込もう。

HAD でマルチレベル分析を行う場合，図 4-4 のように，B 列にグループを識別する変数（サンプルデータの場合，「グループ」がそれに該当する；以下，グループ変数と呼ぶ）を入力する必要がある。グループ変数を B 列以外に入力するとうまく分析できないので注意が必要である。また，グループ変数は図 4-4 のように同じグループを連続して入力する必要がある。

データは，すべて数値で入力する必要がある。たとえば「条件」のようにカテゴリカルデータの場合でも，0 と 1 のように数値で入力する。ただし，後に値ラベル（各数値にラベルをつけること）を設定することができる。また，欠損値について，HAD はデフォルトではピリオドが欠損値記号として設定されているので，ピリオドを入力しておこう。これも後で設定を変えることもできる。データの入力ができたら，左側にある「データ読み込み」ボタンをクリックすると，正しく入力されているかチェックしたのち，自動的に「モデリングシート」に移動する。もしデータに文字列が含まれていたり，空白セルが含まれていたりする場合，警告が出る。その場合は文字列や空白セルがないかをチェックして，もう一度読み込んでみよう。

HAD のデータの読み込みは，横は変数名の列が空白セルになる手前まで，縦はグループ変数が空白セルになる手前までの範囲で行われる。今回のサンプルデータの場合，I 列が空白になっているので，データは H 列の条件までが読み込まれる。

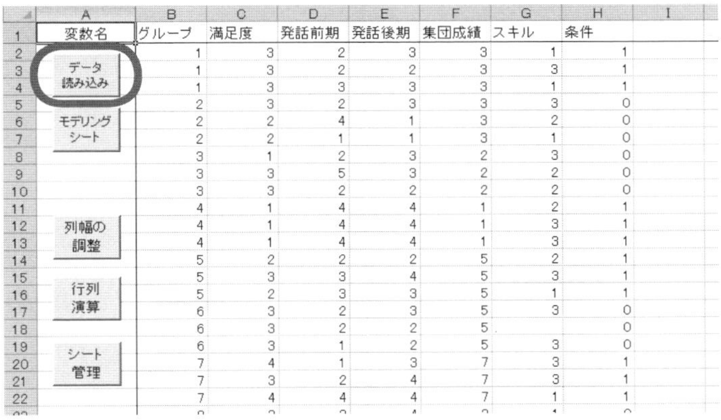

	A	B	C	D	E	F	G	H	I
1	変数名	グループ	満足度	発話前期	発話後期	集団成績	スキル	条件	
2		1	3	2	3	3	1	1	
3		1	3	2	2	3	3	1	
4		1	3	3	3	3	1	1	
5		2	3	2	3	3	3	0	
6		2	2	4	1	3	2	0	
7		2	2	1	1	3	1	0	
8		3	1	2	3	2	3	0	
9		3	3	5	3	2	2	0	
10		3	3	2	2	2	2	0	
11		4	1	4	4	1	2	1	
12		4	1	4	4	1	3	1	
13		4	1	4	4	1	3	1	
14		5	2	2	2	5	2	1	
15		5	3	3	4	5	3	1	
16		5	2	3	3	5	1	1	
17		6	3	2	3	5	3	0	
18		6	3	2	2	5	.	0	
19		6	3	1	2	5	3	0	
20		7	4	1	3	7	3	1	
21		7	3	2	4	7	3	1	
22		7	4	4	4	7	1	1	

図 4-4　HAD へのデータの読み込み　B 列にグループを識別する変数を入れる

分析に使用する変数の指定

データを読み込むと，モデリングシートに変数名が表示される。この状態になれば，分析を行うことができる。HAD は SPSS とは違い，「先に使用する変数を指定し，そのあと分析法を選択する」という手続きを取る。まずは分析に使用する変数を選択しよう。分析に使う変数のことを，以降「使用変数」と呼ぶ。

使用変数の指定方法は，モデリングシート左側，上から 3 番目にある「使用変数」ボタンを押して，分析に使う変数を指定するだけである。図 4-5 のような画面が立ち上がるので，分析に使いた

い変数を選択して,「追加→」ボタンを押して指定する。戻したい場合は使用変数の一覧から変数名を選択し,「←削除」ボタンを押す。ここでは,すべての変数を入力しておこう。

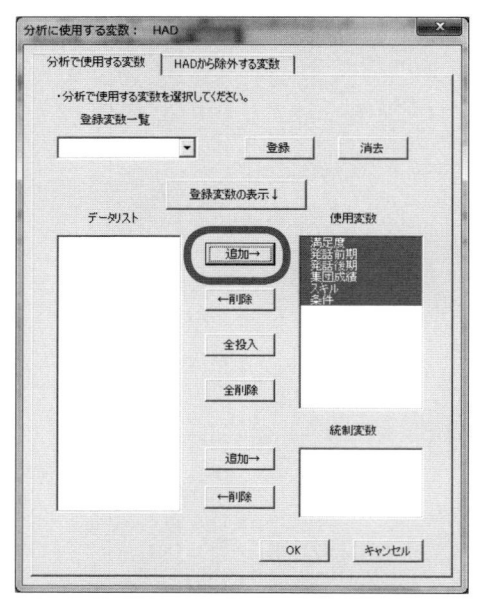

図 4-5　使用変数の指定

OK を押すと,図 4-6 のようにグループの横に指定した変数が入力される。実は,さきほどの入力画面を使わずとも,自分でセルに直接入力(またはコピーアンドペースト)しても構わない。あるいは,図 4-7 のように使いたい変数名が入力されているセルを選択して,「選択セルを使用」ボタンを押すことでも,使用変数に指定することができる。

図 4-6　使用変数が指定された状態

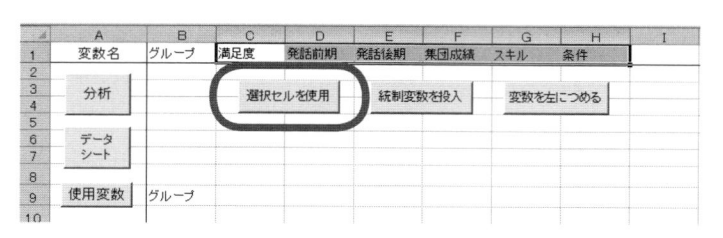

図 4-7　「選択セル」を使用ボタンを押して簡単に使用変数を指定できる

基本的な統計分析

変数の指定ができたら,さっそく分析をしてみよう。すでに述べたように,HAD では基本的な

統計分析も実行することができる。ここではまず要約統計量を計算してみよう。モデリングシートの左上にある「分析」ボタンを押して，図4-8のように「要約統計量」を選択してみよう。そして，右下の「OK」ボタンを押すと，図4-9のように平均値や標準偏差などの要約統計量が出力される。なお，デフォルトでは，同じ分析法はすべて上書きされる設定になっている。もし結果を上書きしたくない場合は，下にある「出力を上書きしない」というチェックボックスを事前にチェックしておこう。また同様に，各変数のヒストグラムを表示したい場合は，「分析」ボタンを押して，「ヒストグラム」をチェックすればよい（図4-10）。それ以外にも，相関分析や平均値の差の検定なども行うことができるが，それらの機能についての詳細は筆者のWebサイトを参照してほしい。

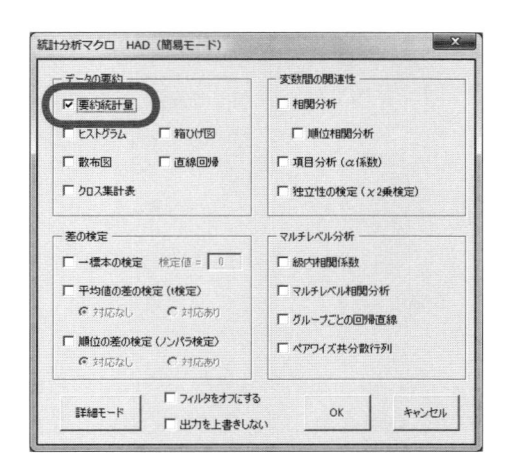

図4-8　HADによる要約統計量の計算

変数名	有効N	平均値	中央値	標準偏差	分散	歪度	尖度
サンプルサイズ	300						
満足度	300	3.433	3.000	0.994	0.989	-0.235	-0.198
発話前期	300	2.443	2.000	1.106	1.224	0.293	-0.789
発話後期	300	3.020	3.000	0.991	0.983	-0.165	-0.285
集団成績	300	4.690	5.000	1.756	3.084	-0.023	-0.663
スキル	299	2.100	2.000	0.817	0.668	-0.187	-1.479
条件	300	0.500	0.500	0.501	0.251	0.000	-2.013

図4-9　HADによる要約統計量の出力

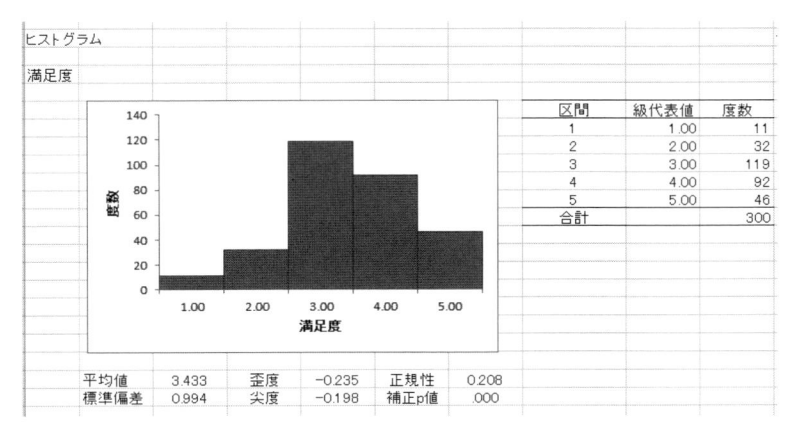

区間	級代表値	度数
1	1.00	11
2	2.00	32
3	3.00	119
4	4.00	92
5	5.00	46
合計		300

平均値	3.433	歪度	-0.235	正規性	0.208
標準偏差	0.994	尖度	-0.198	補正p値	.000

図4-10　HADによるヒストグラムの表示

級内相関係数

　級内相関係数も，要約統計量と同様の方法で計算できる。「分析」ボタンを押し，マルチレベル分析のセクションにある「級内相関係数」をチェックすると，図4-11のように結果を出力できる。図4-11のグループ内人数は，グループ内の人数の調整された平均値である。3名単位で100集団がサンプリングされているのがわかる。有効Nとあるのは，欠損値を省いた有効回答サンプルサイズのことである。スキルの有効Nが299となっているのは，1人が欠損だったことを意味している。

　その右隣に表示されているのが級内相関係数で，さらにその95%信頼区間が表示される。今回は課題満足度を予測することが目的であったが，級内相関係数が0.358と比較的大きいことから，マルチレベル分析を適用することが妥当であるといえる。一方，スキルは実験前に測定しているので，集団内の類似性は存在せず，級内相関は0より小さくなっていた。

　次のDEとはデザインエフェクトを指し，これが2を超えたらマルチレベルモデルを適用することが妥当であることを示している。ただし，3人集団のように規模が小さい場合，デザインエフェクトはあまり参考にはならないので注意してほしい。

　信頼性とは，集団平均を算出した場合の信頼性であり，尺度のα係数に近い指標である（0.8以上あれば信頼性が高いといえる）。級内相関と違い，集団内の人数が多いほど高くなる傾向にある。満足度は0.626とあまり高くない値である。これは，満足度を集団で平均化した分析が，十分には妥当でない可能性を示唆している。

　df1とdf2と表示されているのは，級内相関係数の検定のための自由度である。級内相関係数の検定統計量はF分布に従うので，自由度が2つあるのである。有意性検定の結果，どの変数も有意だった。集団成績の級内相関係数が1であるのは，集団レベルの変数だからである。

級内相関係数										分析コード：
全サンプル	300									
グループ数	100									
グループ内人数	3									
上の平方根	1.732									
変数名	有効N	級内相関	95%下限	95%上限	DE	信頼性	df1	df2	F値	p値
満足度	300	.358	.234	.483	1.715	.626	99	200	2.671	.000
発話前期	300	.121	.005	.252	1.242	.293	99	200	1.414	.020
発話後期	300	.316	.192	.444	1.633	.581	99	200	2.388	.000
集団成績	300	1.000	1.000	1.000	3.000	1.000	99	200	----	.000
スキル	299	-.020	-.122	.102	0.959	-.063	99	199	.941	.630
条件	300	1.000	1.000	1.000	3.000	1.000	99	200	----	.000

図4-11　級内相関係数の推定結果

グループごとの回帰直線

　このように，サンプルデータの変数（満足度や発話量）は，マルチレベルモデルで分析することが適当であることがわかった。そこで，各集団で回帰分析を行った場合の回帰直線を表示してみよう。グループごとの回帰直線を表示するためには，変数の入力に関して，いくつか決まりごとがある。

　まず，説明変数は1つしか選べない。ここでは後期の発話量である，「発話後期」を説明変数としよう。目的変数は「満足度」である。

　次に変数の入力についてである。目的変数を最初に入力し，次に説明変数を入力するのである。つまり，グループ変数の隣にまず目的変数である「満足度」を，その隣に説明変数である「発話後期」を入力する。具体的には図4-12のように入力すればよい。このように，HADではいろいろなところで目的変数を先に，説明変数を後に入力するという規則が定められている。

図4-12　満足度と発話後期を使用変数に指定　満足度が目的変数，発話後期が説明変数

　この状態で，「分析」ボタンを押したのち，図4-13のように，マルチレベル分析セクションにある，「グループごとの回帰直線」を選択して，「OK」ボタンを押そう。すると，図4-14のような集団ごとの回帰直線が表示される（ただし，Excelが使用するメモリの関係で100グループ程度が限度である）。

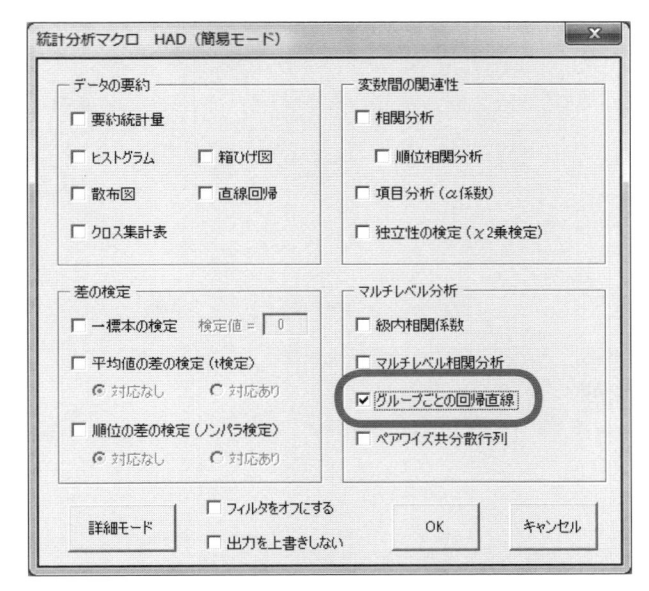

図4-13　HADでグループごとの回帰直線

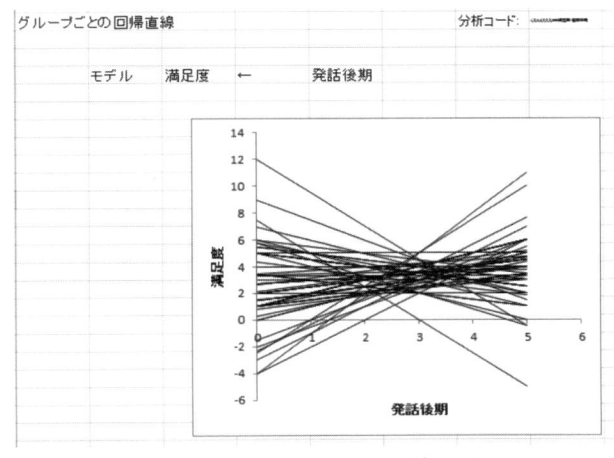

図4-14　グループごとの回帰直線の出力

第4章　階層線形モデリングの実践2

ここからわかるのは，グループごとに切片と回帰係数に違いがありそう，ということである。満足度と課題中の発話量の関係は，正比例の関係にあるグループもあれば，反比例の関係にあるグループもある。しかし，厳密に切片や回帰係数に違いがあることを推定するには，HLMを実行する必要がある。

4　HADによる階層線形モデリング

　HADは，基礎的な統計分析はすべて「分析」ボタンから実行できるが，多変量解析はモデルを指定する必要があるので，別の方法で実行する。モデリングシート上部の「変数情報」，「回帰分析」，「因子分析」という3つのオプションボタンのうち，真ん中の「回帰分析」をクリックしよう。すると，回帰分析のように因果関係を推定する統計手法のモデリング用のスペース（以下，モデリングスペース）が表示される。モデリングスペースの下側に，「回帰分析」，「分散分析」，「一般化線形モデル」，「階層線形モデル」の4つのオプションボタンがあるので，そのうちの「階層線形モデル」を選択しよう。すると，図4-15のようなモデリングスペースが表示される。

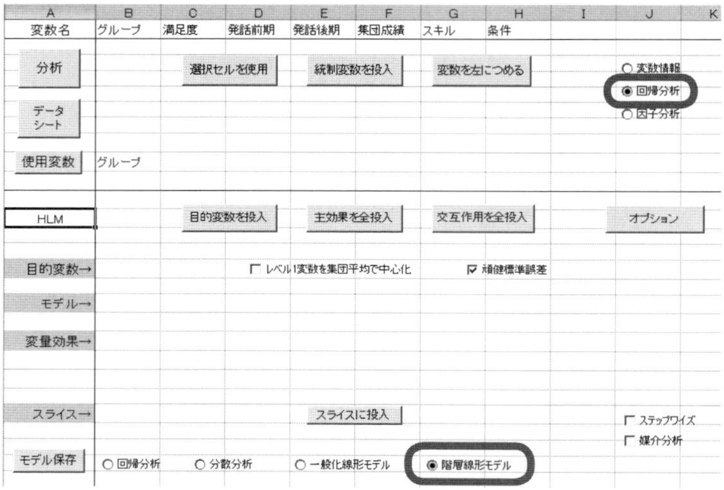

図4-15　HADで階層線形モデル用のモデリングシートを選択

　それでは，課題の満足度を予測するHLMを実行しよう。まず，目的変数として「満足度」を指定する。指定方法は，「目的変数→」のすぐ右隣に変数名を入力するか，「満足度」と書いてあるセルを選択した状態で，「目的変数を投入」ボタンを選択する。すると，目的変数として「満足度」が指定される。次に，説明変数として「発話後期」を指定する。それも目的変数の場合と同様に，「モデル→」の右隣に「発話後期」と入力するか，「主効果を全投入」ボタンを押す。「主効果を全投入ボタン」を押すと，目的変数に指定している使用変数以外すべてをモデルに投入することができるので便利である。次に，回帰係数の変量効果を指定する。回帰係数の変量効果ではモデルの指定した変数の中から，変量効果，つまり回帰係数の集団間変動を推定したい変数を「変量効果→」の右隣に指定する。変量効果を指定するためのボタンはないので，自分で入力するか，コピーアンドペーストで入力する。最終的には，図4-16のように入力できていれば，モデリングスペース右側にある「分析実行」を押し，HLMを実行する。なお，HADではデフォルトで頑健な標準誤差

を推定する。もし通常の標準誤差を推定したい場合は，「頑健標準誤差」のチェックをはずして推定するとよい。

このサンプルデータはサンプルサイズが小さいので，すぐに計算が終わるが，HSB データのように大きなサンプルサイズの場合は計算時間が長くなる。特に変量効果を推定すると，計算時間はその分だけ長くなる。HAD は計算時間が 3 秒を超えた場合，計算中であることを通知するウィンドウが表示される。もしいつまでたっても計算が終わらない場合は，「分析中断」ボタンを押すことで，強制的に HAD の計算を終了することができる。図 4-16 のモデルの場合，筆者の PC（Windows7，CPU: Core i7 2.5GHz，メモリ : 8GB）では，0.5 秒の計算で終了した。しかし，HSB データの場合，同様のモデルでも 40 秒ほど要する。

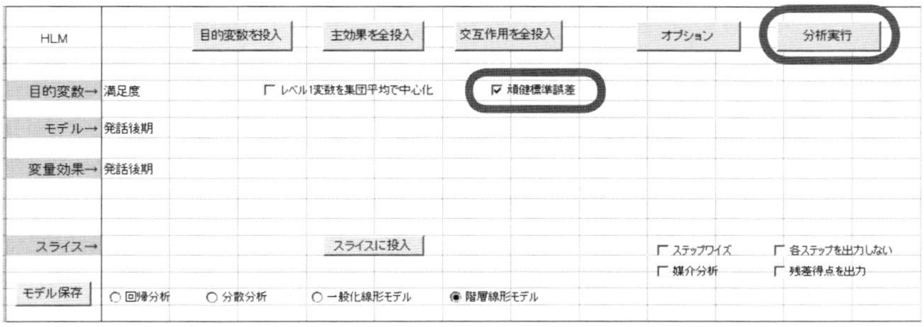

図 4-16　HLM で満足度に対する発話量の効果を検討するモデル

モデル適合			
χ2乗値	50.772	反復回数	16
df	4	収束	.0000
p値	.000		
逸脱度	796.226	推定したモデルのパラメータ数 = 6	
Nullモデル	846.998	NULLモデルのパラメータ数 = 2	

図 4-17　HAD による HLM の出力 1　モデル適合度

推定が終わると，“HLM” という名前のシートに結果が出力される（図 4-17）。HAD では，最初にモデルの概要と適合度，そして次に固定効果の推定値と検定結果，最後に変量効果の分散成分と検定結果を出力する。モデル適合度では，χ2 乗値とその検定結果，そして逸脱度（−2 対数尤度）が表示される。また，近似 R2 乗値や情報量規準の AIC，CAIC，BIC が表示される。なお，近似 R2 乗値は，Null モデルと比較したときの切片の分散成分の減少量によって計算されるものだが，回帰係数に変量効果を仮定している場合は推定値が正しくならないので表示されないようになっている。変量係数を仮定しない場合は表示されるようになる。

次に固定効果の結果では，図 4-18 のように回帰係数とその標準誤差，そして 95% 信頼区間に有意性検定の結果が表示される。本来最尤法の場合は t 分布による検定ではなく，正規分布による検定が行われるが，HLM7 などのソフトウェアに合わせて t 分布を用いた検定を表示している。実験

固定効果　　従属変数 =満足度

変数名	係数	標準誤差	95%下限	95%上限	df	t値	p値	
切片	2.451	0.206	2.042	2.859	99	11.901	.000	**
発話後期	0.307	0.071	0.166	0.448	99	4.313	.000	**

※頑健標準誤差を用いています。

図 4-18　HAD による HLM の出力 2　固定効果

後期の発話量は，満足度に対して正の有意な効果をもっていることがわかる。

最後に，変量効果の分散成分の推定結果は図 4-19 のようになる。切片と発話後期の回帰係数それぞれについて，変量効果の分散成分（係数と表示されているところ）と，分散比率（級内相関），信頼性，そして有意性検定の結果が順に表示される。2 章で解説した記号で表現すれば，変量効果の分散成分である τ_{00} が切片の係数，τ_{11} が「発話後期」の係数として表示されている。発話後期の回帰係数の集団間変動は，高度に有意だった。このことから，図 4-19 にあるように，集団によって発話量の満足度に対する効果は，統計的に有意に異なっていることがわかる。しかし，発話後期のデータのように集団内類似性が高い場合，集団内平均で中心化してから集団間変動を推定するほうが望ましい。それは，切片と回帰係数の集団間変動の共分散が大きくなり，分散成分の推定が不安定になるからである。分散比率を見ればわかるように，もともと級内相関係数が 0.355 であったのが 0.734 と過剰に大きく推定されている。このことから，回帰係数の分散成分を推定するときは，集団平均で中心化してからのほうがよい。

変量効果の分散成分の検定方法は，HLM7 と同じ手法を用いているので，HLM7 で最尤法を選択した場合と基本的には同じ結果になるはずである。図 4-19 のように，切片と発話後期ともに変量効果が有意であったことから，集団間の切片と回帰係数の変動は無視できないものであるといえる。

変量効果(分散成分)						
変数名	係数	分散比率	信頼性	df	χ2乗値	p値
切片	1.392	.734	.283	82	133.342	.000 **
発話後期	0.211	.294	.341	82	132.230	.000 **
残差	0.506					

図 4-19　HAD による HLM の出力 3　変量効果の分散成分

Null モデルの検討

さて，HLM では Null モデルを推定することが重要であることは，2 章で述べたとおりである。HAD でも Null モデルを推定することができる。方法は，目的変数のみを指定するだけである。モデルや変量効果のところには何も指定せずに，「分析実行」ボタンを押して推定してみよう。

すると，変量効果は目的変数の級内相関係数が分散比率として表示される（図 4-20）。分散比率は 0.354 となっており，前節で推定された 0.358 と少しズレがある。これは，「分析」ボタンから実行する級内相関と，HLM による級内相関の推定方法が異なっていることに起因する。しかし，実用上はほぼ同じ推定値が得られる。

変量効果(分散成分)						
変数名	係数	分散比率	信頼性	df	χ2乗値	p値
切片	0.349	.354	.622	99	264.398	.000 **
残差	0.637					

図 4-20　Null モデルの変量効果の分散成分

集団平均値の作成

今までは，個人レベル変数である発話量（後期）のみをモデルに含めていたが，次に集団レベルの発話量も含めて推定してみよう。

3 章の HSB データの例では，事前に SES の学校平均データが得られた状態だったので，スムー

ズに分析できたが，今回は発話量については集団平均値が得られていない。よって，HLM を実行する前に，集団平均値を計算しておく必要がある。

HAD には個人レベルの変数の集団平均を簡単に計算するオプションが搭載されている。まず，使用変数に集団平均値を計算したい変数を指定する。ここでは，「発話後期」の集団平均値を計算してみよう。発話後期を使用変数に指定したら，モデリングシート右側にある「変数の作成」ボタンを押す。すると画面が立ち上がるので，「尺度変換」タブをクリックしよう。尺度変換タブの中には，図 4-21 のように「集団平均値」を計算するためのチェックボックスがあるので，それをチェックして，「OK」ボタンを押せば，発話後期の集団平均値が別のシートに出力される。なお，「集団平均で中心化」をチェックすると集団平均で中心化されたデータが，「中心化得点」をチェックすれば，全体平均で中心化したデータが出力できる。

「Scale」というシートに，集団平均値のデータが出力されている。そこで，「発話後期_m」という変数のある列を選択し，右クリックを押すと，図 4-22 のように「データに追加」というメニュー

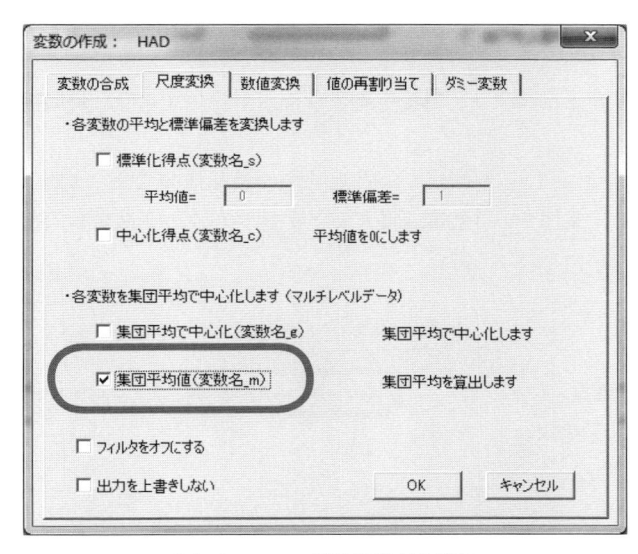

図 4-21　HAD で集団平均値を算出

図 4-22　出力した集団平均値のデータを，データセットに追加

第 4 章　階層線形モデリングの実践 2　77

が表示されるので，それをクリックしよう。データシートに変数が追加されるはずだ。データシートに変数が追加されたら，再度「データ読み込み」ボタンを押して，新しく追加された変数も読み込もう。

集団レベルの変数を含めたモデル

発話後期の集団平均が追加されたので，集団レベルの変数を含めたモデルを推定してみよう。図4-23のように，目的変数に満足度，説明変数に発話後期と，発話後期_m（集団平均値）を指定する。変量効果に発話後期を指定することも忘れないようにしよう。

続いて，説明変数の中心化を行う。HADでは，レベル1の変数の中心化は変数ごとに行うのではなく，モデリングスペースにある「レベル1変数を集団平均で中心化」ボタンをチェックすることで行う。このチェックボックスをチェックすれば，すべてのレベル1変数が集団平均で中心化される。なお，レベル1変数かどうかはHADが内部で自動的に判断する。具体的には，級内相関係数が1ではない変数はすべてレベル1変数と判断される。また，HADでは交互作用項が含まれている場合，自動的にレベル2の変数は全体平均で中心化される。よって，発話後期は中心化されるが，発話後期_mは中心化されない。後述するように，オプションで自動的に中心化しないようにすることもできる。

図4-23の状態で「分析実行」を押して，固定効果の結果を見ると，図4-24の上のようになる。個人レベルの発話量と，集団レベルの発話量では，集団レベルの発話量の効果のほうが大きいこと

図4-23　集団平均値で中心化する設定

図4-24　固定効果と変量効果の結果

がわかる。これらの結果から，集団内で相対的に発話量が多い人は満足度も高くなる一方，平均的に発話量が多い集団はメンバー全員の課題に対する満足度が高くなることがわかった。なお，個人レベルの発話後期に（wc）という印がついているのは，集団平均で中心化されている（within group centered）ことを意味している。

変量効果については，図4-24の下に記したとおりである。集団平均で中心化した結果，級内相関はNullモデルの0.351に近い値になった。ここには表示されていないが，切片と回帰係数の共分散は－0.001と非常に小さい値になった。

レベル間交互作用の検討

2章や3章で解説したように，HLMでは，集団レベルの変数で個人レベル同士の変数の関連の集団間の違いを説明することができた。HADでも同様の分析を実行できる。

先ほどのモデルに加え，集団成績を使用変数に加えよう。変数の指定方法は先述のとおりである。次に，目的変数を満足度に指定したのち，「主効果を全投入」ボタンを押すと，すべての変数の主効果が投入される。

次に，交互作用項を投入する。HLM7と違い，HADでは展開型の式（2章参照）でモデルを指定する。つまり，個人レベルの発話後期の回帰係数の集団間変動を，集団成績で予測するモデルを記述する場合，発話後期と集団成績の交互作用項としてモデルに投入するのである。交互作用項の指定方法は，交互作用を見たい変数の間にアスタリスクを入れて入力する。具体的には，発話後期と集団成績の交互作用項を入れる場合，「発話後期＊集団成績」と入力する。なお，HADでは交互作用項を自動的に入力する方法がある。「交互作用項を全投入」ボタンを押すと，すべての説明変数の交互作用が投入される。今回は，個人レベルの発話後期の変量効果に対して，集団成績が調整するモデルを検討する（発話量の集団平均は交互作用に指定しなかった）。

レベル間交互作用項を指定する場合，レベル2の変数は全体平均で中心化することが望ましい，ということを2章で述べた。しかし，HADでは，交互作用項が含まれている場合，自動的に全体平均で中心化するという設定がデフォルトになっている。よって，ここでは何も指定する必要がない。ただ，後述するように，この設定をオフにすることもできる。

最後に，図4-25のように指定して，「分析実行ボタン」をクリックしよう。なお，このモデルの推定は先ほどのモデルよりも早く，筆者のPCでは1秒程度で終わった。

図4-25　レベル間交互作用項の指定

モデル適合				
χ2乗値	100.835	反復回数	20	
df	7	収束	.0000	
p値	.000			
逸脱度	746.163	推定したモデルのパラメータ数 = 9		
Nullモデル	846.998	NULLモデルのパラメータ数 = 2		

適合指標	近似R	近似R²	Cox-Snell	AIC	AICC	BIC
	.461	.213	.285	764.163	764.784	797.497

図 4-26　交互作用項投入後のモデル適合度

固定効果	従属変数 = 満足度						
変数名	係数	標準誤差	95%下限	95%上限	df	t値	p値
切片	3.433	0.064	3.306	3.561	97	53.500	.000 **
発話後期 (wc)	0.214	0.071	0.072	0.356	97	2.997	.003 **
発話後期_m (gm)	0.350	0.112	0.127	0.573	97	3.114	.002 **
集団成績 (gm)	0.154	0.046	0.062	0.246	97	3.316	.001 **
発話後期*集団成績	0.178	0.050	0.079	0.277	97	3.577	.001 **

※レベル1の説明変数はすべて集団平均で中心化しています(wc)。
※交互作用項が含まれているので説明変数は中心化されています(gm)。
※頑健標準誤差を用いています。

図 4-27　固定効果の結果

　モデル適合度は，図 4-26 のように得られた。逸脱度（−2 対数尤度）は 746.163 で，Null モデル（図 4-17 参照）の 796.226 に比べてかなり当てはまりがよくなっていることがわかる。

　図 4-27 のように，固定効果の結果は，すべての効果が有意だった。集団成績の得点が高くなるほど課題に対する満足度が上昇し，さらに個人の発話量が多くなるほど満足度が高くなるという効果は，集団成績の程度によって調整されていた。交互作用項の符号が正であるから，集団成績が高くなるほど個人の発話量と満足度の関連は強くなっている。

　図 4-28 は変量効果の分散成分の結果を記している。発話後期の回帰係数の集団間変動は，依然有意ではあるが，図 4-24 と比べると半分以下になっている。このことから，発話後期の回帰係数の集団間変動は，集団成績によってかなり説明されたことがわかる。

変量効果(分散成分)						
変数名	係数	分散比率	信頼性	df	χ2乗値	p値
切片	0.247	.334	.600	80	164.909	.000 **
発話後期	0.079	.138	.181	81	108.683	.022 *
残差	0.494					

図 4-28　変量効果の分散成分の結果

5　HAD で単純効果分析

　HAD では単純効果の検定を自動で行うことができる。さきほどと同じモデルについて，集団成績が発話量と満足度の効果をどのように調整しているか，単純効果分析で検討してみよう。

　これまでと違うのは，スライス（群分け）変数の指定方法である。今回のモデルでは集団成績がスライス変数となる。スライス変数とは，回帰係数の集団間変動を予測する変数（調整変数）のことである。スライス変数に投入したい変数を選択した状態で「スライスに投入」をクリックすると自動的に指定することができる（図 4-29）。

図4-29 HADによる単純効果分析の方法 スライス変数に集団成績を指定する

　それでは，「分析実行」ボタンを押して，単純効果の分析をしてみよう。推定が終わると，HLMの分析結果と同時に，スライス変数による単純効果分析の結果が別のシート（Slice1）に表示される。単純効果検定はスライス変数に指定したもののみが出力される。

　図4-30に，単純効果分析の結果を記している。「→」がついているところが，単純効果を検討する変数である。今回のモデルでは発話後期がそれにあたる。「⇔」は該当する交互作用項である。集団成績_低群（−1SD）のところには，集団成績が低いグループの回帰係数の推定値が表示されている。集団成績の低いグループでは，発話後期の効果は有意ではなかった。一方，集団成績が高い群では，発話後期の効果は高度に有意であった。

図4-30 単純効果分析の結果

　さらに，図4-31で示したように，HADでは単純効果についてグラフを表示する。集団成績が高いほうが，発話後期の効果が強いことが一目瞭然である。このように，HADでは単純効果分析を簡単に，わかりやすく実行することができる。

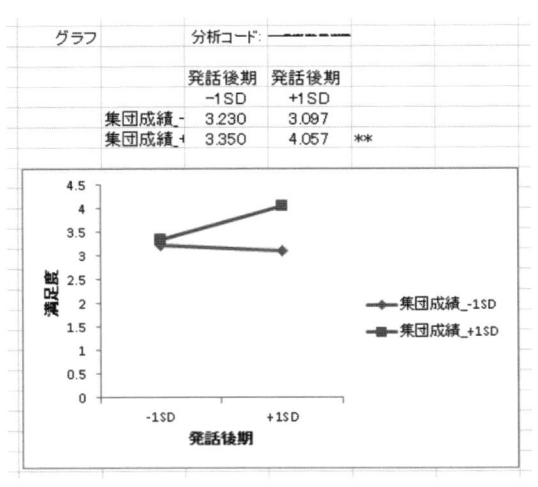

	発話後期 -1SD	発話後期 +1SD	
集団成績_-	3.230	3.097	
集団成績_+	3.350	4.057	**

図 4-31　HAD による単純効果分析のグラフ表示

HLM7 で実行した結果との比較

最後に推定したモデルを HLM7 で推定した結果を表 4-1 に記した。2 つの結果を比較すると、いくつかの結果について小数点以下 3 桁で少しズレはあるが、ほぼ同じ推定結果であることがわかるだろう。

表 4-1　HAD と HLM7 を同じモデルで推定した結果

HAD の結果（最尤法・頑健標準誤差）

固定効果

変数名	係数	標準誤差	t値	自由度	p値
切片	3.433	0.064	53.500	97	.000
発話後期	0.214	0.071	2.997	97	.003
発話後期_m	0.350	0.112	3.114	97	.002
集団成績	0.154	0.046	3.316	97	.001
発話後期 * 集団成績	0.178	0.050	3.577	97	.001

変量効果（分散成分）

変数名	係数	自由度	χ^2乗値	p値
切片	0.247	80	164.909	.000
発話後期	0.079	81	108.683	.022
残差	0.494			

HLM7 の結果（最尤法・頑健標準誤差）

固定効果

変数名	係数	標準誤差	t値	自由度	p値
切片	3.433	0.064	53.500	97	.000
発話後期	0.214	0.071	2.997	97	.004
発話後期_m	0.350	0.112	3.114	97	.003
集団成績	0.154	0.046	3.316	97	.002
発話後期 * 集団成績	0.178	0.050	3.578	97	.001

変量効果（分散成分）

変数名	係数	自由度	χ^2乗値	p値
切片	0.247	80	164.957	.000
発話後期	0.079	81	108.713	.022
残差	0.494			

HADの設定

HLMを実行するうえで，いくつか設定を変更することができる。HLMのモデリングスペースを開いている状態で，「オプション」ボタンを押すと，図4-32のような画面が表示される。

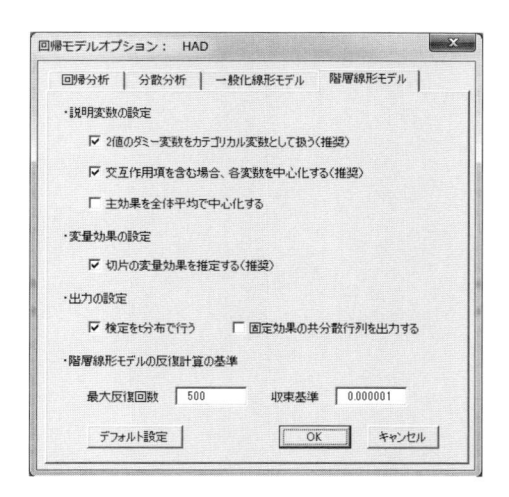

図4-32　HADのHLMについての設定

まず説明変数の設定では，3つのチェックボックスがある。最初の「2値のダミー変数をカテゴリカル変数として扱う」というチェックボックスは，今回のサンプルデータの「条件」のように，統制条件と実験条件を数値に変換したダミー変数を連続量ではなく，カテゴリカル変数として扱う，というオプションである。デフォルトでは，これはオンになっている。ダミー変数をカテゴリカル変数として扱うと，単純効果検定の時に±1SDではなく，該当する値（たとえば0と1）でスライスするようになる。

次に，「交互作用項を含む場合，各変数を中心化する」については，モデルに交互作用項が含まれている時，自動的に全体平均で中心化する，というオプションである。もし中心化したくない場合には，このチェックを外すとよい。

3つめの「主効果を全体平均で中心化する」は，交互作用がなくても常に主効果を全体平均で中心化する，というオプションである。

変量効果の設定は，切片の変量効果を仮定するか否かを選択できる。デフォルトではオンになっている。HLMでは，切片の変量効果を仮定しないことはほとんどないので，基本的にはオンにしておくといいだろう。もしチェックを外すと，ただの回帰分析になる。

出力の設定は2つあって，最初は検定結果をt分布で行うかどうかの設定である。HLM7などのソフトはt分布の確率を表示しているので，それに合わせたい場合はこれをチェックしておくとよい。一方，7章で解説するMplusなどのSEMのソフトウェアと一致させたい場合はチェックを外せば，正規分布を用いた検定（Z値による検定）を行う。次は回帰係数の共分散行列を出力するか否かのオプションである。これをチェックしておくと，HLMの出力時に回帰係数の共分散行列が出力される。3章で解説した，PreacherのHPで単純効果検定を行いたい場合に出力するとよい。

一番下の反復計算の基準は，HLMの推定基準である。基本的には変更する必要はない。

以上のように，HADを使えば，いくつか制限はあるが，日本語かつ無償でHLMをすぐに実行

することができる。もし手元にあるデータですぐに HLM を試してみたい場合は，ぜひ試してみてほしい。

第 5 章

階層線形モデリングの実践 3
SPSS，R，SAS による HLM の分析

4章では，著者の作ったプログラムである HAD を使って HLM を実行する方法を解説した。本章では，現在最もユーザー数が多いであろう SPSS と，近年ユーザー数が増えているフリーソフトウェアである R を使って HLM を実行する方法について解説する。また，最後に SAS による HLM の実行方法についても触れる。

1 SPSS による階層線形モデリング

SPSS は社会科学系の領域で数多くのユーザーをもつ商用ソフトウェアであり，多様な統計分析を実行することができる。HLM もその例外ではなく，SPSS 線形混合モデル（Mixed プロシージャ）を用いて HLM7 と同様の分析が可能である。ただし，線形混合モデルは Advanced Statistics が含まれている必要がある。Base や Regression だけではできないので注意しよう。また，筆者が用いている SPSS は ver.20 であるので，それ以前のバージョンでは同じことができない可能性がある点も，了承願いたい。

サンプルデータは，4章で紹介した，集団討議データ（仮想データ）を用いる。サンプルデータの詳細については4章を参照してほしい。それではまず，データを図 5-1 のように SPSS ファイルに入力する。欠損値はピリオドのままにしてあるが，これでも読み込んでくれる。ただし，バージョンによっては，ピリオドが 0 と読み込まれることもあるので注意が必要である。

	グループ	満足度	発話前期	発話後期	集団成績	スキル	条件	var
1	1.00	3.00	2.00	3.00	3.00	1.00	1.00	
2	1.00	3.00	2.00	2.00	3.00	3.00	1.00	
3	1.00	3.00	3.00	3.00	3.00	1.00	1.00	
4	2.00	3.00	2.00	3.00	3.00	3.00	.00	
5	2.00	2.00	4.00	1.00	3.00	2.00	.00	
6	2.00	2.00	1.00	1.00	3.00	1.00	.00	
7	3.00	1.00	2.00	3.00	2.00	3.00	.00	
8	3.00	3.00	5.00	3.00	2.00	2.00	.00	
9	3.00	3.00	2.00	2.00	2.00	2.00	.00	
10	4.00	1.00	4.00	4.00	1.00	2.00	1.00	
11	4.00	1.00	4.00	4.00	1.00	3.00	1.00	
12	4.00	1.00	4.00	4.00	1.00	3.00	1.00	
13	5.00	2.00	2.00	2.00	5.00	2.00	1.00	
14	5.00	3.00	3.00	4.00	5.00	3.00	1.00	
15	5.00	2.00	3.00	3.00	5.00	1.00	1.00	
16	6.00	3.00	2.00	3.00	5.00	3.00	.00	
17	6.00	3.00	2.00	2.00	5.00		.00	
18	6.00	3.00	1.00	2.00	5.00	3.00	.00	
19	7.00	4.00	1.00	3.00	7.00	3.00	1.00	
20	7.00	3.00	2.00	4.00	7.00	3.00	1.00	

図 5-1 SPSS に集団討議データ（仮想データ）を入力

SPSS で HLM を行ううえで気をつけるべきことは，SPSS では HLM でよく使う中心化を分析中に自動的に行うことができない点である．よって，事前に中心化した変数を作成しておく必要がある．

　集団平均の中心化は，先に SPSS の「グループ集計」で集団平均値を計算することで行うことができる．図 5-2 の左のようにメニューバーの「データ」から，「グループ集計」を選ぶと，図 5-2 の右のような画面が現れる．ここで，変数「グループ」を「ブレーク変数」に指定し，さらに集団平均を計算したい変数（ここでは，発話後期）を「変数の集計」に投入する．次に関数を選ぶのだが，最初からデフォルトは MEAN になっているので，そのままにしておく．保存場所は「アクティブなデータセットに集計変数を追加」のところを選び，「OK」を押す．すると，「発話後期_mean」という新しい変数が追加されるはずだ．

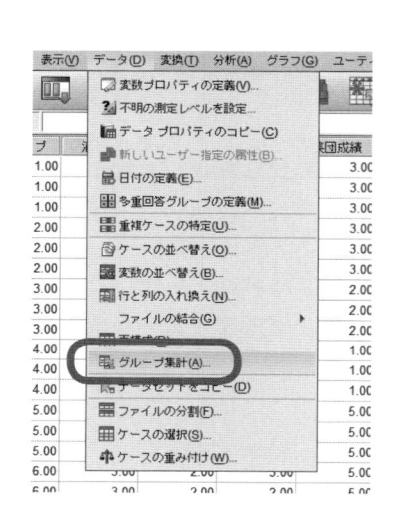

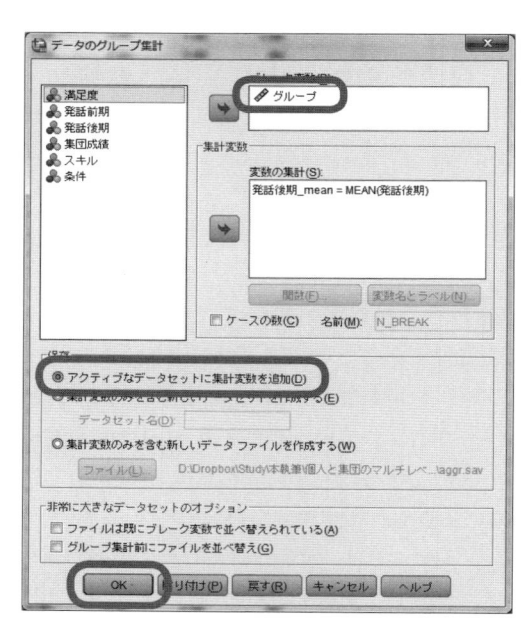

図 5-2　SPSS で集団平均値を計算する手順

　この変数を使って発話後期から集団平均を引けば，集団平均中心化を行うことができる．メニューバーの「変換」の中にある，「変数の計算」をクリックすると，図 5-3 のようなウィンドウが立ち上がる．そこで，集団平均中心化をした後の変数名を左側に入れて（発話後期_g），右側に計算のための式を入力する（発話後期 – 発話後期_mean）．そして OK を押すと，データに新しく「発話後期_g」が追加される．

　全体平均で中心化する場合は，あらかじめ変数の平均値を算出し，それを同じ方法で引き算すれば可能である．具体的には，図 5-4 のように，発話後期_mean の平均値（3.020）を発話後期_mean から引いてやればいい．変数名は，発話後期_mc としておく．同様の方法で，集団成績も全体平均で中心化しておこう．平均値は 4.69 なので，4.69 をもとの変数から引いて新しく集団成績_c という変数をつくる．

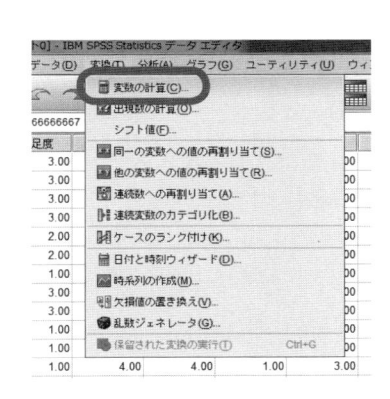

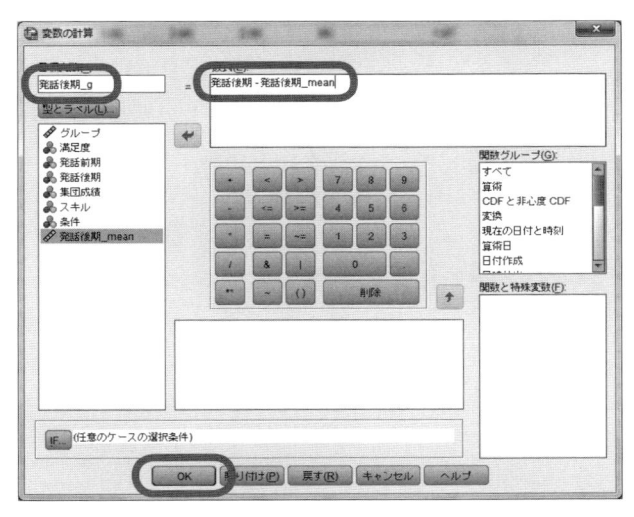

図 5-3　SPSS で集団平均中心化を行う手順

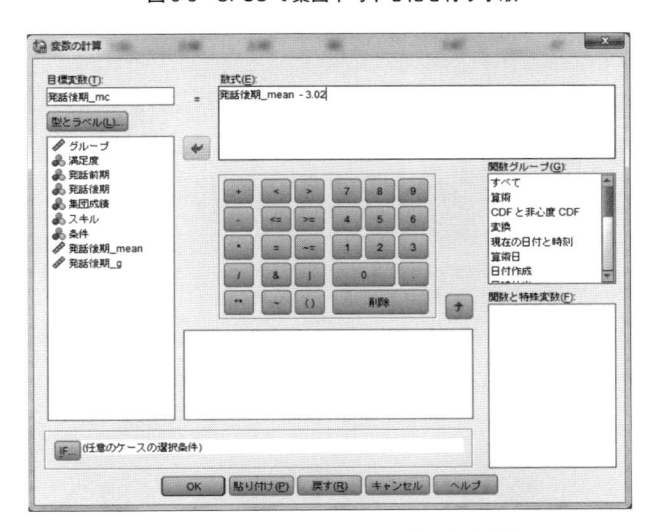

図 5-4　SPSS で全体平均中心化を行う手順

最終的には，図 5-5 のようなデータセットとなった。

グループ	満足度	発話前期	発話後期	集団成績	スキル	条件	発話後期_mean	発話後期_g	発話後期_mc	集団成績_c
1.00	3.00	2.00	3.00	3.00	1.00	1.00	2.67	.33	-.35	-1.69
1.00	3.00	2.00	2.00	3.00	3.00	1.00	2.67	-.67	-.35	-1.69
1.00	3.00	3.00	3.00	3.00	1.00	1.00	2.67	.33	-.35	-1.69
2.00	3.00	2.00	3.00	3.00	3.00	.00	1.67	1.33	-1.35	-1.69
2.00	2.00	4.00	1.00	3.00	2.00	.00	1.67	-.67	-1.35	-1.69
2.00	2.00	1.00	1.00	3.00	1.00	.00	1.67	-.67	-1.35	-1.69
3.00	1.00	2.00	3.00	2.00	3.00	.00	2.67	.33	-.35	-2.69
3.00	3.00	5.00	3.00	2.00	2.00	.00	2.67	.33	-.35	-2.69

図 5-5　集団平均値および集団平均と全体平均で中心化したデータ

ここまで準備ができたら，HLM の実行に移ることができる。ここでは，課題の満足度に対して，個人レベルの発話と発話の集団平均，集団成績が予測するモデルを構築しよう。また，個人レベルの発話量が満足度を予測する程度が，集団成績によって調整されるというレベル間交互作用項も加えることにする。

メニューバーの「分析」から「混合モデル」→「線形」を選択する。もしここで，「混合モデ

第 5 章　階層線形モデリングの実践 3　87

ル(場合によっては複合モデルと表示される)」が表示されていなければ,残念ながらSPSSにAdvancedが入っていないので,現状ではHLMを実行することができない。混合モデルを選択すると,図5-6のようなウィンドウが立ち上がるので,「被験者」のところにグループを識別する変数(このデータでは「グループ」)を指定する。そして「続行」を押すと図5-7の画面が表示される。変数の指定では,従属変数に「満足度」,共変量に「発話後期_g」,「発話後期_mc」,「集団成績_c」の3つを指定する。共変量に入れるのは,説明変数がすべて連続変量だからである。もし説明変数が3値以上のカテゴリカル変数なら,「因子」に投入する。

モデルを指定するためには,固定効果と変量効果,推定方法について設定をする必要がある。それぞれ順番に解説する。

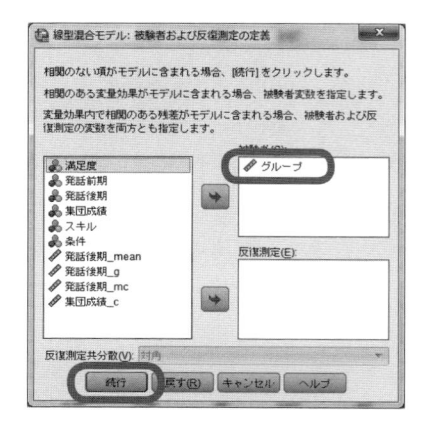

図5-6 SPSSで混合モデルを実行する手順1 グループを識別する変数を指定

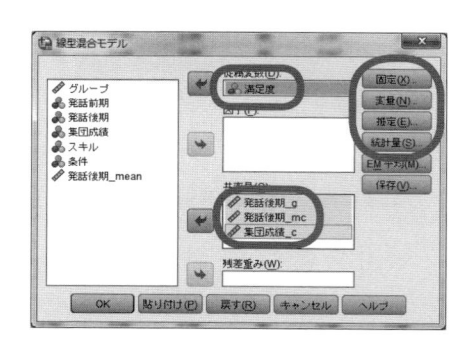

図5-7 SPSSで混合モデルを実行する手順2 目的変数と説明変数を指定

固定効果の設定は,「固定」ボタンを押して,図5-8の画面で行う。まず,3つの変数の主効果を投入し,その後,「発話後期_g」と「集団成績_c」の交互作用項を投入しよう。設定ができたら,「続行」を押す。

変量効果は,「変量」をクリックして,図5-9のように設定する。まず,「共分散タイプ」を「無構造」にする。次に,変量効果として「発話後期_g」をモデルに入れる。また,「定数項を含める」にチェックを入れる。これは切片の変量効果を仮定することを意味する。さらに,「被験者のグループ化」のところで,「グループ」を組み合わせに投入する。すべて設定が終わったら,「続行」を押す。なお,個人レベルの発話量の回帰係数に変量効果を仮定しない(集団間変動を仮定しない)場合は,モデルに何も指定しなくてよいが,「共分散タイプ」の指定,「定数項を含める」のチェック,被験者のグループ化の操作はそれぞれ必要なので注意しよう。

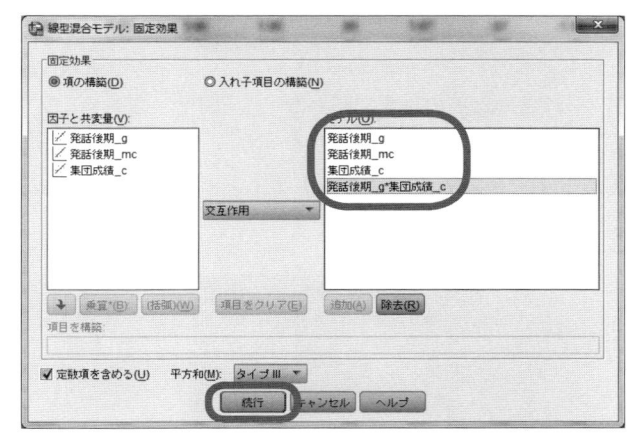

図 5-8　SPSS で混合モデルを実行する手順 3　固定効果のモデル指定

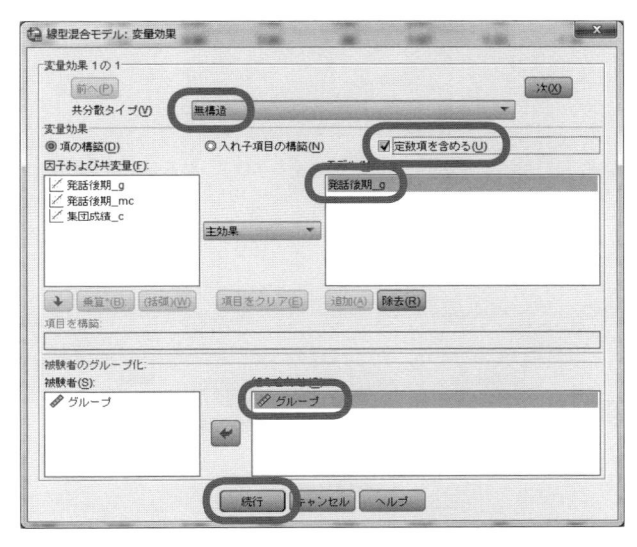

図 5-9　SPSS で混合モデルを実行する手順 4　変量効果のモデル指定

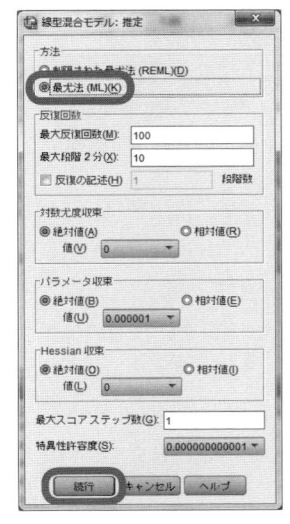

図 5-10　SPSS で混合モデルを実行する手順 5　推定方法の指定

続いて，「推定」ボタンを押すと推定方法を選択できる（図5-10）。デフォルトでは「制限された最尤法」が選択されている。どちらでも構わないが，ここでは4章の結果と比較するため，「最尤法」を選択しておこう。それ以外はそのままで構わない。「続行」をクリックする。

最後に，出力する統計量を選択する。「統計量」をクリックして，図5-11のように，「パラメータ推定値」と「共分散パラメータの検定」の2つをチェックしておく。それ以外も必要であればチェックしても構わない。「続行」を押す。

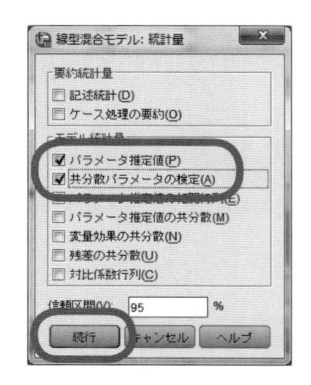

図5-11　SPSSで混合モデルを実行する手順6　統計量の出力の指定

これで設定は以上である。図5-7に戻って，「OK」ボタンを押せば，分析が実行される。

SPSSでのHLMの結果

SPSSでは，最初に情報量規準，そのつぎに固定効果，変量効果の推定結果が表示される。

「情報量規準」の欄には，−2対数尤度やAIC，BICなどが表示される（図5-12）。4章で行ったHADの分析結果とまったく同じであることがわかる。

情報量基準[a]	
−2 対数尤度	746.163
赤池情報基準 (AIC)	764.163
Hurvich and Tsai 基準 (AICC)	764.784
Bozdogan 基準 (CAIC)	806.497
Schwarz's Bayesian 基準 (BIC)	797.497

情報量基準は、smaller-is-better 形式で表示されます。
a. 従属変数: 満足度。

図5-12　SPSSによるHLMの結果1　情報量規準

固定効果は，図5-13のように推定された。推定値はHADとまったく同じ数値が得られているが，標準誤差については少し異なっている。これは，HADが頑健標準誤差を推定していたからである。実は，SPSSの混合モデルでは頑健標準誤差の推定を行うことができないので，そのことを留意しておこう。仮にHADで頑健標準誤差ではなく，普通の標準誤差を推定した場合，まったく同じ標準誤差を得ることができる。

また，SPSSは自由度の計算も少し異なっている。SPSSではサタースウェイト（Satterthwaite, 1946）の方法によって自由度を補正している。そして，自由度を補正しないようにすることができないので，HADとSPSSは検定結果を完全に一緒にすることはできないことになる。ただし，実用上はそれほど大きな違いはない。

固定効果の推定ᵃ

パラメータ	推定値	標準誤差	自由度	t	有意	95% 信頼区間 下限	95% 信頼区間 上限
切片	3.433333	.064174	99.990	53.500	.000	3.306013	3.560654
発話後期_g	.214035	.071629	45.873	2.988	.004	.069843	.358228
発話後期_mc	.350085	.087558	99.559	3.998	.000	.176362	.523807
集団成績_c	.153655	.036789	100.035	4.177	.000	.080668	.226642
発話後期_g * 集団成績_c	.178031	.042292	53.466	4.210	.000	.093222	.262840

a. 従属変数: 満足度。

図 5-13　SPSS による HLM の結果 2　固定効果の結果

　変量効果の結果を図 5-14 に記した。この結果も，HAD とまったく同じかほぼ同じ推定値が得られている。ただ，標準誤差の推定値や検定結果は少し違う。これは，SPSS と，HLM7 および HAD が採用している検定方法が異なるからである。SPSS では分散成分は大標本下では正規分布するという性質を利用した，Wald 検定を採用している。一方，HLM7 や HAD では検定統計量として χ^2 分布を用いる方法を採用している。前者の Wald 検定は，分散成分の検定においてはやや保守的で，本来有意であっても有意差を検出しない傾向にあり，集団の数が 100 程度の小標本では，後者の方法のほうがより精度が高いことが知られている（Raudenbush & Bryk, 2002）。実際，HLM7 や HAD では有意になった発話後期の集団間分散（$p = 0.019$）は，SPSS では非有意（$p = 0.252$）となっている。
　なお，共分散パラメータの UN（1,1）は切片の分散を，UN（2,1）は切片と回帰係数の共分散を，UN（2,2）は回帰係数の分散をそれぞれ意味している。

共分散パラメータ

共分散パラメータの推定ᵃ

パラメータ		推定値	標準誤差	Wald の Z	有意	95% 信頼区間 下限	95% 信頼区間 上限
残差		.493682	.060696	8.134	.000	.387967	.628202
切片 + 発話後期_g [被験者 = グループ]	UN (1,1)	.247275	.061659	4.010	.000	.151681	.403116
	UN (2,1)	-.078054	.055116	-1.416	.157	-.186080	.029972
	UN (2,2)	.078778	.068810	1.145	.252	.014220	.436423

a. 従属変数: 満足度。

図 5-14　SPSS による HLM の結果 3　変量効果の分散・共分散パラメータ

　このように，SPSS でも HLM7 や HAD と同様に HLM を実行することができる。ややテクニカルな話になるが，推定アルゴリズムは SPSS と HAD は同じ Fisher scoring 法を用いているので，推定結果はほぼ同じになる。一方 HLM7 は EM アルゴリズムを使っているので，微妙に異なる推定値になることがある。ただ，どちらも間違いではなく，大きく食い違うこともない。

単純効果の分析

　SPSS には単純効果分析のための機能がないので，単純効果分析を行うときは 3 章で解説したように，HLM7 の時と同様，Preacher の Web サイトを使う必要がある。Preacher の Web サイトで単純効果分析を行うときは，「固定効果の共分散行列」が必要なので，その表示方法を解説しておこう。なお，固定効果の共分散行列は，データの共分散行列とは別物である。
　分析の手順は上記と同じで，「統計量」の設定で（図 5-15），図 5-16 のように，「パラメータ推定値の共分散」にチェックを入れる。「続行」を押して，最初の画面で「OK」を押して分析を実行すれば，固定効果の推定結果の下に，「固定効果の推定の共分散行列」というのが出力される（図 5-17）。それが，単純効果分析で用いる，固定効果の共分散行列だ。

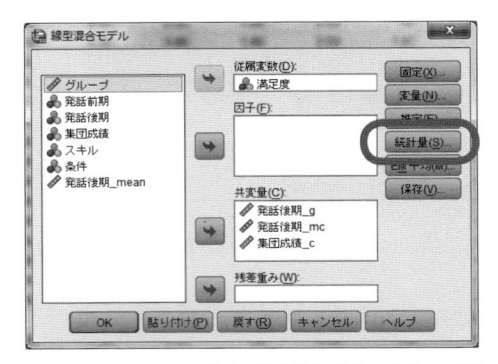

図 5-15　SPSS で固定効果の共分散行列を出力する手順 1

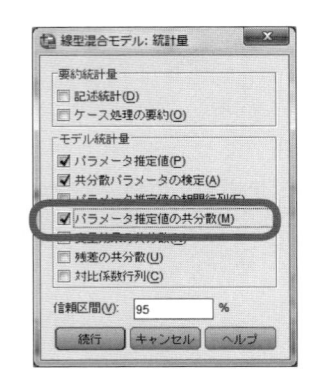

図 5-16　SPSS で固定効果の共分散行列を出力する手順 2

固定効果の推定の共分散行列[a]

パラメータ	切片	発話後期_g	発話後期_mc	集団成績_c	発話後期_g * 集団成績_c
切片	.004118	-.000781	.000000	.000000	.000000
発話後期_g	-.000781	.005131	-.000061	.000003	.000133
発話後期_mc	.000000	-.000061	.007666	-.000323	-.000110
集団成績_c	.000000	.000003	-.000323	.001353	-.000249
発話後期_g * 集団成績_c	.000000	.000133	-.000110	-.000249	.001789

a. 従属変数: 満足度。

図 5-17　SPSS による固定効果の共分散行列の出力

　また，発話後期_g と集団成績_c の標準偏差を前もって計算しておく必要がある。SPSS で計算すると，発話後期_g の標準偏差は 0.671，集団成績_c の標準偏差は 1.756 だった。

　それでは，この標準偏差と固定効果の推定値と共分散行列，そして自由度を Preacher の Web サイトのプログラムに入力して，単純効果分析を行ってみよう。図 5-18 のように入力して，"Calculate" を押すと，図 5-19 のような結果と，交互作用のグラフが表示される。集団成績高群は発話量の効果は正で有意だが，低群では有意ではなかった。この結果が，4 章で解説した HAD の結果と同じであることも確認してみよう。

図 5-18　SPSS で得た固定効果の共分散行列を Preacher の Web サイトに入力

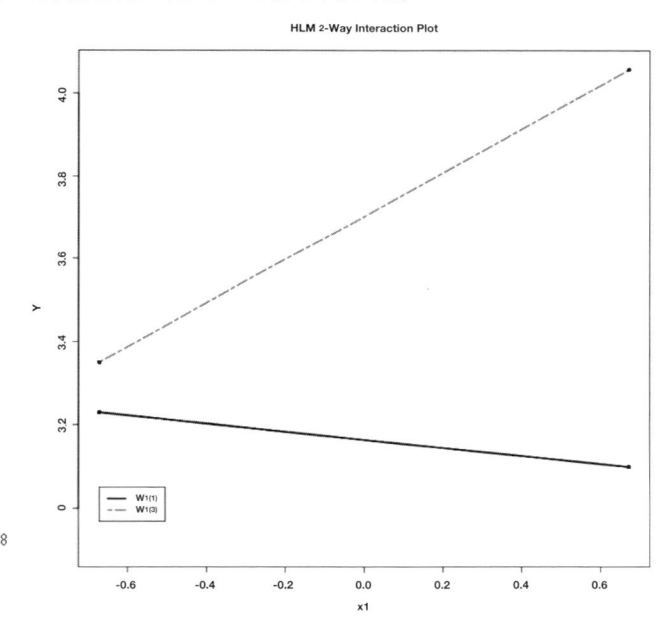

図 5-19　集団成績を調整変数とした，満足度に対する発話量の単純効果の分析結果

SPSS シンタックスによるコード

最後に，SPSS シンタックスによる HLM の実行方法について触れておこう。本章で分析したモデルは，以下のように記述することができる。

 MIXED 満足度 WITH 発話後期 _g 発話後期 _mc 集団成績 _c
  /FIXED= 発話後期 _g 発話後期 _mc 集団成績 _c 発話後期 _g* 集団成績 _c
  /RANDOM=INTERCEPT 発話後期 _g|SUBJECT（グループ）COVTYPE（UN）
  /METHOD=ML
  /PRINT= SOLUTION TESTCOV COVB.

まず，"MIXED" とは混合モデルのことである。続いて，この分析で用いる変数名を指定している。最初に入力するのは従属変数，そして WITH 以降に入力するのは共変量である。続いて，

FIXED は固定効果を意味している。アスタリスクは掛け算を意味しており，交互作用項であることを示している。RANDOM は変量効果の指定で，INTERCEPT は切片を，SUBJECT（グループ）とは，グループという変数でネストされていることを示している。COVTYPE（UN）は，変量効果間の共分散をすべて仮定する「無構造」を指定することを意味している。METHOD = ML は，最尤法の指定である。もし制限付き最尤法にしたい場合は，REML と入力しよう。PRINT は，出力に関する命令を書く場所で，SOLUTION は固定効果の推定値の出力，TESTCOV は変量効果の検定結果の出力を，COVB は固定効果の共分散行列の出力を意味している。なお，シンタックスの最後にはピリオドが必要である。そして，シンタックス中に全角スペースが含まれているとうまく走らないので，その点も注意しよう。

このコードを，新規のシンタックスエディタに張り付けて，図 5-20 の緑の三角ボタンを押すと，分析を実行できる。

図 5-20　SPSS のシンタックス画面

以上のように，SPSS でも混合モデルのプロシージャを使って HLM を実行することができる。すでに統計分析を SPSS で行っている読者は，スムーズに HLM でも分析できるようになるだろう。

2　R による階層線形モデリング

R で HLM を実行するための準備

R とは，フリーの統計解析ソフトである。R のソフト自体の使い方については本書では触れないので，他の文献にあたってほしい。

R で HLM を実行するためには，lme4 パッケージあるいは lmerTest パッケージをインストールする必要がある。今回は，有意性検定の結果を出力してくれる lmerTest パッケージについて解説するので，もしまだ lmerTest パッケージをインストールしていなければ，ダウンロードして入れておこう。なお，lmerTest パッケージは，lme4 パッケージに入っている lmer 関数を改良したものであるので，係数の推定値は一致する。パッケージをインストールしたら，以下のコードで lmerTest パッケージを読み込む。

```
library(lmerTest)
```

次に，データを入力する。データの入力方法は読者に任せるが，変数名が日本語だと環境によっては文字化けするため，今回は英語表記の変数名を使用することにする。データは図 5-21 のとお

りである。データの中身は同じで，変数名だけを変えてある。

	A	B	C	D	E	F	G
1	group	sat	talk1	talk2	per	skill	con
2	1	3	2	3	3	1	1
3	1	3	2	2	3	3	1
4	1	3	3	3	3	1	1
5	2	3	2	3	3	3	0
6	2	2	4	1	3	2	0
7	2	2	1	1	3	1	0
8	3	1	2	3	2	3	0
9	3	3	5	3	2	2	0
10	3	3	2	2	2	2	0
11	4	1	4	4	1	2	1
12	4	1	4	4	1	3	1
13	4	1	4	4	1	3	1
14	5	2	2	2	5	2	1
15	5	3	3	4	5	3	1
16	5	2	3	3	5	1	1
17	6	3	2	3	5	3	0
18	6	3	2	2	5	.	0
19	6	3	1	2	5	3	0
20	7	4	1	3	7	3	1
21	7	3	2	4	7	3	1

図 5-21　変数の名前をアルファベットに変えたもの

ここでは，変数名ごとクリップボードにコピーして，以下のコードで R に読み込む。

```
dat <- read.table ("clipboard", header = TRUE, na.strings = ".")
```

データセット名は“dat”にしているが，任意のもので構わない。ただし，以降データセット名を“dat”としてコードを解説するので，特にこだわりがなければ“dat”にしておくほうがわかりやすいだろう。

データを読み込んだら，SPSS の時と同様に，中心化した変数を事前に作成しておく。まず，実験後期の発言量（talk2）の集団平均値を dat$talk2_m という変数に格納するコードは，以下のように書く。

```
# 発話量の集団平均値
dat$talk2_m  <-  tapply (dat$talk2,  dat$group,  mean,  na.rm= TRUE)
[as.character (dat$group)]
```

まず，tapply 関数はグループ化された変数ごとに特定の関数を適用する関数である。ここでは，dat$group ごとに，mean 関数を適用することで集団平均値を計算している。na.rm = TRUE は欠損値を省いて計算するためのコードである。後半部分の as.character（dat$group）は dat$group に合わせて集団平均値を個人の得点として入力するためのコードである。

次に，発言量の集団平均中心化は，元のデータから上で計算した集団平均値を引けばよい。よって，以下のコードで作成できる。変数名は talk2_g とした。

```
# 発話量の集団平均中心化
dat$talk2_g  <-  dat$talk2  -  dat$talk2_m
```

今度は全体平均で中心化するコードである。発言量の集団平均と集団成績を全体平均で中心化するためには，mean 関数を用いて以下のように書く。それぞれ，talk2_mc と per_c とした。

```
# 発話量の集団平均値（全体平均で中心化）
```

```
           dat$talk2_mc <- dat$talk2_m - mean (dat$talk2_m, na.rm = TRUE)

# 集団成績の全体平均中心化
           dat$per_c <- dat$per - mean (dat$per, na.rm = TRUE)
```

ここまでコードがうまく走れば，データセット dat には図 5-22 のような変数が含まれているはずである。SPSS のときと同じデータになっていることを確認してみよう。

```
> dat
   group sat talk1 talk2 per skill con   talk2_m    talk2_g    talk2_mc  per_c
1      1   3     2     3   3     3   1  2.666667  0.3333333  -0.3533333  -1.69
2      1   3     2     2   3     3   1  2.666667 -0.6666667  -0.3533333  -1.69
3      1   3     3     3   3     3   1  2.666667  0.3333333  -0.3533333  -1.69
4      2   3     2     3   3     3   0  1.666667  1.3333333  -1.3533333  -1.69
5      2   2     4     1   3     3   2  1.666667 -0.6666667  -1.3533333  -1.69
6      2   2     1     1   3     3   1  1.666667 -0.6666667  -1.3533333  -1.69
7      3   1     2     3   2     2   0  2.666667  0.3333333  -0.3533333  -2.69
8      3   3     5     3   2     2   2  2.666667  0.3333333  -0.3533333  -2.69
9      3   3     2     2   2     2   0  2.666667 -0.6666667  -0.3533333  -2.69
10     4   1     4     4   1     2   1  4.000000  0.0000000   0.9800000  -3.69
11     4   1     4     4   1     3   1  4.000000  0.0000000   0.9800000  -3.69
12     4   1     4     4   1     2   1  4.000000  0.0000000   0.9800000  -3.69
13     5   2     2     2   5     2   1  3.000000 -1.0000000  -0.0200000   0.31
14     5   3     3     4   5     3   1  3.000000  1.0000000  -0.0200000   0.31
15     5   2     3     3   5     1   1  3.000000  0.0000000  -0.0200000   0.31
16     6   3     2     3   5     3   0  2.333333  0.6666667  -0.6866667   0.31
17     6   3     2     2   5    NA   0  2.333333 -0.3333333  -0.6866667   0.31
18     6   3     1     2   5     1   0  2.333333 -0.3333333  -0.6866667   0.31
```

図 5-22　R 上で集団平均値および集団平均と全体平均中心化の変数を作成

R で HLM

準備が整ったので，R で HLM を実行する方法を解説する。使う関数は，lmerTest パッケージの中の lmer 関数である。なお，lme4 パッケージにも同じ名前の lmer 関数がある。しかし，この 2 つは別物である。lme4 パッケージの lmer 関数では有意性検定を行わないので，lmerTest パッケージの lmer 関数を使用しよう。

では最初に，Null モデルを実行する。Null モデルとは，目的変数のみが含まれるモデルで，目的変数の集団間変動を確認することができる。以下のコードを書く。

```
           result.null <- lmer (sat ~ 1 + (1|group) , data = dat, REML = FALSE)
           summary (result.null)
```

まず，lmer 関数では，最初に固定効果を，そして（ ）の中に変量効果のモデルを記述する。つまり最初の ~1 の部分が固定効果，そして +（1|group）が変量効果のモデルである。1 というのは切片のみを推定するときに記述するコードで，もし切片以外の説明変数がある場合は省略することができる。上のコードでは，すなわち切片の固定効果と変量効果のみを推定していることになる。また，変量効果のモデル内の |group というのは，集団が group という変数で識別されていることを指示するコードである。

REML=FALSE というのは，制限つき最尤法を使わない，すなわち最尤法を指定するコードである。もし制限つき最尤法を使う場合はこのコードは省略することができる。

さて，Null モデルの結果は図 5-23 のようになった。

```
Linear mixed model fit by maximum likelihood ['merModLmerTest']
Formula: sat ~ 1 + (1 | group)
   Data: dat

     AIC      BIC   logLik deviance
 819.1389 830.2503 -406.5695 813.1389

Random effects:
 Groups   Name        Variance Std.Dev.
 group    (Intercept) 0.3489   0.5907
 Residual             0.6367   0.7979
Number of obs: 300, groups: group, 100

Fixed effects:
             Estimate Std. Error t value Pr(>|t|)
(Intercept)  3.43333    0.07491   45.83   <2e-16 ***
---
Signif. codes:  0 '***' 0.001 '**' 0.01 '*' 0.05 '.' 0.1 ' ' 1
```

図 5-23　lmer 関数（LmerTest パッケージ）による Null モデルの結果

最初に AIC や BIC などの情報量規準，そして変量効果の結果，最後に固定効果の結果が表示されている。切片の変量効果の推定値は 0.3489 であった。また切片の固定効果は 3.43333 であった。

次に，個人レベルの発言量（talk2_g）と，集団平均の発言量（talk2_mc）を投入し，また個人レベルの発言量の回帰係数に集団間変動を仮定したモデルを推定してみよう。以下のコードを書く。このモデルは result.model1 に保存する。

```
result.model1 <- lmer (sat ~ talk2_g + talk2_mc + (talk2_g |group),
                data = dat,  REML = FALSE)
summary (result.model1)
```

コードの要領は Null モデルの時と同様である。違うのは，切片を表す 1 を省略していること（ただし，1 があっても構わない），そして説明変数をモデルに加えていることである。結果は図 5-24 のようになった。

```
Linear mixed model fit by maximum likelihood ['merModLmerTest']
Formula: sat ~ talk2_g + talk2_mc + (talk2_g | group)
   Data: dat

     AIC      BIC   logLik deviance
 795.8385 821.7649 -390.9192 781.8385

Random effects:
 Groups   Name        Variance Std.Dev. Corr
 group    (Intercept) 0.3188   0.5646
          talk2_g     0.1756   0.4190   0.03
 Residual             0.4952   0.7037
Number of obs: 300, groups: group, 100

Fixed effects:
            Estimate Std. Error t value Pr(>|t|)
(Intercept) 3.43333    0.06956   49.36  < 2e-16 ***
talk2_g     0.20795    0.08261    2.52  0.014941 *
talk2_mc    0.38002    0.09548    3.98  0.000131 ***
---
Signif. codes:  0 '***' 0.001 '**' 0.01 '*' 0.05 '.' 0.1 ' ' 1

Correlation of Fixed Effects:
         (Intr) tlk2_g
talk2_g  0.011
talk2_mc 0.000  0.000
```

図 5-24　lmer 関数（lmerTest パッケージ）による HLM の結果

変量効果と固定効果の結果がそれぞれ出力されている。lmerTest パッケージの lmer 関数における固定効果の検定は，SPSS と同じくサタースウェイト（F. E. Satterthwaite）の自由度補正に基づく検定を行っている。結果，個人レベル・集団レベルともに発話量の効果が有意だった。なお，固定効果についてより詳細な検定結果について知りたい場合，以下のように lmerTest パッケージの anova 関数を用いることで自由度などを知ることができる。

```
anova(result.model1)
```

すると，以下のような結果が得られる（図 5-25）。

```
Analysis of Variance Table of type 3 with  Satterthwaite  approximation for degrees of
freedom
         Df Sum Sq Mean Sq F value  Denom    Pr(>F)
talk2_g   1 3.1345  3.1345  6.3366 52.098 0.0149414 *
talk2_mc  1 7.8453  7.8453 15.8411 99.982 0.0001307 ***
---
Signif. codes:  0 '***' 0.001 '**' 0.01 '*' 0.05 '.' 0.1 ' ' 1
```

図 5-25　anova 関数（lmerTest パッケージ）による固定効果の検定と補正自由度の出力

ただし，変量効果については，lmer 関数では有意性検定の結果を表示しない。

レベル間交互作用

続いて，レベル間交互作用を含んだモデルの記述方法について解説する。これまでと同様に，集団成績が個人レベルの発言量と満足度の関連を調整するモデルである。

```
result.model2 <- lmer(sat ~ talk2_g + talk2_mc + per_c + talk2_g:per_c + (talk2_g |group), data = dat, REML = FALSE)
summary(result.model2)
```

交互作用項は，変数名の間にコロンを入力する。つまり，talk2_g:per_c が交互作用項を意味しているのである。このコードの推定結果は，図 5-26 のようになった。

```
Linear mixed model fit by maximum likelihood ['merModLmerTest']
Formula: sat ~ talk2_g + talk2_mc + per_c + talk2_g:per_c + (talk2_g |      group)
   Data: dat

     AIC      BIC   logLik deviance
764.1629 797.4970 -373.0815 746.1629

Random effects:
 Groups   Name        Variance Std.Dev. Corr
 group    (Intercept) 0.24728  0.4973
          talk2_g     0.07878  0.2807   -0.56
 Residual             0.49368  0.7026
Number of obs: 300, groups: group, 100

Fixed effects:
              Estimate Std. Error t value Pr(>|t|)
(Intercept)    3.43333    0.06417   53.50  < 2e-16 ***
talk2_g        0.21404    0.07163    2.99 0.004498 **
talk2_mc       0.35008    0.08756    4.00 0.000123 ***
per_c          0.15365    0.03679    4.18 6.33e-05 ***
talk2_g:per_c  0.17803    0.04229    4.21 9.85e-05 ***
---
Signif. codes:  0 '***' 0.001 '**' 0.01 '*' 0.05 '.' 0.1 ' ' 1

Correlation of Fixed Effects:
            (Intr) tlk2_g tlk2_m per_c
talk2_g     -0.170
talk2_mc     0.000 -0.010
per_c        0.000  0.001 -0.100
tlk2_g:pr_c  0.000  0.044 -0.030 -0.160
```

図 5-26　lmer 関数（lmerTest パッケージ）によるレベル間交互作用を含んだモデルの推定結果

固定効果の推定値および検定結果は，SPSS のものとほぼ同じ結果が得られている。なお，lmer 関数では頑健な標準誤差の計算は行わないので，HLM7 や HAD との結果が異なるのはそのためである。

続いて，単純効果分析を行うのに必要な回帰係数の共分散行列は以下のコードで得ることができる。

```
vcov.merMod(result.model2)
```

これを実行すると，図 5-27 のような結果を得る．この共分散行列と，上で推定した回帰係数から，3 章で解説した，Preacher の Web サイトで単純効果分析を実行することができる．

```
5 x 5 Matrix of class "dpoMatrix"
              (Intercept)      talk2_g       talk2_mc        per_c    talk2_g:per_c
(Intercept)    4.118354e-03 -7.805442e-04  1.308529e-19 -8.610928e-19  1.043912e-19
talk2_g       -7.805442e-04  5.130752e-03 -6.088539e-05  2.565694e-06  1.334622e-04
talk2_mc       1.308529e-19 -6.088539e-05  7.666453e-03 -3.230623e-04 -1.095151e-04
per_c         -8.610928e-19  2.565694e-06 -3.230623e-04  1.353395e-03 -2.493114e-04
talk2_g:per_c  1.043912e-19  1.334622e-04 -1.095151e-04 -2.493114e-04  1.788592e-03
```

図 5-27 lmer 関数（lmerTest パッケージ）による固定効果の共分散行列の出力

3　SAS による階層線形モデリング

SAS は SPSS より以前から，多くの研究者によって利用されてきた統計ソフトウェアである．SAS についての参考書も多数あるので，データの読み込みやその他の分析法については，ここで触れない．本節では，SAS の Mixed プロシージャを用いて HLM を実行する方法について解説する．

データは，本章で用いてきた集団討議データで解説する．まず，SAS に変数を data1 というデータセットで読みこませる．ここでは cards でそのまま読み込んでいるが，infile を使ってファイルからデータを読み込んでも当然構わない（図 5-28）．

SPSS や R と同様，発言量の集団平均値を計算する必要がある．そこで，means プロシージャを使って集団平均を data2 というデータセットにセットし，そのあとマージ（データの結合）するという方法で集団平均値を計算してみよう．まず means プロシージャで図 5-29 の上のようなコードを書けば，data2 に 100 集団の集団平均値が格納される．そして，それを group に照らし合わせながら図 5-29 の下のコードを使ってデータセットを結合させれば，talk2_m という変数が作成される．

続いて，talk2 から talk2_m を引いて発言量の集団平均中心化を行い，さらに talk2_m や per の

```
DATA data1;
INPUT group sat talk1 talk2 per skill con;

CARDS;
1 3 2 3 3 1 1
1 3 2 2 3 3 1
1 3 3 3 3 1 1
2 3 2 3 3 3 0
2 2 4 1 3 2 0
2 2 1 1 3 1 0
3 1 2 3 2 3 0
```

```
PROC MEANS NOPRINT NWAY DATA = data1;
CLASS group;
VAR talk2;
OUTPUT OUT = data2 MEAN = talk2_m;
RUN;

DATA hlm;
MERGE data1 data2;
BY group;

talk2_g = talk2 -talk2_m;
talk2_mc = talk2_m - 3.02;
per_c = per - 4.69;

RUN;
```

図 5-28　SAS にサンプルデータを読み込む　　　図 5-29　SAS による集団平均値と集団平均および
　　　　表記はデータの一部　　　　　　　　　　　　　　全体平均中心化データの作成用コード

平均値を算出し，それぞれ引き算して全体平均中心化を行う．それらの変数名を，talk2_mc と per_c としよう．計算が間違えていないか，Proc print でデータを出力し，確認しておこう（図 5-30）．

第 5 章　階層線形モデリングの実践 3　　99

OBS	group	sat	talk1	talk2	per	skill	con	_TYPE_	_FREQ_	talk2_m	talk2_g	talk2_mc	per_c
1	1	3	2	3	3	1	1	1	3	2.66667	0.33333	-0.35333	-1.69
2	1	3	2	2	3	3	1	1	3	2.66667	-0.66667	-0.35333	-1.69
3	1	3	3	3	3	1	1	1	3	2.66667	0.33333	-0.35333	-1.69
4	2	3	2	3	3	3	0	1	3	1.66667	1.33333	-1.35333	-1.69
5	2	2	4	1	3	2	0	1	3	1.66667	-0.66667	-1.35333	-1.69
6	2	2	1	1	3	1	0	1	3	1.66667	-0.66667	-1.35333	-1.69
7	3	1	2	3	2	3	0	1	3	2.66667	0.33333	-0.35333	-2.69
8	3	3	5	3	2	2	0	1	3	2.66667	0.33333	-0.35333	-2.69
9	3	3	2	2	2	2	0	1	3	2.66667	-0.66667	-0.35333	-2.69

図 5-30　SAS による集団平均値と集団平均および全体平均中心化データの出力

これらの準備が整ったら，HLM を実行する。SAS では SPSS と同じく，混合モデルのプロシージャである Mixed プロシージャを用いる。SAS でのコードは以下のとおりである。

```
PROC MIXED COVTEST METHOD = ML;
CLASS group;
MODEL sat = talk2_g talk2_mc per_c talk2_g*per_c /S DDFM = SAT;
RANDOM intercept talk2_g/SUBJECT = group TYPE = UN;
RUN;
```

図 5-31　SAS による HLM のコード

まず，"COVTEST" は変量効果の検定結果を出力する命令で，"METHOD=ML" は推定法を最尤法にするコードである。MODEL ステートメントの "/" のあとに "S" とあるのは，"SOLUTION" の略で，固定効果の推定値を出力する命令である。"DDFM=SAT" とは，自由度補正の方法を SATTERTHWAITE の方法で調整するためのコードである。RANDOM ステートメントにある "/SUBJECT = group" は，group でネストされていることを指定している。"TYPE = UN" は，変量効果の共分散構造を無構造に指定している。

このコードを実行すると，図 5-32 のような結果が得られる。結果は，SPSS や R とまったく同じになっていることがわかるだろう。

なお，単純効果分析のための回帰係数の共分散行列を出力するためには，MODEL ステートメントの最後（DDFM=SAT の後）に，"COVB" と書く。また，3 章や 4 章で触れた頑健な標準誤差を出力するためには，"METHOD =ML" のあとに，"EMPIRICAL" と書けばよい。

以上のように，SPSS や R，そして SAS による HLM の実行方法を解説した。本章で HLM の解説は終了し，次章からはマルチレベル構造方程式モデリング（ML-SEM）について解説する。

共分散パラメータ推定値

共分散パラメータ	サブジェクト	推定値	標準誤差	Z値	PrZ
UN(1,1)	group	0.2473	0.06166	4.01	<0.0001
UN(2,1)	group	-0.07805	0.05512	-1.42	0.1567
UN(2,2)	group	0.07878	0.06881	1.14	0.1261
Residual		0.4937	0.06070	8.13	<0.0001

適合度統計量

-2 対数尤度	746.2
AIC (小さいほどよい)	764.2
AICC (小さいほどよい)	764.8
BIC (小さいほどよい)	787.6

帰無モデルの尤度比検定

自由度	カイ2乗	Pr > ChiSq
3	28.21	<0.0001

固定効果の解

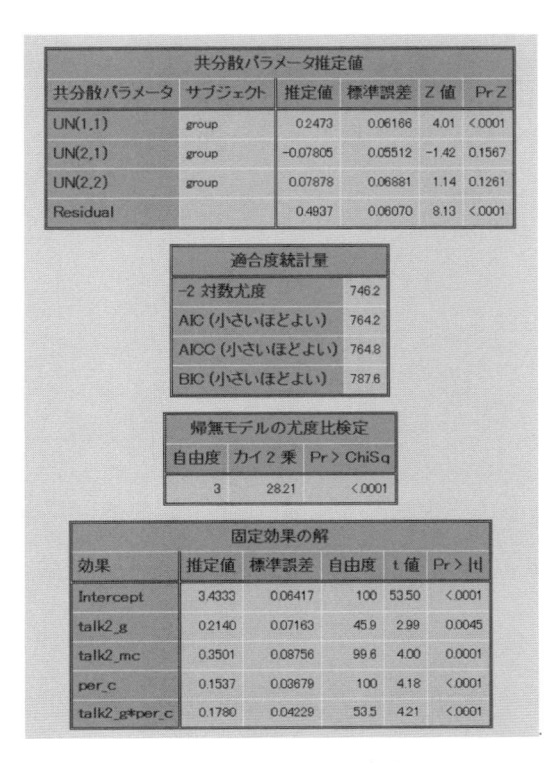

効果	推定値	標準誤差	自由度	t値	Pr>|t|
Intercept	3.4333	0.06417	100	53.50	<0.0001
talk2_g	0.2140	0.07163	45.9	2.99	0.0045
talk2_mc	0.3501	0.08756	99.6	4.00	0.0001
per_c	0.1537	0.03679	100	4.18	<0.0001
talk2_g*per_c	0.1780	0.04229	53.5	4.21	<0.0001

図5-32　SASによるHLMの推定結果

第6章

マルチレベル構造方程式モデル

理論編

　2章から5章までは，HLM についての理論・実践について解説してきた。6章から8章までは，マルチレベル構造方程式モデル（Multi-level Structural Equations Modeling: マルチレベル SEM）について解説する。マルチレベル SEM モデルは，構造方程式モデルを階層データに拡張した分析手法である。またマルチレベル SEM も階層線形モデルを含んだ上位モデルであるので，階層線形モデルでできることは，マルチレベル SEM でも可能である。ただし，マルチレベル SEM のすべての機能を扱えるソフトウェアは限られている。

　本章のはじめでは，マルチレベル SEM を理解する準備として，個人レベルと集団レベルの相関係数について解説する。続いて，マルチレベル SEM についての概要を解説する。

　なお，本章の解説で用いるサンプルデータは，4章以降で用いている集団討議データである。サンプルデータについては4章に詳述しているので，そちらを参照してほしい。

1　個人レベル・集団レベルの相関係数

　ケニーとラボワ（Kenny & LaVoie, 1985）は，階層的データの相関係数を，個人レベルと集団レベルに分解する手法を提案した。この手法は，1章で解説したような，階層的データにまつわる問題点を解決するために提案されている。階層的データを普通のピアソンの相関係数で分析することには，2つの問題点があった。1つは，集団内類似性があるデータでは，サンプルサイズに対応した自由度を用いて検定した場合，第一種の過誤を犯してしまう危険性があること。2つめは，得られた相関係数が個人レベルの効果なのか，集団レベルの効果なのか区別できないこと，であった。

　個人レベル・集団レベル相関係数が，どのようにこの2つの問題を解決しているのか，具体的に解説していこう。

推定値の精度を過剰によく見積もってしまうことの問題

　1つめの自由度を大きく見積もってしまう，つまり推定結果の精度を過剰によく見積もってしまうことの問題について，例を挙げながら説明しよう。

　サンプルデータである，集団討議データ（4章参照）についてもう一度簡単に振り返っておく。これは，3人が集団討議を行い，集団全体の成績と，討議後の満足度を測定したデータであった。集団の数は100，サンプルサイズは300だった。討議中の発話量は実験前期と実験後期に測定し，コミュニケーションスキルは実験前に測定していた。さらに，統制条件と実験条件の2つが設定されている。統制条件は何も教示せずに実験を行った条件，実験条件は他のグループとの競争である，

と教示した条件である。

Excel に入力されたサンプルデータを図 6-1 に表示する。グループというのは，集団を識別するもので，3 人集団であることがわかる。満足度，発話量は 5 件法で評定されている。集団成績は 8 段階評定で，集団に 1 つだけ数値が与えられている。スキルは低，中，高の 3 段階で評定された。

データを見ると満足度は個人ごとに測定しているが，集団成績は集団に 1 つだけ与えられているデータである。このように個人単位・集団単位のデータが入り混じっているのが階層的データの特徴であった。さらに，満足度は集団内で似ていることが考えられる。なぜなら，課題がうまくいった集団はメンバー全員の満足度が高くなり，そうでなかった集団は逆に低くなることが予想されるからである。すなわち，満足度は個人単位で測定してはいるが，データは相互独立でないことが推測される。HAD で級内相関係数を算出すると，図 6-2 のような結果となった。満足度，発話後期については高い級内相関が得られた。発話前期も有意ではあるが，級内相関係数はそれほど大きくはない。コミュニケーションスキルの級内相関は 0 に近く，統計的にも有意ではなかった。

	A	B	C	D	E	F	G	H
1	グループ	満足度	発話前期	発話後期	集団成績	スキル	条件	
2	1	3	2	3	3	1	1	
3	1	3	2	2	3	3	1	
4	1	3	3	3	3	1	1	
5	2	3	2	3	3	3	0	
6	2	2	4	1	3	2	0	
7	2	2	1	1	3	1	0	
8	3	1	2	3	2	3	0	
9	3	3	5	3	2	2	0	
10	3	3	2	2	2	2	0	
11	4	1	4	4	1	2	1	
12	4	1	4	4	1	3	1	
13	4	1	4	4	1	3	1	
14	5	2	2	2	5	2	1	
15	5	3	3	4	5	3	1	
16	5	2	3	3	5	1	1	
17	6	3	2	3	5	3	0	
18	6	3	2	2	5	3	0	
19	6	3	1	2	5	3	0	
20	7	4	1	3	7	3	1	
21	7		2	4	7	3	1	
22	7	4	4	4	7	1	1	
23	8	3	3	4	3	1	0	

図 6-1　集団討議データ（仮想データ）

級内相関係数										分析コード: -
全サンプル	300									
グループ数	100									
グループ内人数	3									
上の平方根	1.732									
変数名	有効N	級内相関	95%下限	95%上限	DE	信頼性	df1	df2	F値	p値
満足度	300	.358	.234	.483	1.715	.626	99	200	2.671	.000
発話前期	300	.121	.005	.252	1.242	.293	99	200	1.414	.020
発話後期	300	.316	.192	.444	1.633	.581	99	200	2.388	.000
集団成績	300	1.000	1.000	1.000	3.000	1.000	99	200	---	.000
スキル	299	.022	-.085	.148	1.044	.063	99	199	1.067	.348
条件	300	1.000	1.000	1.000	3.000	1.000	99	200	---	.000

図 6-2　HAD による級内相関係数の計算結果

それでは，階層的データの自由度を大きく見積もってしまう問題の極端な例として，集団成績と条件の相関係数を計算することを考えてみよう。集団成績も条件も集団単位の変数であるので，このまま相関係数を推定することはデータを水増しした状態で推定することになることは，一目瞭然だろう。サンプルサイズを 300 のまま相関係数を推定すると，r =0 .120，t 値は 2.083 で有意だった。しかし，サンプルサイズを 100 とすると，相関係数の値は変わらないが，t 値は 1.194 となり，非有意となった。

先ほどの例は，あまりに極端に思われるかもしれないが，たとえば課題の満足度と集団成績の相関を推定する場合も，基本的には同様の問題が内在している。課題の満足度はサンプルサイズ 300

であるが，集団内類似性があるため実際は 300 の独立した情報をもっているわけではない。よって，満足度と集団成績の相関係数をそのまま推定することに問題がある，という点は先ほどの例と何も変わらない。

　ここで思いつく解決法は，課題の満足度を平均化してしまう，というものである。満足度の平均値をとれば，少なくともサンプルサイズを 100 にすることができるので，第一種の過誤は回避できる。しかし，この方法も完全には正しくない。なぜなら，満足度の集団平均値には，満足度の集団レベルの情報だけではなく，個人レベルの情報も混在しているからである。満足度の集団平均と集団成績の間の相関は，個人レベルの情報の分だけ希釈化され，小さく推定されてしまう。

個人レベルと集団レベルの効果が混在することの問題

　次に，課題の満足度と発話量（実験後期）との相関係数を計算することを考えてみよう。課題中に多く発言した人ほど，課題に満足する傾向があることは十分予想できる。そのことを検討するために，普通のピアソンの相関係数を算出してみた。すると，$r = 0.307$，$t(298) = 5.56$ で有意だった。もちろん，この t 値と自由度が正しくないのはすでに述べたとおりである。ただ推定精度がどうであれ，発話量と課題満足度の得点の間に中程度の正の関連があるのは間違いなさそうではある。しかし，この相関係数はどのように解釈したらよいだろうか。

　ここで気をつけないといけないのは，課題の満足度と発話量の相関係数について，「課題中に多く発言した人ほど課題に満足する」という解釈以外に，「課題中に多く発言した集団は，みんな課題に対する満足度が高い」という解釈も可能だということである。なぜなら，課題の満足度も発話量も，集団内の類似性があるため，個人レベルの関係だけではなく，集団レベルでの関係も考えられるからである。

　それでは，普通の相関係数で得られた 0.307 は，個人レベルの効果なのだろうか，それとも集団レベルの効果なのだろうか。実は，普通の相関係数は両方のレベルの効果が混在しているため，どちらのレベルの効果を表しているか，これだけでは判断できないのである。個人レベルも集団レベルも 0.3 程度の相関があるかもしれないし，個人レベルが 0 で集団レベルが 0.5 以上の強い関係であるかもしれない。場合によっては，個人レベルが負の効果で，集団レベルが強い正の効果である可能性もある。

　集団レベルの効果を推定するなら，集団の平均値を使えばよい，という考えが浮かんでくるが，それもそんなに簡単な問題ではない。何度も述べているように，集団の平均値の分散には，個人レベルの情報も含まれているからである。よって，集団平均間の相関係数は，純粋な集団レベルの相関係数ではなく，集団レベルの相関と個人レベルの相関が混じったものになるのである。

　だが，純粋な個人レベルの相関係数は推定することができる。なぜなら，集団平均で中心化したデータは，集団レベルの情報が含まれていないためである。ただし，集団平均で中心化したデータ同士の相関係数の自由度は過剰に見積もられているので，推定精度は正確ではない。

個人レベル・集団レベル相関係数の推定

　これまで，階層的データに対して，普通の相関係数を計算することの問題について概説した。これらの問題を解決するためには，集団で得点を平均化せずに，なおかつ自由度を過剰に見積もらないように相関係数を推定しなければならない。それを可能にするのが，個人レベル・集団レベル相関係数である。

課題の満足度と発話後期の，普通の相関係数は $r = 0.307$, $t(298) = 5.562$ であった。では，この相関関係を個人レベル・集団レベルそれぞれについて推定してみよう。ただし，マルチレベル相関分析は，検定統計量が Z 値になるので自由度は推定されない（サンプルサイズが大きければ，推定精度は正しく推定される）。HAD を使って計算すると，個人レベル相関は $r_w = 0.227$, $Z = 3.12$，集団レベル相関は $r_B = 0.466$, $Z = 2.53$ だった（図6-3）。この結果から，個人レベルの関連は，集団レベルの関連よりも若干弱い傾向にあることがわかる。また，Z 値をみればわかるように，検定統計量はかなり小さくなっている。特に，集団レベル相関係数は，推定値は 0.466 と普通の相関係数 0.307 より大きいのに，検定統計量である Z 値は小さくなっている。つまり，普通の相関係数は推定精度を高く見積もっていたことがわかる。

マルチレベル相関分析

	満足度	発話後期
満足度	.358 **	.227 **
発話後期	.466 *	.316 **

** $p < .01$, * $p < .05$, + $p < .10$

図6-3 対角は級内相関，左下が集団レベル相関，右上が個人レベル相関を表している

次に集団平均値同士の相関係数を算出してみよう。集団ごとに満足度と発話量について平均値を算出し，普通のピアソンの相関係数を算出した。結果，$r = 0.371$, $t(98) = 3.955$ だった。この結果からも，集団平均同士の相関係数が，真の集団レベル相関の推定値とは異なっていることがわかるだろう。この違いは，集団平均同士の相関に，個人レベル同士の相関の影響が混ざっていることによるものである。

集団平均値にどの程度個人レベルの情報が混ざっているかは，集団平均値の信頼性係数をみることで知ることができる。ただし，図6-2 に表示されている信頼性は，通常使われる尺度の信頼性ではなく，集団単位で個人データを平均した場合にどれほど一貫した情報をもっているかを表す指標である（これを本書では集団平均の信頼性と呼ぶ）。図6-2 に記したように，課題の満足度の集団平均の信頼性は 0.626，発話後期の集団平均の信頼性は 0.581 だった。このことから集団平均値の中には真の集団レベルの情報は約 6 割程度しかないことがわかる。残りの4 割のうち，一部は測定誤差，一部は個人レベルの情報が含まれていることになる。この集団平均値の信頼性が十分高い場合（0.9 を超えるような場合）は，集団平均値のうち純粋な集団レベルの情報がほとんどとなるので，集団平均値同士の相関係数はかなり集団レベル相関に近い数値になる。極端な話，級内相関が 1.00 である集団成績などは集団平均の信頼性も 1.00 になるので，集団平均値を使った相関係数は真の集団レベルの相関と完全に一致する。また，集団平均の信頼性は集団内の人数が多いほど大きくなる傾向にあるので，級内相関係数が低くても，集団内人数が多い場合は信頼性が高くなることもある。今回のサンプルデータのように，集団内人数が 3 人と少ない場合には，信頼性も小さくなる傾向にある。

級内相関係数，個人レベル・集団レベル相関係数の計算方法

では個人レベル，集団レベルの相関係数はどのように計算することができるのだろうか。ここでは，2 つのアプローチからマルチレベル相関係数の計算法を解説しよう。最初は因子分析の観点から，そのあとは分散分析の観点から解説する。

因子分析からみたマルチレベル相関係数の説明

マルチレベル相関分析について，最初は因子分析の観点からの説明を試みてみよう。因子分析とは複数の項目がもつ共通の変動を因子として推定する多変量解析の一種である。因子分析（またはその応用である確認的因子分析）について詳しい説明は本書では行わないので，他書を参照してほしい。

たとえば集団討議データのように各集団が3人で構成されている場合，集団レベルの分散は，3人に共通する潜在因子のように推定することができる。それに対して，個人レベルの分散は各個人の残差として解釈できる。このイメージを図にすると，図6-4のようになる。ただし，このモデルの推定には，因子からのパスを3つとも1に固定し，そして個人レベルの分散は3つとも等しいという制約を，さらに3つの平均値もすべて等しいという制約を課す必要がある。

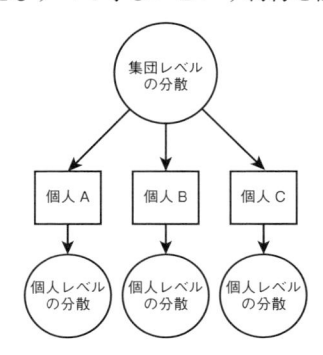

図6-4　集団レベルと個人レベルの分散を因子分析モデルで分割する

実際に満足度を用いて，この因子分析モデルをSEMのソフトウェアで推定してみると，集団レベルの分散は0.349，個人レベルの分散は0.637となり，HLMのNullモデルで推定した集団間分散と残差分散とそれぞれ一致していた（4章参照）。また，級内相関係数は0.354となり，HLMで推定した分散比率と一致した。この結果から，マルチレベルモデルで推定している集団レベルの分散は，因子分析モデルと同様の推定を行っていることがわかるだろう。

次に，発話後期についても同様の因子分析モデルを適用し，因子間の相関係数も合わせて推定してみよう。すると，図6-5のようなパス図となる。なお，残差分散間の3つの共分散はすべて等値であるという制約を課すとする。このモデルを推定すると，潜在因子間の相関は集団レベル相関を，そして残差分散間の相関は個人レベル相関を意味する。SEM用のソフトウェアで推定すると，集団レベル相関は0.468，個人レベル相関は0.227となり，上で推定したマルチレベル相関分析とほぼ同じ推定値が得られる。

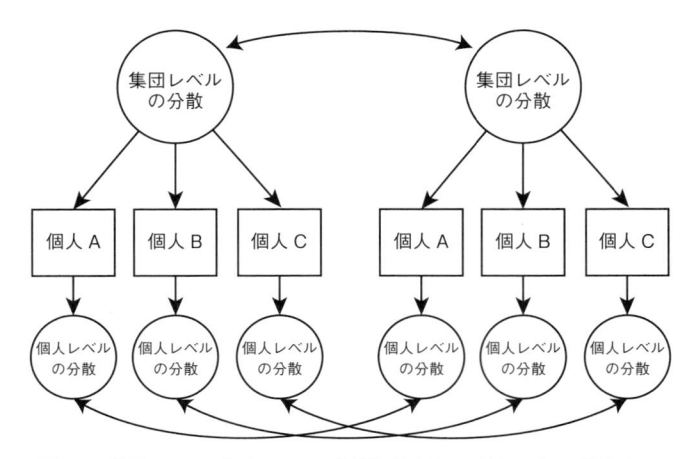

図6-5 集団レベル・個人レベルの相関係数を因子分析モデルで推定する

このように，集団という潜在因子間の相関であるのが集団レベルの相関係数，集団の効果を取り除いた後の残差間の相関であるのが個人レベルの相関係数である。ただ，この因子分析モデルを用いた推定は，集団内の人数が等しい場合にしか利用できない（ただし，完全情報最尤法を用いれば，できないことはない）。実際には，マルチレベル相関分析は因子分析モデルを用いるのではない。しかし，因子分析モデルによる例は，集団レベルと個人レベルの分散，そして相関の関係をイメージしやすくしてくれる。

次に，マルチレベル相関係数の推定を，分散分析を拡張した観点から解説する。

分散分析の観点からみた計算方法

最初に，マルチレベル相関分析を因子分析モデルの観点から説明を行った。ここでは，分散分析に基づくやや数学的な説明を行う。分散分析による説明でも，先ほどと同じように級内相関係数の算出からみていこう。なお，式はケニーとラボワ（Kenny & LaVoie, 1985）に基づいているが，本書内の表記の一貫性のため，ケニーらの論文と記号の意味するところが違っている箇所があるので，原典をあたりたい読者は気をつけてほしい。また，数学が苦手な読者には抵抗があるかもしれないが，本節で用いている数式はかなり初等レベルの数学なので，できれば根気よく読んでみてほしい。

ここで述べる級内相関係数の算出方法は，1章で説明したとおりであるが，本章でももう一度解説しよう。級内相関係数は，集団を要因とした，一元配置分散分析における群間平均平方 MS_B と群内平均平方 MS_W に基づいて計算することができる。MS_B は，変数の得点の集団平均の分散であるから，集団平均値から全体平均値を引いたものの2乗をすべて足し合わせ，集団数から1を引いたもので割ったものである。よって，

$$MS_B = \frac{\sum_{j=1}^{N} k_j (X_{\bullet j} - X_{\bullet \bullet})^2}{N-1}$$

式6-1

となる。このとき，k_j は集団内の人数，N は集団の数を意味している。また，$X_{\bullet j}$ は変数 X の集団 j における平均値，$X_{\bullet \bullet}$ は変数 X の全体平均値を意味している。なお，MS_B は集団平均値の分散に，

集団内人数である k^* をかけたものと一致する。すなわち，

$$\mathrm{MS}_\mathrm{B} = k^* \times 集団平均値の分散 \qquad 式6\text{-}2$$

である。ただし，集団内人数がすべての集団で等しくない場合は，この k^* を以下の式6-3で計算する（Kenny & LaVoie, 1985）。N は集団数，k_j は各集団内の人数である。k^* は集団内の人数がすべての集団で等しい場合，各集団の k と等しい。

$$k^* = \frac{全サンプルサイズ^2 - \sum_{i=1}^{N} k_j^2}{全サンプルサイズ(N-1)} \qquad 式6\text{-}3$$

次に，MS_W は各変数から集団平均値を引いたもの，つまり集団平均中心化した得点の変動である。よって，

$$\mathrm{MS}_\mathrm{W} = \frac{\sum_{i=1}^{k}\sum_{j=1}^{N}(X_{ij}-X_{\bullet j})^2}{N(k^*-1)} \qquad 式6\text{-}4$$

となる。また MS_W は，集団平均中心化した得点の分散と以下のような関係にある。

$$\mathrm{MS}_\mathrm{W} = \frac{k^* \times 集団平均中心化した得点の分散}{k^*-1} \qquad 式6\text{-}5$$

MS_B は集団平均の集団間変動を意味しているが，純粋な集団レベルの分散ではなく，部分的に個人レベルの変動も含まれている。ここで，純粋な集団レベルの分散を σ_B^2，純粋な個人レベルの分散を σ_W^2 とすると，MS_B と σ_B^2，σ_W^2 の関係は以下のようになる。

$$\mathrm{MS}_\mathrm{B} = k^* \sigma_\mathrm{B}^2 + \sigma_\mathrm{W}^2 \qquad 式6\text{-}6$$

また，MS_W と σ_W^2 は一致する。このことから，個人レベルの変動とは，集団平均中心化した変数の変動，すなわち集団平均からの偏差の変動であることを意味する。

$$\mathrm{MS}_\mathrm{W} = \sigma_\mathrm{W}^2 \qquad 式6\text{-}7$$

式6-6と式6-7から，純粋な集団レベルの分散は，以下の式で計算できる。

$$\sigma_\mathrm{B}^2 = \frac{\mathrm{MS}_\mathrm{B} - \mathrm{MS}_\mathrm{W}}{k^*} \qquad 式6\text{-}8$$

ところで級内相関係数は，全分散中の，純粋な集団レベルの分散の比率を表していた（1章参照）。全分散は，純粋な集団レベルの分散と個人レベルの分散の和となるので，

$$\text{ICC} = \frac{\sigma_B^2}{\sigma_B^2 + \sigma_W^2} \qquad \text{式 6-9}$$

となる．これを式 6-7 と式 6-8 を使って MS_B と MS_W で表すと，以下のようになる．

$$\text{ICC} = \frac{(\text{MS}_B - \text{MS}_W)/k^*}{(\text{MS}_B - \text{MS}_W)/k^* + \text{MS}_W} \qquad \text{式 6-10}$$

分子と分母の両方に k^* をかけると，

$$\text{ICC} = \frac{\text{MS}_B - \text{MS}_W}{\text{MS}_B - \text{MS}_W + \text{MS}_W k^*} \qquad \text{式 6-11}$$

これをさらに整理すると最終的に，以下のようになる．

$$\text{ICC} = \frac{\text{MS}_B - \text{MS}_W}{\text{MS}_B + \text{MS}_W (k^* - 1)} \qquad \text{式 6-12}$$

この式は，1 章で説明した級内相関係数を算出するための式 1-3 とまったく同じである．

次に，個人レベルと集団レベルの相関係数の算出法を解説しよう．級内相関は，集団平均値の変動である MS_B と集団内の変動である MS_W を用いたが，これに加えて，2 変数間の集団平均値の共分散，そして集団内の共分散の 2 つを考えてみよう．たとえば変数 X と変数 Y の 2 変数について，集団平均値の共分散 MCP_B は，

$$\text{MCP}_B = \frac{\sum_{j=1}^{N} k_j (X_{\bullet j} - X_{\bullet\bullet})(Y_{\bullet j} - Y_{\bullet\bullet})}{N - 1} \qquad \text{式 6-13}$$

というように計算することができる．ここで，$Y_{\bullet\bullet}$ とは，変数 Y の全体平均，$Y_{\bullet j}$ は集団 j の平均値を意味している．これは，集団平均値の共分散に対して，集団内人数である k^* だけかけたものと同じである．

$$\text{MCP}_B = k^* \times \text{集団平均値の共分散} \qquad \text{式 6-14}$$

続いて，個人レベルの共分散 MCP_W は以下の式で計算できる．

$$\text{MCP}_W = \frac{\sum_{i=1}^{k} \sum_{j=1}^{N} (X_{ij} - X_{\bullet j})(Y_{ij} - Y_{\bullet j})}{N(k^* - 1)} \qquad \text{式 6-15}$$

この式は，集団平均中心化した得点同士の共分散を用いて，以下のように表現できる．

$$\mathrm{MCP_W} = \frac{k^* \times 集団平均中心化した変数同士の共分散}{k^* - 1} \qquad 式6\text{-}16$$

真の集団レベルの共分散 $\mathrm{Cov_B}$ と，個人レベルの共分散は，分散の時と同様に，以下の式で算出できる。

$$\mathrm{Cov_B} = \frac{\mathrm{MCP_B} - \mathrm{MCP_W}}{k^*} \qquad 式6\text{-}17$$

$$\mathrm{Cov_W} = \mathrm{MCP_W} \qquad 式6\text{-}18$$

ところで，相関係数は共分散と両変数の分散を用いて，以下の式で計算することができる。

$$X と Y の相関係数 = \frac{X と Y の共分散}{\sqrt{X の分散}\sqrt{Y の分散}} \qquad 式6\text{-}19$$

集団レベル相関係数は，式6-8と式6-17，そして式6-19から，式6-20のようにして計算することができる。ただし，$\mathrm{MS_{Bx}}$ は変数 X の $\mathrm{MS_B}$，$\mathrm{MS_{By}}$ は変数 Y の $\mathrm{MS_B}$ を意味している。また式6-8と式6-17に含まれている k^* は分子と分母両方に含まれているので，式6-20では省略している。

$$集団レベル相関係数 = \frac{\mathrm{MCP_B} - \mathrm{MCP_W}}{\sqrt{(\mathrm{MS_{Bx}} - \mathrm{MS_{Wx}})}\sqrt{(\mathrm{MS_{By}} - \mathrm{MS_{Wy}})}} \qquad 式6\text{-}20$$

このように，式6-20から，集団レベル相関係数は，集団平均の変動から個人レベルの変動を取り除くことによって，純粋な集団レベルの変動を推定していることがわかるだろう。

一方，個人レベル相関係数は，式6-7と式6-18，式6-19から，以下のように計算できる。

$$個人レベル相関係数 = \frac{\mathrm{MCP_W}}{\sqrt{\mathrm{MS_{Wx}}}\sqrt{\mathrm{MS_{Wy}}}} \qquad 式6\text{-}21$$

以上のように，分散分析モデルを拡張することによっても，集団レベルと個人レベルの相関係数を計算することができることがわかった。

それでは，実際に集団レベル相関係数を計算してみよう。課題の満足度と発話量（後期）の集団レベル相関係数を算出するためには，まず集団平均値の分散と共分散を計算する必要がある。$\mathrm{MS_B}$ は，式6-2のとおり，集団平均値の分散に集団内の人数 k^*（今回の場合，3）をかけることで計算できる。すると満足度の $\mathrm{MS_B}$ は，1.689，発話量の $\mathrm{MS_B}$ は1.597となった。また，共分散である $\mathrm{MCP_B}$ も同様に集団平均値の共分散に3をかければよいので，0.609と求めることができた。一方，$\mathrm{MS_W}$ と $\mathrm{MCP_W}$ は式6-5と式6-16で求めることができるので，集団平均中心化した変数の分散・共分散を求めた後，$k^*/(k^*-1)$ でかけたもので計算することができる。具体的には，集団平均中心化した分散共分散に，3/(3−1)，つまり1.5をかければよい。すると，満足度の $\mathrm{MS_W}$ は0.639，発話量の $\mathrm{MS_W}$ は0.676，そして $\mathrm{MCP_W}$ は0.149となった。

ここまで準備ができれば，集団レベル相関および個人レベル相関を計算できる。式6-20から，

集団レベル相関係数は，

$$\text{集団レベル相関係数} = \frac{0.609 - 0.149}{\sqrt{1.689 - 0.639}\sqrt{1.597 - 0.676}} = 0.468 \qquad \text{式 6-22}$$

というように計算でき，0.468 となった。これは，HAD で計算した集団レベル相関係数とまったく同じである。

続いて個人レベル相関係数は，

$$\text{個人レベル相関係数} = \frac{0.149}{\sqrt{0.639}\sqrt{0.676}} = 0.227 \qquad \text{式 6-23}$$

となり，これも HAD で計算したものと同じになった。

マルチレベル相関係数の解釈

集団レベルの相関係数と個人レベルの相関係数の計算方法を解説したが，それぞれの相関係数をどのように理解すればいいのだろうか。従来使われてきたピアソンの相関係数とどのような違いがあるだろうか。

そもそも階層的データは，1 章で解説したように，集団レベルの変動と個人レベルの変動の 2 つが混在しているデータであった。

$$\text{変数の変動} = \text{集団レベルの変動} + \text{個人レベルの変動} \qquad \text{式 6-24}$$

このような階層的な構造をもつ 2 つの変数の相関係数は，同様に集団レベルの共変動と個人レベルの共変動の両方を含んでいる。

$$\text{変数間の共変動} = \text{集団レベルの共変動} + \text{個人レベルの共変動} \qquad \text{式 6-25}$$

普通の相関係数では，両方のレベルの効果が混在している，というのはまさに上の式で表現されている。マルチレベル相関係数は，従来の方法では分離できなかった個人レベルと集団レベルの 2 つの共変動を分離して，適切に推定しているのである。

因子分析モデルの例でみたように，個人レベルの変動（および共変動）は，集団という潜在因子の影響を取り除いた，残差の変動（および共変動）を意味していた。同様に分散分析モデルの例でもみたように，個人レベルの変動は集団平均値からの偏差の変動を意味していた。

このことから，個人レベルの変動は「集団レベルの変動を統制した変動」という意味であることが分かる。一方，集団レベルの変動は，因子分析モデルからわかるように，集団のメンバーに共通する変動を意味している。このことから，集団レベルの変動は「集団で共有された変動」を意味していることが分かる。

具体的に，課題の満足度と発話量（後期）の集団レベル，個人レベル相関の解釈をしてみよう。満足度と発話量の集団レベル相関は，集団メンバー 3 人に共有された満足度と発話量の相関を意味

している。すなわち，「課題中によく発言した集団メンバーは，全員が課題に満足をしていた」，という解釈になる。一方，個人レベル相関は，集団全体の効果を取り除いた個人の効果であるので，「他のメンバー（の平均）よりも相対的に多く発言したメンバーは，他のメンバーよりも相対的により満足していた」という解釈になる。

本節では，マルチレベル相関係数を概観し，その原理と計算方法，そして解釈の仕方について論じた。次節では，マルチレベルSEMの解説を行う前に，簡単にSEMの解説を行う。

2　構造方程式モデリングとは

構造方程式モデリングの基礎

構造方程式モデリング（以下SEM）は，簡単に言えば因子分析と回帰分析を同時に実行できる，多変量解析の手法の一種である。因子分析は項目の潜在変数を推定する方法で，回帰分析は2章で解説したように，変数間の因果関係を推定する方法である。これらを同時に実行することができるようになると，潜在変数間の因果関係などを推定することができるようになる。ここでは，回帰分析と因子分析との違いをみることで，SEMがどのような方法であるかを解説していこう。なお，SEMについてすでに詳しい読者は，本節は読み飛ばしてもらっても構わない。

SEMと回帰分析の一番の違いは，回帰分析が目的変数を1つしか設定できないのに対し，SEMでは目的変数を複数設定できることにある。また，目的変数が同時に説明変数となるようなモデルも設定することができる。たとえば，図6-6のようなモデリングをすることが可能となる。

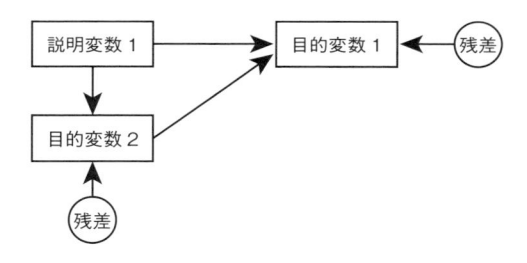

図6-6　SEMによる目的変数が2つあるモデリングの例

SEMでは，変数間の矢印のことを「パス」と呼ぶ。すなわち，図6-6では3つの変数に，3つのパスが引かれたモデルである，ということができる。パスとは，回帰分析でいうところの，回帰係数である。すなわち，目的変数1は，説明変数1と目的変数2によって説明されていることを意味している。そして，「説明変数1」のように，どの変数からもパスが引かれていない変数のことを「外生変数」と呼ぶ。一方，パスが1つでも引かれた変数のことを「内生変数」と呼ぶ。図6-6のモデルでは，外生変数が1つ，内生変数が2つのモデル，ということになる。

さらに，目的変数に丸で表記された「残差変数」からのパスが引かれている。残差変数とは，「説明変数から説明された以外の残った部分」，という意味で回帰分析における残差を変数として表わしたものであると理解すればよい。SEMでは，目的変数にはすべてこの残差からのパスがあるという仮定を置くのである。このことから，内生変数にはつねに残差からのパスがある，といえる。

また，SEMではすべての変数間にパスがなければならないわけではない。たとえば図6-7を見

てみよう．

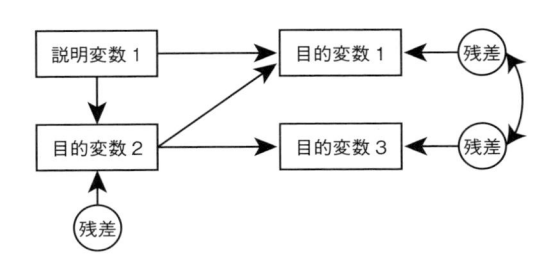

図 6-7 すべての変数間にパスが引かれていないモデル

　このモデルは，目的変数 1 と目的変数 3 の間にはパスではなく，それぞれの残差に双方向矢印が引いてある。これは，回帰ではなく共分散が仮定されていることを意味している。また，説明変数 1 と目的変数 3 の間にも，パスや共分散が引かれていない。このように，変数間に関連がないことも仮定することができるのである。なお，すべての変数間にパスや共分散が仮定されているモデルを，「飽和モデル」と呼ぶ。飽和モデルは，モデルとデータの距離が完全に等しいようなモデルである。

　次に，SEM と因子分析との違いを説明しよう。因子分析では斜交回転であっても，そこに相関を仮定するだけで因果関係は仮定しない。また，因子分析は因子が別の観測された変数に予測される，というモデルも想定することができない。それに対して，SEM ではたとえば，図 6-8 のような因子間，あるいは測定変数との因果関係を仮定したモデルを構築できる。

　SEM では，直接観測された変数は「観測変数」と呼び，四角で表す。一方，直接観測されない，

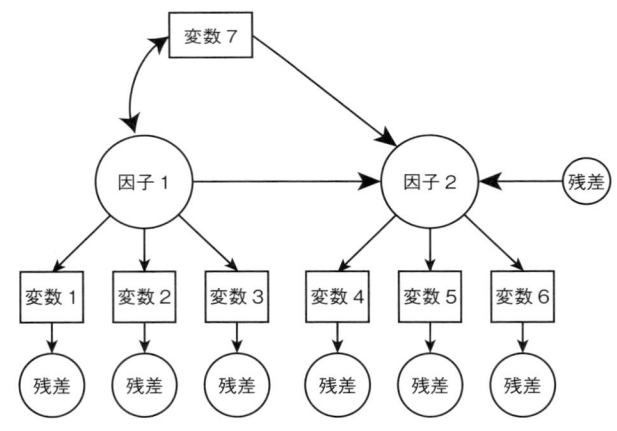

図 6-8 潜在因子間に因果関係が仮定されたモデル

潜在的な変数を「潜在変数」と呼び，丸で表現する。つまり，このモデルには 2 つの潜在変数と，7 つの観測変数が含まれていることになる。なお，残差変数も直接観測されていないので，潜在変数の一種である。

　潜在因子 1 は，変数 1 から変数 3 によって推定され，同様に潜在因子 2 は変数 4 から変数 6 によって推定されている。この 2 つの因子の間に因果関係を表すパスを引き，さらに別の観測変数 7 からもパスが引かれている。こういったモデリングは，因子分析と回帰分析の両方を同時に実行できる，SEM でしか推定できない。

　SEM の推定方法については本書の範囲を超えるので，詳細は解説しない。ただ，簡単に解説すると，SEM ではデータの分散共分散行列（分散を対角に，共分散を非対角に並べた行列，以下共

分散行列）を用いてモデルの推定を行う。たとえば，図6-8のモデルでは，変数1と変数2の共分散は，因子1からのパスの積によって表現されており，変数1と変数7の共分散は，因子1から変数1へのパスと，因子1と変数7の共分散の積で表すことができる。さらにいえば，変数1と変数4の共分散は，因子1から変数1のパスと，因子1から因子2のパスと，因子2から変数4のパスのすべての積で表現されている。このように，SEMではデータの共分散をパスや共分散，そして因子を用いて表現しなおし，そのモデルをできるだけデータの共分散行列に近くなるように推定しているのである。

　SEMのモデルと，共分散行列の間の関係は，図6-9のようなイメージである。まずローデータを共分散行列に変換し，モデルと共分散行列が最も近くなるように，パスや分散，共分散を推定するのである。ただし，近年のSEMはより複雑になっていて，カテゴリカルデータを扱うモデルや，欠損データを適切に処理する推定法などもSEMに含まれている。そのようなやや高度なモデルの推定には，共分散行列だけではなく，ローデータすべてが分析に必要とされる場合がある。

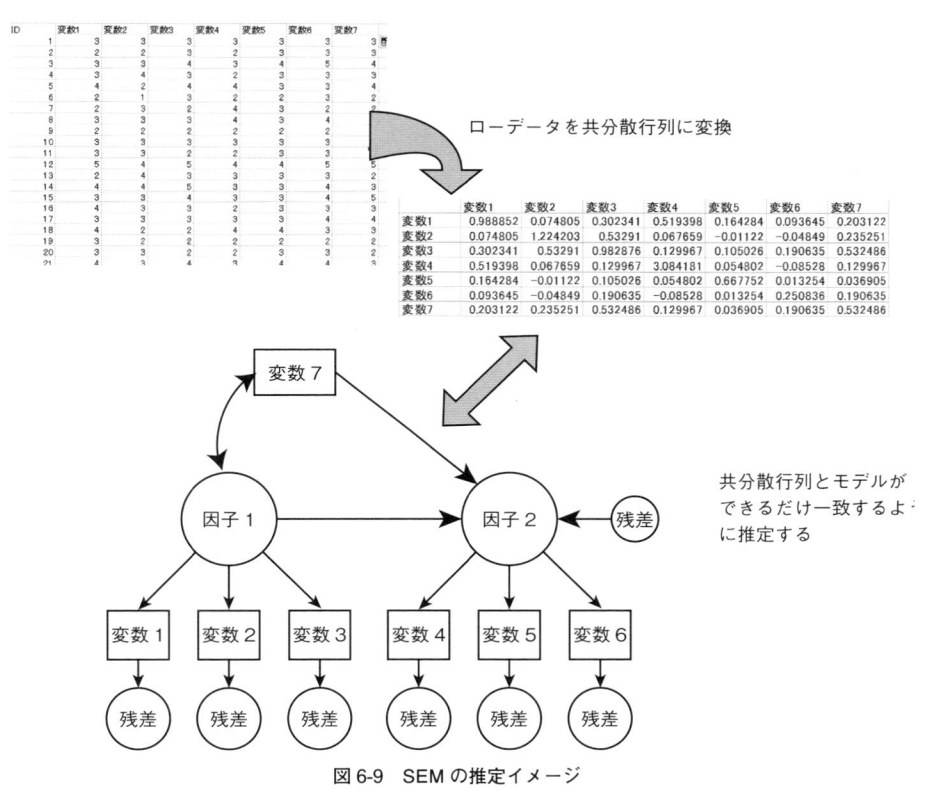

図6-9　SEMの推定イメージ

　またこのとき，モデルと共分散行列の距離を「適合度」と呼ばれる指標によって評価することができる。もしモデルが共分散行列をうまく表現していないなら，それは「モデルがデータに適合していない」ことを意味する。代表的な適合度指標に，GFI（Goodness Fit Index）や，CFI（Comparative Fit Index），そしてRMSEA（Root Mean Square Error of Approximation）などがある（豊田，1998）。

サンプルデータをSEMで分析する

　それでは，集団討議データを例に，簡単にSEMをデモンストレーションしてみよう。課題の満

足度が，課題中の発話量の多さによって予測されるモデルを考えてみる。ここで，課題前半の発話量と課題後半の発話量をそれぞれ測定しているので，前半と後半どちらの発話量が満足度に影響するかを検討してみよう。また，前半の発話量の多さは，後半の発話量にも影響していることが考えられるので，図 6-10 のようなモデルを検討することになる。

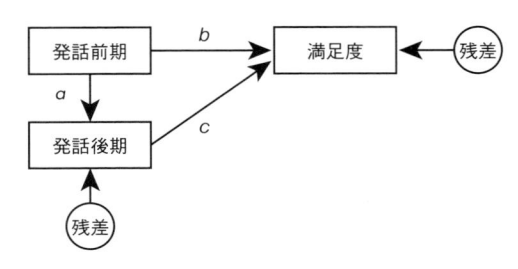

図 6-10 サンプルデータを SEM で分析する例

図 6-10 のモデルでは，発話量前期が外生変数，発話量後期と満足度が内生変数ということになる。そして，SEM では，分散と共分散をモデルに基づいてパラメータ化する。たとえば，発言後期の分散は，発言前期からのパスと残差からのパスの 2 つから説明される。それは，2 章で説明したように，回帰分析では目的変数の分散は説明分散と残差分散の和によって表現できることと同じである。よって，パス a（発話前期から後期へのパス）の 2 乗に発話前期の分散をかけたものが説明分散，残差変数の分散がそのまま残差分散となることから，

$$\text{発話後期の分散} = a\text{の2乗} \times \text{発話前期の分散} + \text{発話後期の残差分散} \qquad \text{式 6-26}$$

というように書くことができる。続いて，発話前期と後期の共分散は

$$\text{発話前期と後期の共分散} = a \times \text{発話前期の分散} \qquad \text{式 6-27}$$

というように書ける。次に，発話前期と満足度との共分散は，発話前期からの直接的なパスと，発話後期を経てからの間接的なパスの両方によって表現されるので，

$$\text{発話前期と満足度の共分散} = b \times \text{発話前期} \\ + a \times c \times \text{発話後期の分散} \qquad \text{式 6-28}$$

という式になる。発話後期の分散は，式 6-25 のとおりパス a と発話前期の分散と，発話後期の残差分散によって計算できるので，それを式 6-27 に代入すればよい。最後に満足度の分散は，発話前期からのパスと，発話後期からのパスによって構成される。

$$\text{満足度の分散} = b\text{の2乗} \times \text{発話前期の分散} \\ + c\text{の2乗} \times \text{発話後期の分散} \\ + 2 \times b \times c \times \text{発話前期と後期の共分散} \\ + \text{満足度の残差分散} \qquad \text{式 6-29}$$

となる。このように各変数間の分散と共分散をパラメータによって表現できるようになる。推定するべき未知のパラメータは，

　　発話前期の分散
　　パス a
　　パス b
　　パス c
　　発話後期の残差分散
　　満足度の残差分散

の6つである。一方，3変数の分散共分散行列では以下のように6つのデータがある（表6-1）。

表6-1　3変数の分散と共分散

	満足度	発話前期	発話後期
満足度	0.989		
発話前期	0.075	1.224	
発話後期	0.302	0.533	0.983

　未知パラメータも6つ，データも6つあるので，ちょうど方程式を解くことができる。もし，推定するべき未知パラメータが分散共分散の数よりも多ければ，推定することはできないので，パスや分散を固定するなどして，未知パラメータを減らさなければならない。逆に，データのほうが推定するパラメータ数よりも多い場合は，問題なく推定することができる。

　また，未知のパラメータ数とデータ数（分散と共分散の数）の差をモデルの自由度と呼ぶ。図6-10のモデルは推定する未知のパラメータとデータ数が等しいので，自由度は0である。もし，推定するパラメータのほうが少なくなると，その分自由度は大きくなる。すなわち，自由度が大きいほうが，よりデータに対して少ないパラメータで推定していることを意味している。SEMの適合度の多くは，できるだけ自由度が多いモデルで推定するモデルをよりよいモデルである，と評価する。よって，できるだけ少ないパラメータでできるだけデータに近いモデルを構築するのが望ましい。

　なお，SEMでは，モデルに含まれるパラメータによって共分散行列を再現するように推定するわけであるが，分散や共分散を推定パラメータの関数によって表現した式6-26から式6-29を総称して，共分散構造（covariance structure）と呼ぶ。SEMが別名，共分散構造分析と呼ばれるのはここからきている。

　SEMのパラメータの推定は，多くの場合，最尤法で行われる。最尤法では尤度（正確には対数尤度）を用いてデータと共分散行列の距離を定義し，最も尤度が大きくなるようにパラメータを推定する（尤度が大きいほど距離が小さい）。今回のモデルは以下のように推定された。

　　発話前期の分散 = 1.220
　　パス a = 0.435
　　パス b = −0.095
　　パス c = 0.359
　　発話後期の残差分散 = 0.748

満足度の残差分散 = 0.884

推定されたパラメータから，元の分散や共分散が再現されるかを確認しておこう。まず，発話後期の分散は式 6-26 から，

$$0.435^2 \times 1.220 + 0.748 = 0.979 \qquad \text{式 6-30}$$

となり，元の分散である 0.983 にかなり近い値となっている。次に，発話前期と後期の共分散は，

$$0.435 \times 1.220 = 0.531 \qquad \text{式 6-31}$$

と，元の 0.533 をかなり再現している。最後に満足度の分散を計算してみると，

$$-0.095^2 \times 1.220 + 0.359^2 \times 0.979 + 2 \times (-0.095) \times 0.359 \times 0.531 + 0.884 = 0.985 \qquad \text{式 6-32}$$

となり，データの満足度の分散 0.989 とかなり近くなった。このように，SEM では共分散行列に基づいて，モデルが最も近くなるようにパラメータを推定していることがわかるだろう。

3　マルチレベル SEM とは

前節の解説を踏まえて，本節ではマルチレベル SEM について解説する。

マルチレベル SEM は，SEM をマルチレベル分析に対応させた手法である。よって，数学的にも非常に高度なモデリングが必要となる。しかし，ミューテン（Muthén, 1994）はマルチレベル SEM を従来の SEM 上で表現する簡便的な推定方法を提案した。その推定方法を Muthén 最尤法と呼ぶ（狩野・三浦，2002）。Muthén 最尤法は，6-1 節で解説したマルチレベル相関係数の概念をそのまま SEM に応用する方法であるので，本章まで読んできた読者にとっては比較的わかりやすい方法かもしれない。よって本節では，この Muthén 最尤法によるマルチレベル SEM を解説する。なお，Muthén 最尤法によるマルチレベル SEM は 4 章で紹介した HAD で実行することができる。また，Muthén 最尤法の数学的な話については，豊田（2000）や狩野・三浦（2002）が詳しい。

2 つのレベルのモデル

マルチレベル SEM と SEM が最も違う点は，SEM が 1 つのモデルを推定するのに対して，マルチレベル SEM では集団レベルのモデルと，個人レベルのモデル，2 つを推定する点である。マルチレベル SEM では，集団レベルと個人レベルそれぞれについて独立してモデリングを行うのである。

数学的な話の前に，一度サンプルデータを使って例を挙げてみよう。集団討議データの発話量前期と発話量後期，そして課題の満足度を図 6-10 のように分析することを考える。ただし，6-1 節で述べたように，これらのデータは集団内で類似性が存在しており，本来は従来の方法で分析すると統計的検定や解釈の観点から問題があった。この問題を解決するためには，集団レベルの共分散行

列と個人レベルの共分散行列の2つを推定しそれぞれに基づいてパスモデルを構築すれば，検定と解釈の両方の問題を回避することができる。これがマルチレベル SEM の基本的な発想である。

集団レベルと個人レベルのそれぞれのモデルを Muthén 最尤法によって推定すると，図 6-11 のようになった。結果をみると，集団レベルでも個人レベルでも，課題の満足度に対しては実験後半の発話量が有意な効果をもっていた。一方，実験前半の発話量が後半の発話量に与える影響は，集団レベルでは有意ではなく，個人レベルのみ有意であった。このことから，発話量が満足度に与える影響は，集団レベルについては，実験後半に多く発言していたグループは全員の満足度が高く，個人レベルについては，実験後半にほかのメンバーより多く発言していた人は，ほかの人よりも満足度が高い，という解釈が可能である。また，発話前期から後期への効果については，実験前半に多く話していた人は，後半にも多く話す傾向にあるが，実験前半に多く話していたグループが，後半にも多く話していたとは限らないことがわかった。つまり発話量は個人内では一貫した傾向があるが，集団単位となると，時間経過によって盛り上がったり，そうでなくなったりといった変化が大きいことがわかる。

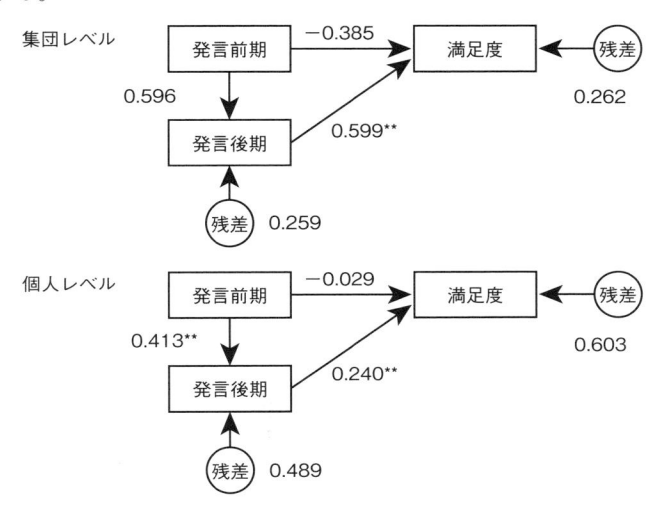

図 6-11 マルチレベル SEM の推定結果

このように，マルチレベル SEM では，マルチレベル相関係数の解釈を拡張し，因果関係についても解釈することができるようになる。逆にいえば，違っているのはそれだけで，基本的にはマルチレベル相関係数と同様に理解することができる。

2つの共分散行列

SEM ではデータから計算した共分散行列に近くなるようにモデルを推定した。一方，Muthén 最尤法では，データを集団平均値の共分散行列と，集団平均で中心化したデータの共分散行列，の2つに変換することから始まる。そして，この2つの共分散行列に近くなるように，集団レベルと個人レベルの2つのモデルを推定するのである。

ただし，集団平均値の共分散行列がそのまま集団レベルの共分散行列となるわけではない。6-1 節で解説したように，集団平均値は集団レベルの情報だけではなく，個人レベルの情報も含まれている。ここで式 6-6 を分散から共分散行列に拡張して表現しなおしてみると，式 6-33 のようになる（豊田, 2000）。なお，Σ_{MSB} は集団平均値の共分散行列，Σ_B は真の集団レベルの共分散行列，そし

て Σ_W は個人レベルの共分散行列を意味している。

$$\sum\nolimits_{MSB} = k^* \sum\nolimits_B + \sum\nolimits_W \qquad \text{式 6-33}$$

すなわち，集団平均値の共分散行列は，真の集団レベルの共分散行列に集団内人数である k^* をかけたものと，個人レベル共分散行列の和によって構成されているのである。よって，真の集団レベルの共分散行列は，

$$\sum\nolimits_B = \frac{\sum\nolimits_{MSB} - \sum\nolimits_W}{k^*} \qquad \text{式 6-34}$$

というように計算することができる。なお，個人レベルの共分散行列は，集団平均中心化した変数間の共分散行列に $k^*/(k^*-1)$ をかけたものである。

この式 6-34 に基づいて，集団レベルと個人レベルの共分散行列に変換し，集団レベルと個人レベルのそれぞれのモデルを推定するのが，Muthén 最尤法によるマルチレベル SEM である。この関係を図で表すと，図 6-12 のようなイメージとなる。

このように，マルチレベル相関係数と同じ要領で，真の集団レベルと個人レベルの効果を SEM によって推定するのが，マルチレベル SEM である。これを具体的にどのように推定するかについては，8 章で簡単に解説する。

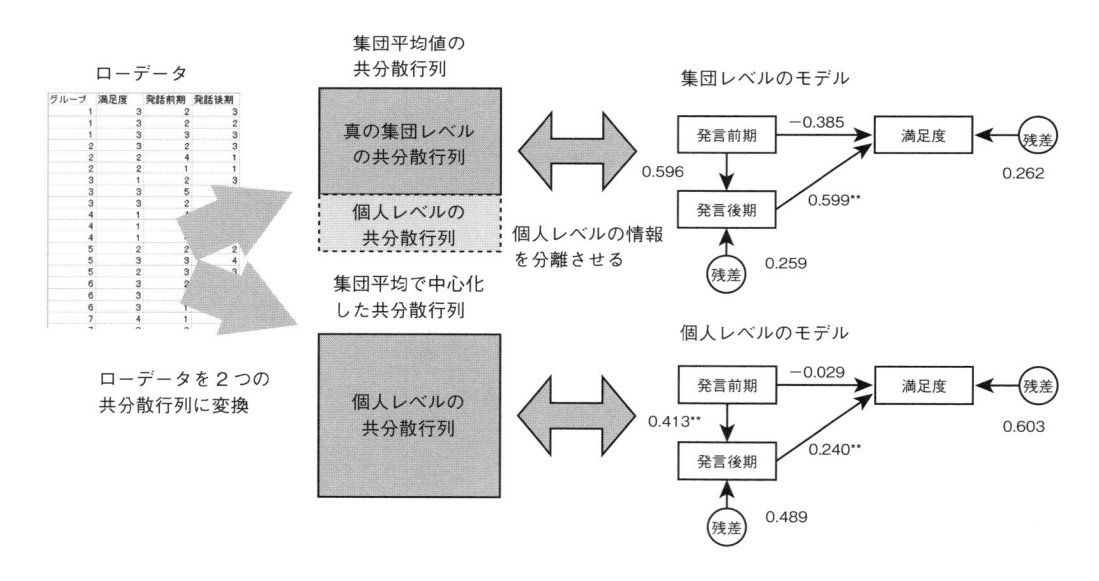

図 6-12 Muthén 最尤法によるマルチレベル SEM のイメージ

4 マルチレベル SEM に関するいくつかの疑問点

これまで，マルチレベル相関係数やマルチレベル SEM について解説してきた。以降では，これらの分析法を理解する助けとなるであろう，いくつかの疑問点について筆者なりの回答を書いておく。

マルチレベル SEM における個人レベル・集団レベルの解釈

　マルチレベル SEM の推定結果も，基本的にはマルチレベル相関係数と同じような解釈をすることができる。図 6-11 のような推定結果の場合，集団レベルのモデルは発話量が多いグループは全体に満足度が高いことを意味し，個人レベルのモデルは，発話量が相対的に多い人は，ほかの人より満足する，という解釈ができる。

　しかし，読者によっては，マルチレベル相関係数も，マルチレベル SEM も，集団レベルと個人レベルのモデルがそれぞれ独立に推定されることに違和感を覚える人もいるかもしれない。それは，集団レベルの変数が個人レベルの変数に影響を及ぼす（あるいはその逆の）プロセスを検討できないのか？　という疑問である。たとえば，筆者が専門としている社会心理学では，個人同士の相互作用が，集団全体を変えるといったマイクロマクロダイナミクスに関心をもつ研究者が多い。そのような問いは，マルチレベル SEM では検討できないのだろうか？

　ここで重要なのは，分析の単位としての個人 − 集団と，概念の単位としての個人 − 集団が厳密には一致していない，という点である。マイクロマクロダイナミクスに興味がある研究者は，概念の単位としての個人と集団の関係性を指しているのに対し，マルチレベル SEM における個人・集団レベル（Within レベル・Between レベル）とは，分析の単位を指している。

　具体的に，概念における個人・集団と，分析における個人・集団の違いを考えてみよう。たとえば集団討議データの場合，課題の満足度は個人ごとに測定されるものであるので，概念的には個人レベルである。しかし，マルチレベル SEM では満足度の集団間変動を集団レベル，集団平均からの偏差の変動を個人レベルと定義しているため，満足度には集団と個人両方のレベルが存在することになる。このように，概念的には個人レベルでも，分析上ではその集団レベルの効果を推定することができる，ということになる。

　ここで集団成績のような集団レベルの変数が，個人レベルの変数を予測するという，マクロな変数がマイクロな変数に影響するプロセスを検討したいとしよう。その場合，集団成績が課題満足度の集団間変動を予測するという（分析上の）集団レベルのモデルを推定することで明らかにすることができる。また同様に，集団メンバーの発話量が集団成績を予測するという，マイクロな変数がマクロな変数に影響するプロセスを検討する場合，発話量と集団成績についての（分析上の）集団レベルのモデルを推定すればよい。これらはどちらも分析上は集団レベルのモデルだけを推定していることになるが，概念上では個人と集団の影響関係を明らかにしているといえるのである。

　ここでもう少し説明を付け加えよう。これまで分析上の集団レベルと個人レベルの違いを区別してこなかった従来法では，集団間変動について十分に解釈が行われてこなかったといえるかもしれない。たとえば発話量と集団成績の相関があることが分かったとしても，それがただ単に集団の中の 1 人が多く発話をすればいいことを意味しているわけではないことは，これまでの解説から明らかである。発話量の集団間変動が集団成績を向上させるのに寄与するのであるから，集団メンバーの相互の会話量を高めるような工夫が必要なはずである。このことは，マルチレベルモデルだけではマイクロマクロダイナミクスを明らかにするのは十分でないことも意味しているといえる。なぜなら，集団単位の発話量の高さを支えるものが何であるかについては，マルチレベルモデルはなにも教えてくれないからである。それは，各分野の実質的な科学的知見によって理解，解釈されなければならない問題である。

　このように考えると，マルチレベルモデルが個別科学の理論的な解釈の幅を広げる可能性があることも同様に考えられる。これまでは集団単位の変動を適切に扱える方法論がなかったために，理

論の検証が難しかったものも，マルチレベルモデルを使えば直接的に検討できる可能性があるからである。そのような可能性の具体例としては，たとえば清水・大坊（2008）などで展開されている。彼らは親密な関係性を，間主観的に共有された信念としてとらえ，その仮説をマルチレベルモデルで検証できることを示している。

HLM とマルチレベル SEM の違い

　同じマルチレベル分析である，HLM とマルチレベル SEM の違いは，多くの読者が気になるところだろう。ここでは，HLM との違いを明確にすることによって，マルチレベル SEM の特徴をより詳しく説明していこう。

　HLM は 2 章で解説したように，1 つの目的変数に対して，個人レベル，集団レベルの説明変数からの影響を検討する方法であった。一方，マルチレベル SEM は SEM の発展形であるので，目的変数は複数でもよく，場合によっては潜在因子なども仮定することができる。このように，目的変数が 1 つに限らない，柔軟なモデルを構築できるところが最も異なる点である。

　しかし，マルチレベル分析という観点からみたとき，HLM とマルチレベル SEM の本質的な違いは，実は説明変数の扱い方にある。HLM では説明変数は集団平均中心化を施すことによってレベル 1 の変数を作成し，また集団平均値を用いることでレベル 2 の変数を作成していた。しかし，レベル 2 の変数を集団平均値で代用することは，本章で解説したように厳密には純粋な集団レベルの効果を推定する場合には不適切である。

　その理由はすでに 2 章で述べたが，集団平均値に個人レベルの情報が混在することが原因である。HLM で集団平均値をレベル 2 のモデルに含める場合，集団平均の信頼性がとても重要な意味をもつ。集団平均の信頼性が低いと，集団平均値には集団レベルの情報だけではなく，個人レベルの情報も多く含んでしまうことになる。もし個人レベルの効果が完全に 0 の場合は集団レベルの効果が希薄化によって小さく推定されてしまうだけだが，個人レベルの効果が大きい場合，その効果は集団平均値の効果としても現れてしまう。すなわち，仮に集団レベルの効果が完全に 0 であっても，個人レベルの効果があれば，集団平均値を HLM に投入した場合に得られる効果は 0 ではなくなり，場合によっては統計的に有意と判断されてしまうこともある。ただし，集団平均の信頼性は，級内相関と集団内人数の多さによって決まるので，どちらか，あるいは両方が十分高い場合は，これらのバイアスの問題はそれほど深刻にはならない。

　それに対して，マルチレベル SEM では説明変数も目的変数と同様に，真の集団レベルの分散をすべての情報を使って推定することができるようになる。よって，より正しい推定ができるようになるのである。このイメージを図で表すと，図 6-13 のようになる。すなわちマルチレベル SEM は個人レベルの情報を含まない，純粋な集団レベルの効果を推定することができるのである。

　それでは，実際に HLM と同じモデルをマルチレベル SEM で推定してみよう。ここでは，課題の満足度に対して，発話量後期と集団成績で予測するモデルを考えてみる。HLM では，発話量後期を集団平均で中心化した得点をレベル 1 に，集団平均値をレベル 2 に投入する。集団成績はもともと集団レベルの変数なので，レベル 2 にそのまま投入し，最尤法で推定した。一方マルチレベル SEM では，発話量後期と集団成績を説明変数とするパスモデルを構築し，Muthén 最尤法で推定した。なお，両方とも係数の変量効果は推定していない。両者の推定結果は以下のようになった。かっこ内は標準誤差を意味している。

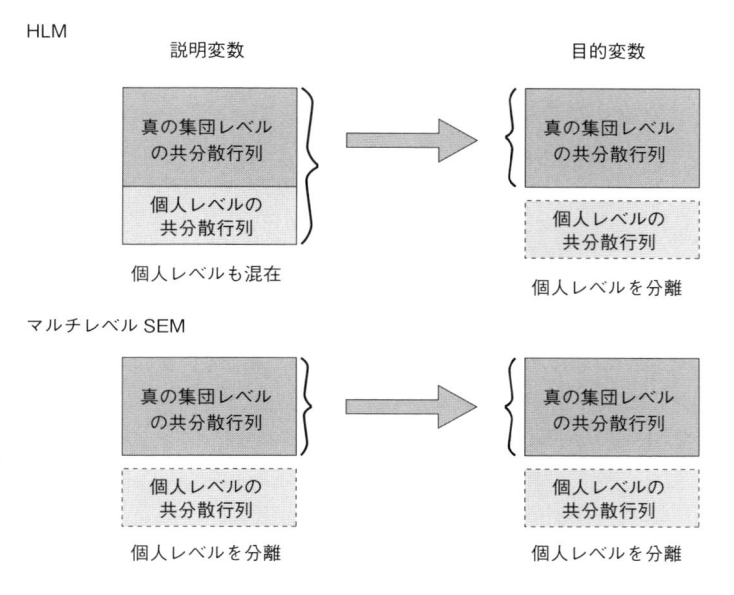

図6-13 HLMとマルチレベルSEMの違い

HLM
個人レベル
　発話量後期の係数 = 0.220(0.067)
　残差分散 = 0.604(0.060)

集団レベル
　発話量後期の係数 = 0.334(0.089)
　集団成績の係数 = 0.154(0.037)
　残差分散 = 0.211(0.062)

マルチレベルSEM
個人モデル
　発話量後期の係数 = 0.220(0.067)
　残差分散 = 0.604(0.060)

集団モデル
　発話量後期の係数 = 0.435(0.163)
　集団成績の係数 = 0.150(0.037)
　残差分散 = 0.209(0.063)

　上の結果から，個人レベルの推定値はまったく同じであることがわかる。しかし，集団レベルでは，発話量後期の係数および標準誤差が異なっているのがわかる。係数はマルチレベルSEMのほうが大きく，また標準誤差もマルチレベルSEMのほうが大きくなっている。係数がHLMよりもマルチレベルSEMで大きくなっているのは，HLMでは集団平均値に個人レベルの分散が含まれているためである。今回は個人レベルの効果が集団レベルより小さいため，集団平均の効果も小さくなっているが，仮に個人レベルの効果の方が大きい場合は，HLMのほうがマルチレベルSEMより大きく推定されてしまうこともある。どちらにしても，マルチレベルSEMのほうがより妥当な推定結果を返してくれる。

　ただ，仮に集団内人数がHSBデータのように50人程度と多く，集団平均の信頼性が高い場合には，集団平均値に含まれる個人レベルの分散が小さくなるため，HLMとマルチレベルSEMの結果はかなり近くなる。集団討議データのような，集団内人数が3人と小さく，集団平均の信頼性が低い場合（a =0.581），上のような違いが生じるのである。

　このように，HLMとマルチレベルSEMはいくつかの違いがあるが，実はマルチレベルSEM上でHLMを再現することができる。たとえば上のモデルをマルチレベルSEMのソフトウェアで

推定することができるうえに，HLM で説明したような，回帰係数の集団間変動も，マルチレベル SEM で同様に推定することができる（ただし，Muthén 最尤法では推定できない）。よって，マルチレベル SEM は HLM の上位モデルとして理解することもできるのである。

ただし，HLM とマルチレベル SEM では，推定法に違いがある。たとえば，HLM では制限つき最尤法によって，分散成分が不偏推定量になった。しかし，マルチレベル SEM のソフトウェアでは最尤法が中心で，制限つき最尤法は基本的には選択できない。よって，マルチレベル SEM と HLM の結果を比較する場合は，最尤法を選択しなければならない。

マルチレベル SEM は HLM の上位モデルである，と述べた。すなわち，マルチレベル SEM でしか表現できないモデルも存在する。たとえば，HLM では回帰係数の集団間変動は，目的変数にはなりえるが，それによってほかの変数を説明することはできない。しかし，マルチレベル SEM では回帰係数の集団間変動が他の変数を予測する，というモデルを構築することができる。そのほか，マルチレベル SEM では，潜在因子を仮定したモデルや，媒介分析など，HLM では表現できない多様なモデリングを行うことができる。次章で述べる Mplus を用いれば，これらの高度な分析が可能となる。

Muthén 最尤法と完全情報最尤法の違い

Muthén 最尤法によるマルチレベル SEM は，SEM の下位モデルとして推定する手法である。本書では，理解しやすさから Muthén 最尤法に基づいてマルチレベル SEM の紹介を行った。しかし，本来のマルチレベル SEM は通常の SEM の上位モデルであり，実際の数理的な特徴は SEM よりも複雑である。

Muthén 最尤法は，集団平均データと集団平均中心化したデータの分散共分散行列を先に計算し，そのあと SEM によって推定する方法である。この方法は，SEM の下位モデルとして表現できるので，利用可能性が高いというメリット（つまり SEM のソフトウェアで実行可能）はあるが，いくつかの制限がある。それは，1. 欠損データの推定ができない，2. 集団内人数が等しくない場合，やや推定値が異なる，3. 回帰係数の変量効果の推定ができない，4. 頑健な標準誤差の推定ができないなどが挙げられる。

回帰分析などはデータに欠損がある場合，そのサブジェクトを除外して分析することが一般的である。しかし，SEM では内生変数が複数ある場合，欠損していないデータを用いて欠損部分を推定することができる。そのような欠損値推定法にはさまざまな手法があるが，なかでも効率がよいとされているのは完全情報最尤法である。完全情報最尤法は，欠損していないデータをすべて用いて尤度を計算するため，最も無駄がない推定法であり，また特定の条件下では精度がよい手法であることが知られている。Muthén 最尤法は事前に共分散行列を計算しないといけないため，この推定法を用いることができない。

2 番目と 3 番目に挙げた欠点も，Muthén 最尤法が簡便法であるための制限であり，本来はすべてのデータを用いてマルチレベル SEM を直接行うほうがよりよい推定を行うことができ，また変量効果の推定など，幅広いモデルを構築できるようになる。

これらのことから，全データが手元にあるなら，Muthén 最尤法ではなく，完全情報最尤法によってマルチレベル SEM を実行したほうがよい。ただし，完全情報最尤法では収束しない場合などもあるため，Muthén 最尤法を 1 つの選択肢として知っておくのは重要である。また，完全情報最尤法によるマルチレベル SEM を実行できるソフトウェアは限られている。有名なソフトでは

Muthén が作成した Mplus がある。Mplus によるマルチレベル SEM は次章で解説する。また，筆者の作成した HAD では，完全情報最尤法によるマルチレベル SEM は実行できないが，Muthén 最尤法によるマルチレベル SEM を実行できる。これについては 8 章で解説する。

マルチレベル構造方程式モデルを用いた日本語の論文

　初学者にとって，日本語で書かれた論文を読むことは，自身で分析し，論文を執筆するときに大いに役立つだろう。ここではいくつかのマルチレベル SEM を用いた文献を紹介しよう。ただし，筆者の専門分野に偏っていることはご容赦願いたい。

　まず清水・大坊（2008）は，カップルデータに対してマルチレベル SEM を適用した論文である。関係性を個人の心理学的な特性ではなく，関係レベルで考察する必要性を論じ，マルチレベル SEM を利用している。同様に浅野・吉田（2011）や浅野（2011）もカップルに対してマルチレベル SEM を適用したものである。関係効力性という関係レベルの構成概念を仮定し，親密な対人関係にある個人の適応性を予測することを検証した。

　続いて，尾関・吉田（2011）は集団データに対してマルチレベル SEM を適用した。集団アイデンティティを個人レベルと集団レベルに分けて考察し，そのモデルを検証可能なものとしてマルチレベル SEM を利用している。理論的な考察と方法論を結びつけている点が独創的である。

　安田・中澤（2012）は個人の反復測定データに対してマルチレベル SEM を利用している。Within レベルとして反復測定データを，Between レベルとして個人のパーソナリティ変数を用いている。

第 7 章

マルチレベル構造方程式モデリングの実践
Mplus による分析

　6 章では，マルチレベル SEM の理論的な解説を行った。本章では，実際にソフトウェアを使ってマルチレベル SEM を実行する方法について解説する。

　最初に挙げるのが，Mplus である。このソフトウェアはマルチレベル SEM を完全に実装しており，また使い勝手がよいこと，デモ版が無料で手に入ることから，マルチレベル SEM を実際に分析するうえで，よいソフトウェアである。

　次に紹介するのが 4 章で紹介した HAD によるマルチレベル SEM である。HAD は階層線形モデルだけではなく，SEM，そしてマルチレベル SEM を実行できる。ただし，Mplus と比較して完全情報最尤法によるマルチレベル SEM には対応していないので，一部実行できない分析もある。

1　Mplus とは

Mplus デモ版をダウンロードする

　Mplus は，ミューテン（B. Muthén）という統計学者が作成した，構造方程式モデリング用のソフトウェアである。Mplus はマルチレベル SEM 以外にも，さまざまな手法で分析することができるが，本書の範囲を超えるので，マルチレベル SEM 以外の手法については他書を参照してほしい。Mplus の日本語の解説書として，小杉・清水（2014）がある。

　Mplus は HLM7 や SPSS のような GUI（グラフィカルユーザーインターフェイス）ではなく，CUI（キャラクターユーザーインターフェイス）と呼ばれる，文字入力によって命令するタイプのソフトウェアである。そのため，最初は HLM7 や SPSS に比べてとっつきにくく感じるかもしれない。また，入力はすべて英語のみで日本語は利用できない。とはいえ，変数名をアルファベットにすればいいだけで，英文法を理解していなくても利用することはできる。

　このように Mplus は使用するにはやや敷居の高さを感じるかもしれない。しかし，本章で解説するように，マルチレベル SEM についてすべての機能が利用でき，またマルチレベル SEM 以外にも高度な統計分析ができるという点で，利用する価値はある。

　ただし，本書では，Mplus によるマルチレベル SEM の実行方法を解説することが目的なので，Mplus の基本的な使い方については，簡単にしか解説をしない。詳しい Mplus の使い方については，日本語の解説書（小杉・清水編著『Mplus と R による構造方程式モデリング入門』，2014）があるので，それらを参照してほしい。

　Mplus は商用ソフトなので当然有料だが，練習用ということでデモ版が無料で利用できる。デモ版は使用できる変数の数に制限があるが，それ以外はすべての機能が利用できる。本書ではこのデ

モ版を用いてマルチレベル SEM を実行する方法を解説しよう。

　Mplus デモ版は Muthén のサイト（http://www.statmodel.com/）からダウンロードすることができる。図 7-1 の左側にある MPLUS DEMO VERSION をクリックすると，ダウンロードページに行くことができる。オペレーティングシステムごとのインストール方法が書いてあるので，それにしたがってインストールをしよう。なお，PC が 32 ビット版か 64 ビット版かによって，インストールするファイルが異なるので注意しよう。また本書執筆時点（2014 年 5 月）での Mplus の最新バージョンは ver7.2 である。

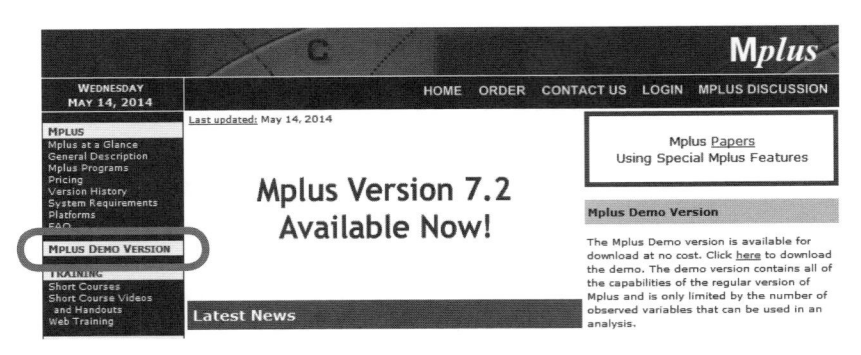

図 7-1　Mplus のサイトからデモ版をダウンロード

Mplus で分析するための準備

　Mplus をインストールして，Mplus を立ち上げると図 7-2 のような画面が表示される。初めは真っ白な画面のみが表示されて，何をすればいいか戸惑うかもしれない。しかし順を追っていけば簡単に分析ができるので安心してほしい。ただ，筆者は Windows ユーザーなので，ファイル保存などの解説は Windows に限ったものになる点は，ご容赦願いたい。

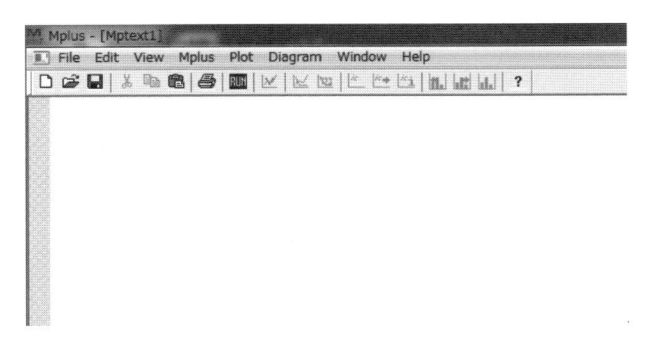

図 7-2　Mplus を起動したときに表示される画面

　まずは Mplus で分析するためのフォルダを作成しよう。Mplus は日本語に対応していないため，ファイルのパス（ファイルの場所を示す C:\~ という文字列）に日本語が含まれるとうまく読み込んでくれない。そこで，ここではパスに日本語が入らないよう，C ドライブに Mplus 分析用のフォルダを "mplus" という名前で作成することにしよう。これから作成するデータファイルは，この C ドライブに作成した "mplus" というフォルダに保存するようにしよう。

　次にデータファイルを作る。Mplus にデータを読み込むときは，まずデータをテキストファイルに保存する必要がある。ここでは集団討議データを，変数名は含めずデータだけコピーして，テキ

ストファイルに張り付けよう（図7-3）。変数名はあとで分析用のファイルに入力する。

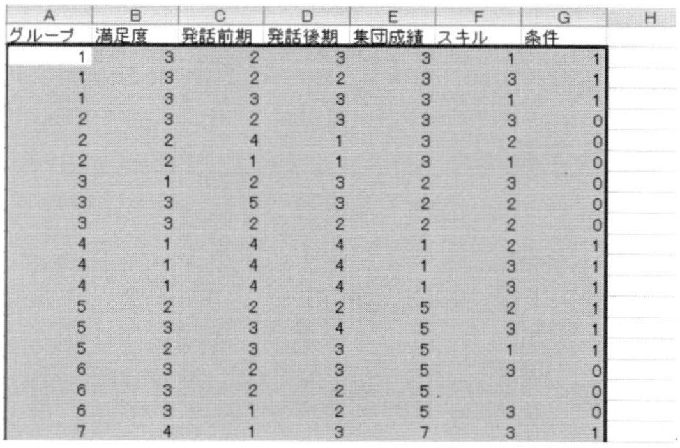

図7-3 Mplusにデータを読み込むときは，変数名を入れないように注意

　データの入ったファイルのファイル名を"sampledata.dat"としよう。拡張子は".txt"でも構わないが，Mplusではデータファイルは".dat"という拡張子がデフォルトとなっている。もし特にこだわりがなければ，".dat"を利用することをお勧めする。もし拡張子を表示しない設定にしている場合は，とりあえず"sampledata"と名前をつけておこう。ただしその場合は，自動的に拡張子が".txt"で保存される。データファイルの保存先は，先ほど作った，"mplus"フォルダに保存する。よって，データファイルは"C:\mplus\sampledata.dat"というパスになるはずである。

　次に，Mplusの入力ファイルと出力ファイルについて説明する。Mplusはデータファイルとは別に，入力ファイル（input file）を用意し，そこに分析の情報を入力する。入力ファイルは".inp"という拡張子のファイルである。そして分析結果が出力されるファイルを，出力ファイル（output file）と呼び，入力ファイルと同じ名前に".out"という拡張子がついて保存される。

　Mplusを開いた状態では，"Mptext1"という入力ファイルが表示されている。まず，名前を変えて入力ファイルを保存してみよう。ここでは，"sample1"という名前で保存する。保存場所は，先ほどと同じ，"mplus"フォルダである。

　保存できたら，さっそくコードを書いていこう。Mplusでは書く文章をすべて半角アルファベットと半角数字，半角記号のみで入力する。日本語や全角記号，全角スペースなどを用いることができないので注意する必要がある。また，文章の最後には必ずセミコロン"；"をつける。セミコロンがないと，分析が走らず，エラーが表示される。

　Mplusには大きく分けて5つのコマンドを入力する。それは，DATAコマンド，VARIABLEコマンド，ANALYSISコマンド，MODELコマンド，そしてOUTPUTコマンドである。

　DATAコマンドは，データファイルを指定する場所である。用いるデータファイルのパスを書くことで，読み込むことができる。また，もし入力ファイルとデータファイルが同じフォルダにあるなら，ファイル名を書くだけでもよい。

　VARIABLEコマンドでは，データに含まれている変数に名前をつけ，また分析に用いる変数の名前を入力する。もし，データ数と変数名の数が一致していないとエラーになるので注意しよう。

　ANALYSISコマンドには，分析の設定を記述する。分析の種類や推定方法，収束基準などを入力する。何も書かなかった場合，すべてデフォルトの設定で実行される。

　MODELコマンドは，SEMのモデルを指定する。回帰式はon，共分散はwith，因子分析はbyを使って記述する。詳細は後述する。

OUTPUT コマンドでは，出力の設定を行う。標準化係数や修正指標などを表示したい場合にここに記述する。

2 Mplus で SEM を実行する

それでは，まずは6章で解説した簡単なパスモデル（図7-4）を Mplus で推定してみよう。以下のようにコードを書く。

```
TITLE:   SEM example

DATA:
  FILE = "sampledata.dat";

VARIABLE:
  NAMES = group sat talk1 talk2 per skill con;
  USEVARIABLES = sat talk1 talk2;
  MISSING = .;

ANALYSIS:
  TYPE = GENERAL;
  ESTIMATOR = ML;

MODEL:
  talk2 on talk1;
  sat on talk1 talk2;
  talk1;

OUTPUT: STAND (STDYX);
```

上からそれぞれ解説しよう。

TITLE は好きな文章を書けばよい。何の分析をしているのかを簡単に書くといいだろう。

DATA コマンドは，データファイルを指定している。入力ファイルと同じフォルダに入れているので，ファイル名だけを指定している。注意が必要なのは，inp ファイルと同じフォルダに dat ファイルを入れる必要があることである。

VARIABLE コマンドは，データに含まれているすべての変数名を"NAMES"で指定する。次に，分析で使用する変数，ここでは満足度，発話前期，発話後期の3つ，を指定している。MISSING には欠損値記号を指定する。ピリオドを用いているので，"."を指定している。

ANALYSIS コマンドには，分析のタイプを指定する。上の例では普通の SEM を推定しているので，"GENERAL"と書く。GENERAL は，一般的な SEM のプロシージャである。後で述べる

ように，マルチレベル SEM の場合は，"TWOLEVEL" と入力する。ESTIMATOR は推定方法を記述する。最尤法の場合は ML である。また，頑健な標準誤差を推定するロバスト最尤法を選択したい場合は，MLR と書けばよい。SEM の場合のデフォルトは ML なので，何も書かなければ自動的に最尤法が選ばれる。ただし，後述するように，マルチレベル SEM の場合はデフォルトが異なり，MLR となる。

MODEL コマンドには，パス図を式で表している。もう一度パス図を図 7-4 に記しておこう。

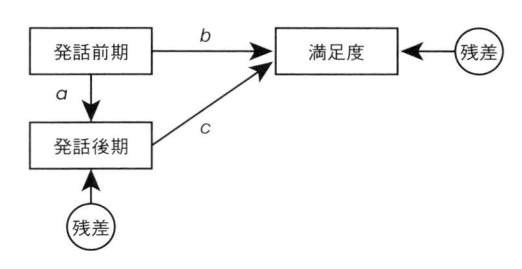

図 7-4 満足度を実験前半と後半の発話量で予測するモデル

最初の，"talk2 on talk1;" とあるのは，パス a を意味している。式の "on" は，回帰する，という意味である。つまり，発話後期に対して発話前期で回帰する，という意味である。次に，"sat on talk1 talk2;" という式は，パス b とパス c を記述したものである。具体的には，満足度に対して発話前期と発話後期によって回帰する，という意味である。最後に，"talk1;" とだけあるのは，発話前期の分散を推定する，という意味である。もしこれを書かなかった場合，talk1 は最尤法で推定せず，データの分散をそのまま用いる。

最後に，OUTPUT コマンドにある「STAND (STDYX) ;」とあるのは，標準化係数を出力する，というオプションである。

もしコードを間違えていたら，エラーが表示される。そのときは，エラーメッセージを見てどこを間違えているかを確認し，コードを書き直そう。大抵の場合は，セミコロンがない，使用変数に指定していない変数がモデルで用いられている，スペルミス，などがエラーの原因である。そのあたりをチェックしてみよう。

このコードを走らせると，図 7-5 のような結果が出力される。

最初に出力されるのは，入力したモデルである。続いて，図 7-5 のように適合度指標が表示される。今回のモデルは，自由度が 0 なので，モデルとデータが完全に一致する。よって，χ^2 値は 0 であり，適合度は CFI が 1 に，RMSEA は 0 となる。なお，CFI は 0.95 以上，RMSEA は 0.05 以下がよい当てはまりの基準である，と考えられている。また SRMR も 0.05 以下のモデルが当てはまりがよいとされている。

次に，モデルの推定結果が表示される。"Estimate" は推定値，"S.E." は標準誤差，"Est./S.E." は検定統計量である Z 値，そして最後は p 値である。結果をみると，発話量後期は満足度に有意な正の効果があるが，発話量前期は有意ではなかった。また，発話量前期は発話量後期に対して，有意な正の効果があった。

この結果の下には，標準化された係数が表示されている。標準化係数と非標準化係数の有意性検定結果は，少し異なる場合がある。どちらを採用すればよいか迷ったときは，非標準化係数の結果を報告するとよいだろう。

```
MODEL FIT INFORMATION

Number of Free Parameters                        9
Loglikelihood

        H0 Value                         -1244.986
        H1 Value                         -1244.986                MODEL RESULTS

Information Criteria                                                                              Two-Tailed
                                                                          Estimate    S.E.   Est./S.E.  P-Value
        Akaike (AIC)                      2507.972
        Bayesian (BIC)                    2541.306                SAT        ON
        Sample-Size Adjusted BIC          2512.763                    TALK1     -0.095   0.058   -1.694    0.090
           (n* = (n + 2) / 24)                                        TALK2      0.359   0.063    5.724    0.000

Chi-Square Test of Model Fit                                      TALK2      ON
                                                                      TALK1      0.435   0.045    9.627    0.000
        Value                                0.000
        Degrees of Freedom                       0                Means
        P-Value                             0.0000                    TALK1      2.443   0.064   38.313    0.000

RMSEA (Root Mean Square Error Of Approximation)                   Intercepts
                                                                      SAT        2.581   0.180   14.329    0.000
        Estimate                             0.000                    TALK2      1.956   0.121   16.136    0.000
        90 Percent C.I.              0.000   0.000
        Probability RMSEA <= .05             0.000                Variances
                                                                      TALK1      1.220   0.100   12.248    0.000
CFI/TLI
                                                                  Residual Variances
        CFI                                  1.000                    SAT        0.884   0.072   12.248    0.000
        TLI                                  1.000                    TALK2      0.748   0.061   12.247    0.000

Chi-Square Test of Model Fit for the Baseline Model

        Value                              113.255
        Degrees of Freedom                       3
        P-Value                             0.0000

SRMR (Standardized Root Mean Square Residual)

        Value                                0.000
```

図7-5　Mplus の出力

それでは，別のモデルも Mplus のコードで表現してみよう。図7-6のようなモデルの場合は，以下のようなコードを書く。

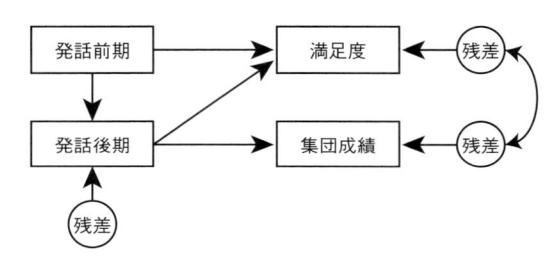

図7-6　課題の満足度と集団成績を，実験中の発話量で予測するモデル

```
DATA:
  FILE = "sampledata.dat";


VARIABLE:
  NAMES = group sat talk1 talk2 per skill con;
  USEVARIABLES = sat talk1 talk2 per;
  MISSING = .;


ANALYSIS:
  TYPE = GENERAL;
  ESTIMATOR = ML;


MODEL:
  talk2 on talk1;
  sat on talk1 talk2;
  talk1;
```

```
  per on talk2;
  sat with per;


OUTPUT: STAND (STDYX);
```

先ほどと違うのは，VARIABLE コマンドと MODEL コマンドの下線が引いてあるところだけである。まず，per（集団成績）を使用変数に追加する。そして，MODEL コマンドに，"per on talk2;" と書くことで，集団成績に対する発話量の効果を推定することを，そして "sat with per;" と書くことで，sat と per の残差間に相関を仮定することを，それぞれ意味している。

また，因子分析モデルを仮定する場合（図 7-7）は，たとえば以下のようなコードを書く。ただし，このモデルは発話量後期の分散が負に推定されるので，不適解となった。

```
MODEL:
  talk by talk1 talk2;
  sat per on talk;
  sat with per;
```

1 行目の "talk by talk1 talk2" は，talk という因子が，talk1 と talk2 によって測定されていることを意味している。このように，潜在因子を仮定する場合，因子名を最初に書き，"by" を書いたのち，その因子を測定するための変数名を書く。2 行目の "sat per on talk" は，満足度と集団成績を発話量因子によって説明していることを意味している。3 行目は，先ほどと同様，満足度と集団成績に相関を仮定している。

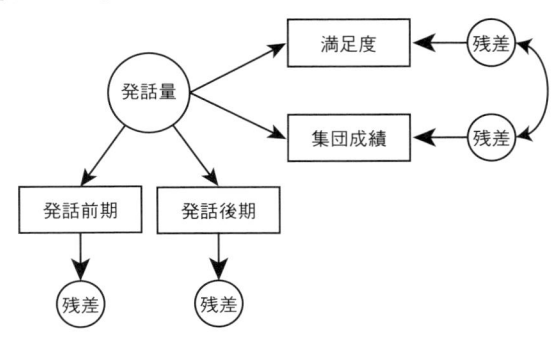

図 7-7 潜在変数を含んだ因果モデル

3　Mplus によるマルチレベル SEM

さて，Mplus で SEM を実行するための基礎的な知識を得たところで，マルチレベル SEM を Mplus で実行してみよう。

マルチレベル SEM でマルチレベル相関係数と級内相関を推定する

　マルチレベル SEM を使って，課題の満足度と発話量後期の級内相関係数および集団レベル・個人レベル相関係数を推定してみよう。推定法は，Muthén 最尤法を用いる。

　以下のようにコードを書く。

```
DATA:
  FILE = "sampledata.dat";
  LISTWISE = ON;

VARIABLE:
  NAMES = group sat talk1 talk2 per skill con;
  USEVARIABLES = sat talk2;
  MISSING = .;
  CLUSTER = group;

ANALYSIS:
  TYPE = TWOLEVEL;
  ESTIMATOR = MUML;

MODEL:
  %WITHIN%
    sat with talk2;

  %BETWEEN%
    sat with talk2;

OUTPUT: STAND (STDYX) ;
```

　DATA コマンドは先ほどと同じであるが，"LISTWISE = ON;" というコードが追加されている。LISTWISE=ON というのは，「リストワイズ削除を行う」，という意味である。リストワイズ削除とは，もしデータに欠損値があった場合，そのサブジェクトをデータから削除する，という欠損値処理方法である。Mplus はデフォルトでは完全情報最尤法という欠損値推定アルゴリズムを用いて計算するため，リストワイズ削除を実行する必要はない。しかし，Muthén 最尤法を実行する場合は，このリストワイズ削除を行っておく必要がある。もし，Muthén 最尤法を使わない場合，"!"マークを文の初めにつけてコメントアウト（コード実行時に読み込まないようにすること）しておけば，欠損値を自動で推定してくれるようになる。

　VARIABLE コマンドの，"CLUSTER = group;" は，グループを識別する変数を指定している。それ以外はさきほどと同じである。

　ANLAYSIS コマンドでは，分析のタイプが GENERAL から TOWLEVEL に変更されている。これは，マルチレベル分析用のプロシージャである。推定方法の選択は，ML や MLR を選択でき

る点は，SEM と変わりはない。ただし，TOWLEVEL の場合，デフォルトは ML ではなく MLR になる点には注意しよう。なお，Muthén 最尤法を使う場合は，MUML と入力する。また，先述のように，MUML を利用する場合，DATA コマンドに，LISTWISE = ON; という文章を追加しなければならない。もし LISTWISE = ON; と書かずに走らせると，MUML ではなく，デフォルトの MLR（ロバスト最尤法）による推定になるので注意が必要である。

MODEL コマンドでは，%WITHIN% と %BETWEEN% というコードが追加されている。%WITHIN% では個人レベルモデルを，%BETWEEN% では集団レベルのモデルを記述する。なお，%WITHIN%，%BETWEEN% の文字の後にはセミコロンは不要である。今回の例では，個人レベル，集団レベルともに同じモデルを記述しているが，異なるモデルを指定することもできる。"with" は共分散を意味するコードであったので，sat と talk2 の共分散がそれぞれのレベルで推定されていることがわかるだろう。

マルチレベル相関分析も，たったこれだけのコードで推定することができる。実際に推定すると，図 7-8 の結果を得た。

データの要約の部分を見ると，級内相関係数がそれぞれ推定されている。満足度は 0.360，発話量後期は 0.318 であった。また，集団数が 100 で集団内の平均人数が 3 人であることも確認しておこう。なお，分散を推定していない変数の級内相関係数は推定されない。

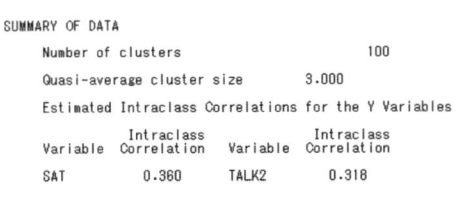

```
SUMMARY OF DATA
    Number of clusters                  100
    Quasi-average cluster size        3.000
    Estimated Intraclass Correlations for the Y Variables
                Intraclass                Intraclass
    Variable   Correlation    Variable   Correlation
    SAT          0.360        TALK2        0.318
```

図 7-8　変数の級内相関係数の推定値

次に，図 7-9 の左のように，推定結果には推定された個人レベル・集団レベルの分散と共分散が表示される。"Within Level" とあるのは，個人レベルのモデルの推定結果である。そして，"Between Level" とあるのは集団レベルのモデルの推定結果である。なお，ここで表示されているのは共分散であって，相関ではない点に注意が必要である。有意性検定の結果を見ると，個人レベルも集団レベルも共分散は有意であった。

最後に，図 7-9 の右のように，標準化係数が出力される。Within レベルの相関，つまり個人レベル相関係数は 0.227，Between レベル，つまり集団レベルの相関は 0.466 と HAD の結果と一致しているのがわかる。

```
MODEL RESULTS
                                      Two-Tailed
                Estimate   S.E.   Est./S.E.  P-Value      STANDARDIZED MODEL RESULTS
Within Level
  SAT     WITH                                                                StdYX
    TALK2    0.148    0.047    3.125    0.002                               Estimate
  Variances                                            Within Level
    SAT      0.637    0.064   10.000    0.000            SAT     WITH
    TALK2    0.673    0.087   10.000    0.000              TALK2                 0.227
Between Level                                           Variances
  SAT     WITH                                             SAT                   1.000
    TALK2    0.155    0.061    2.547    0.011             TALK2                  1.000
  Means                                                Between Level
    SAT      3.433    0.075   45.605    0.000            SAT     WITH
    TALK2    3.020    0.073   41.247    0.000              TALK2                 0.466
  Variances
    SAT      0.355    0.083    4.276    0.000
    TALK2    0.312    0.079    3.941    0.000
```

図 7-9　集団レベル・個人レベルの共分散と相関係数の推定値

マルチレベル SEM でパス解析

前節で取り上げた，発話量前期と後期が，課題の満足度に及ぼす影響（図 7-10）について，マルチレベル SEM を使って，集団レベル・個人レベルともに検討する。推定法は Muthén 最尤法を用いる。

集団レベル

発話前期 →(−0.358) 満足度　残差 0.262
発話前期 →(0.596) 発話後期
発話後期 →(0.599**) 満足度
発話後期 ← 残差 0.259

個人レベル

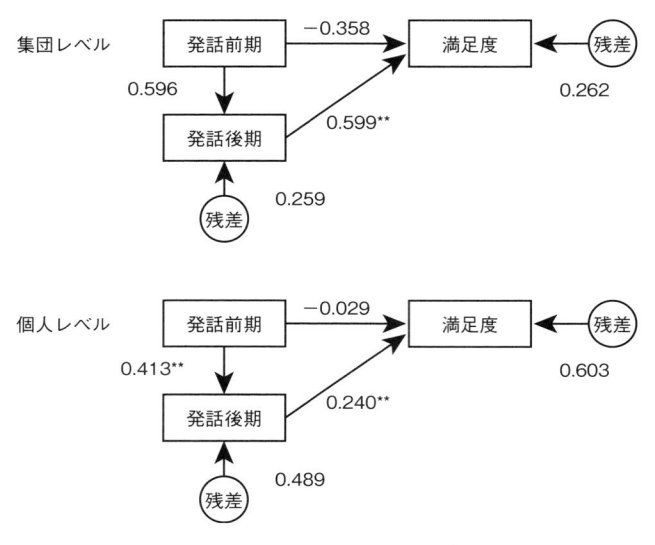

発話前期 →(−0.029) 満足度　残差 0.603
発話前期 →(0.413**) 発話後期
発話後期 →(0.240**) 満足度
発話後期 ← 残差 0.489

図 7-10　マルチレベル SEM のモデル例

コードは以下のように書く。

```
DATA:
  FILE = "sampledata.dat";
  LISTWISE = ON;

VARIABLE:
  NAMES = group sat talk1 talk2 per skill con;
  USEVARIABLES = sat talk1 talk2;
  MISSING = .;
  CLUSTER = group;

ANALYSIS:
  TYPE = TWOLEVEL;
  ESTIMATOR = MUML;

MODEL:
  %WITHIN%
    sat on talk1 talk2;
    talk2 on talk1;
    talk1;
  %BETWEEN%
```

```
        sat on talk1 talk2;
        talk2 on talk1;
        talk1;

OUTPUT: STAND (STDYX);
```

　DATA コマンドは先ほどと同じである。VARIABLE コマンドでは，USEVARIABLES に talk1 が加えられている点に注意しよう。

　MODEL コマンドでは，"on" を用いて，回帰式を記述する。

　実際に推定すると，図 7-11 のような結果を得た。この推定結果は，6 章で示したものと一致している。なお，Muthén 最尤法と完全情報最尤法は，今回の推定ではほとんど結果は変わらなかった。大きいものでも 0.005 程度の誤差であった。もし集団内人数が集団ごとで大きく異なるようなデータの場合，もう少し誤差は大きくなる。

```
MODEL RESULTS

                                        Two-Tailed
                   Estimate    S.E.  Est./S.E.  P-Value

Within Level

 SAT      ON
    TALK1          -0.029    0.062    -0.474    0.635
    TALK2           0.240    0.079     3.054    0.002

 TALK2    ON
    TALK1           0.413    0.048     8.670    0.000

 Variances
    TALK1           1.077    0.108    10.000    0.000

 Residual Variances
    SAT             0.603    0.060    10.000    0.000
    TALK2           0.489    0.049    10.000    0.000

Between Level

 SAT      ON
    TALK1          -0.358    0.404    -0.887    0.375
    TALK2           0.599    0.190     3.148    0.002

 TALK2    ON
    TALK1           0.596    0.342     1.742    0.081

 Means
    TALK1           2.443    0.071    34.300    0.000

 Intercepts
    SAT             2.499    0.901     2.775    0.006
    TALK2           1.564    0.838     1.866    0.062

 Variances
    TALK1           0.149    0.080     1.851    0.064

 Residual Variances
    SAT             0.262    0.074     3.541    0.000
    TALK2           0.259    0.064     4.056    0.000
```

図 7-11　Muthén 最尤法によるマルチレベル SEM

変量効果を含んだパスモデル

　次に，課題の満足度に対して，実験後半の発話量が及ぼす影響に加え，その回帰係数が集団間で変動するかどうかを検討するためのモデルを推定する。またそれに加え，集団成績が回帰係数の集団間変動を説明するモデルを推定しよう。なお，回帰係数について，固定効果と変量効果の両方を推定するモデルを，変量係数モデル（random coefficient model）と呼ぶことがある（Kreft & De Leeuw, 1998）。

　変量効果モデルをパス図で表現すると，図 7-12 のようになる。

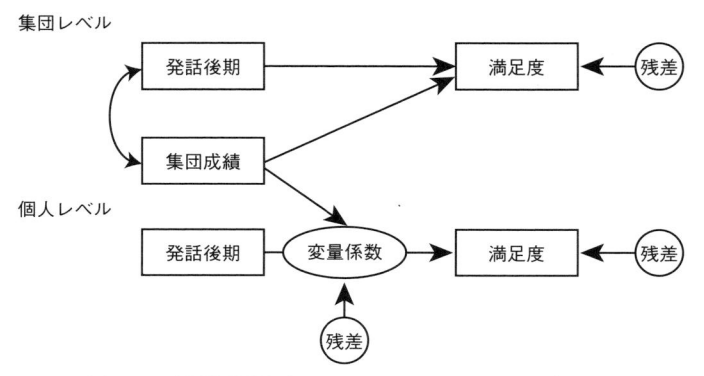

図 7-12　変量効果を仮定したマルチレベル SEM のモデル例

　HLM と違い，マルチレベル SEM では集団レベルの発話後期は集団平均値ではなく，純粋な集団レベルの変動が推定されているため，推定結果は HLM と異なる。このモデルを推定するためのコードは以下のようになる。

```
DATA:
  FILE = "sampledata.dat";

DEFINE:
  CENTER talk2 (GRANDMEAN) ;
  CENTER per (GRANDMEAN) ;

VARIABLE:
  NAMES = group sat talk1 talk2 per skill con;
  USEVARIABLES = sat talk2 per;
  MISSING = .;
  CLUSTER = group;
  BETWEEN = per;

ANALYSIS:
  TYPE = TWOLEVEL RANDOM;
  ESTIMATOR = MLR;

MODEL:
  %WITHIN%
    slope | sat on talk2;

  %BETWEEN%
    sat on talk2 per;
    slope on per;
    sat with slope;
```

DATAコマンドは，"LISTWISE = ON"がなくなっているのが変更点である。

次に，DEFINEコマンドという，新しいセクションが追加されている。DEFINEコマンドは，新しい変数を作成する場合に用いるコマンドで，変数の中心化を施すコードを書いている。"CENTER talk2 (GRANDMEAN);"とは，talk2を全体平均で中心化していることを意味している。perについても同様である。なお，"CENTER talk2 (GROUPMEAN);"と書けば，集団平均で中心化することを意味している。

VARIABLEコマンドに，新しいコード"BETWEEN = per;"が追加されている。これは，perがBETWEENレベル（集団レベル）のモデルでしか使用しない，ということを意味している。これは，per，すなわち集団成績には個人レベルの変動が存在しないため，WITHINモデルでは分散が推定できないためである。

ANALYSISコマンドには，TYPEオプションで，"TWOLEVEL"以外に，"RANDOM"という指定が追加されている。これは，係数の変量効果を推定する場合に指定しなければならない。もしRANDOMを指定しなかった場合，エラーが表示される。また，変量効果の推定ではMuthén最尤法は利用できないので，"MLR"（ロバスト最尤法）を指定している。MLでもMLRでも，ともに完全情報最尤法を使って欠損値処理をしてくれる。

MODELコマンドは，さきほどと同様に，WITHINとBETWEENにそれぞれ個人レベル，集団レベルのモデルを記述する。WITHINモデルに，"slope | sat on talk2;"とあるが，"|"は，回帰係数の変量効果の指定を意味している。つまり，満足度への発話量の回帰係数の集団間変動を，"slope"という変数で推定する，という指定である。なお，変量効果の名前は任意である。WITHINモデルで指定した，回帰係数の集団間変動は，BETWEENモデルで使用することができる。BETWEENモデルのほうをみると，"slope on per;"とある。これは，集団成績によって，発話量の回帰係数の集団間変動が予測される，という意味である。最後に，"sat with slope"とあるのは，切片と回帰係数の集団間変動の共分散を推定する，という指定である。

最後に，OUTPUTコマンドがないのは，TYPEにRANDOMを指定すると，標準化係数が推定できなくなるためである。

このコードを実行すると，図7-13のような結果が得られる。

```
MODEL RESULTS

                                              Two-Tailed
                    Estimate    S.E.  Est./S.E.  P-Value

Within Level

Residual Variances
    SAT              0.473    0.069    6.842    0.000

Between Level

SLOPE     ON
    PER              0.153    0.047    3.279    0.001

SAT       ON
    TALK2            0.321    0.205    1.567    0.117
    PER              0.124    0.038    3.299    0.001

SAT       WITH
    SLOPE            0.034    0.036    0.959    0.338

Intercepts
    SAT              3.389    0.058   58.636    0.000
    SLOPE            0.217    0.075    2.889    0.004

Residual Variances
    SAT              0.117    0.054    2.156    0.031
    SLOPE            0.158    0.048    3.314    0.001
```

図7-13 変量効果を含んだマルチレベルSEMの推定結果

Withinレベル，つまり個人レベルの結果が上側，Betweenレベル，つまり集団レベルの結果が

下側に出力されている。Within レベルで報告されているのは，モデルの残差分散のみである。個人レベルの回帰係数は，実は slope の intercept を見ることでわかる。slope は，回帰係数の集団間変動を意味していたが，その平均値はすなわち，個人レベルの回帰係数の推定値になるのである。よって，Between level の欄にある，intercepts の SLOPE の推定値（図 7-13 の赤線の箇所）である 0.217 が個人レベルの回帰係数であることがわかる。

集団レベルの発話後期の効果は 0.321 で，集団成績は 0.124 であった。HLM では集団レベルの発話後期の効果は有意であったが，マルチレベル SEM では有意ではなくなっている。この違いは，マルチレベル SEM では，集団レベルの効果の標準誤差をより適切に推定していることを意味している。すなわち，集団成績を同時に投入すると，集団レベルでは発話量の平均的な効果は有力な説明要因ではないことがわかるのである。

さらに，集団成績が発話量の回帰係数の集団間変動を予測するかどうかについては，SLOPE ON PER のところをみればよい。推定値は 0.153 で有意だった。すなわち，集団成績が高い集団は発話量の効果は強くなり，逆に集団成績の低い集団は発話量の効果は弱くなることがわかる。

切片の集団間変動を表す分散は，Residual Variances の SAT のところをみればよい。推定値は 0.117 であった。また，同様に回帰係数の集団間分散は 0.158 だった。

この推定結果をモデル図とともに表示すると，図 7-14 のようになる。

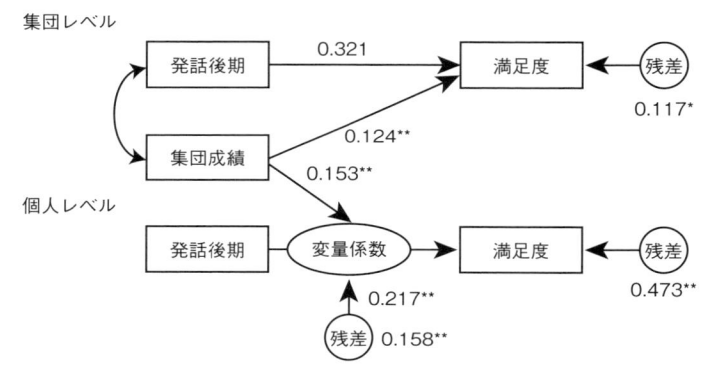

図 7-14 変量効果を含んだマルチレベル SEM のパス図と推定結果

4 マルチレベル SEM の応用

マルチレベル SEM で多母集団同時分析

マルチレベル SEM は，SEM の発展形であるので，SEM で適用可能なことは，大抵マルチレベル SEM でも可能である。たとえば，SEM には多母集団同時分析と呼ばれる，2 つ以上のサンプルについて同時にモデルを推定し，サンプル間で推定値が異なるかどうか，といった推定が可能である。具体的には，男性と女性のサンプルでモデルが異なるか，などを検討することができるのである。

本節では，図 7-14 のモデルでのマルチレベル SEM において多母集団同時分析を適用することを考える。集団討議データは，条件が 2 つあり，1 つは統制条件，もう 1 つは実験条件であった。よって，統制条件と実験条件という 2 つのサンプルのモデルを比較しよう。

コードは以下のように書く

```
DATA:
  FILE = "sampledata.dat";

DEFINE:
  CENTER talk2 (GRANDMEAN);
  CENTER per (GRANDMEAN);

VARIABLE:
  NAMES = group sat talk1 talk2 per skill con;
  USEVARIABLES = sat talk2 per;
  MISSING = .;
  CLUSTER = group;
  BETWEEN = per;
  GROUPING = con (0 = control 1 = experiment);

ANALYSIS:
  TYPE = TWOLEVEL RANDOM;
  ESTIMATOR = MLR;

MODEL:

  %WITHIN%
    slope | sat on talk2;
    sat;

  %BETWEEN%
    sat on talk2 per;
    slope on per;
    sat with slope;
```

　コードが先ほどと違うのは，VARIABLE コマンドにある"GROUPING ="の文である。これは，con という変数によってグループ分けを行うことを意味しており，con が 0 のグループを"control"，1 のグループを"experiment"と名前を付けて，それぞれグループを指定する。この文を書くだけで，以下のように 2 つのグループについて推定を行うことができる。

　図 7-15 で下線を引いているのは，それぞれ，統制条件と実験条件の結果である。集団レベルのモデルを見ると，統制条件では集団成績が満足度に影響しているが，実験条件では発話量が満足度に影響していることがわかる。

```
MODEL RESULTS

                          Estimate   S.E.    Est./S.E.   Two-Tailed
                                                         P-Value
Group CONTROL
Within Level

  Residual Variances
    SAT                   0.548     0.114    4.806       0.000

Between Level

  SLOPE     ON
    PER                   0.103     0.068    1.509       0.131

  SAT       ON
    TALK2                 0.082     0.292    0.279       0.780
    PER                   0.097     0.053    1.825       0.068

  SAT       WITH
    SLOPE                 0.005     0.042    0.119       0.905

  Intercepts
    SAT                   3.219     0.069   46.576       0.000
    SLOPE                 0.255     0.118    2.165       0.030

  Residual Variances
    SAT                   0.069     0.068    1.016       0.309
    SLOPE                 0.160     0.088    1.816       0.069

Group EXPERIMENT
Within Level

  Residual Variances
    SAT                   0.381     0.077    4.941       0.000

Between Level

  SLOPE     ON
    PER                   0.214     0.063    3.381       0.001

  SAT       ON
    TALK2                 4.408     1.349    3.266       0.001
    PER                  -0.109     0.118   -0.918       0.359

  SAT       WITH
    SLOPE                 0.038     0.049    0.782       0.434

  Intercepts
    SAT                   3.219     0.069   46.576       0.000
    SLOPE                 0.198     0.093    2.137       0.033

  Residual Variances
    SAT                   0.038     0.141    0.273       0.785
    SLOPE                 0.164     0.083    1.979       0.048
```

図 7-15 マルチレベル SEM に多母集団同時分析を適用したモデルの推定結果

多母集団同時分析では，モデル間で推定値を等値にすることができる．それによって，どの係数を等しいと仮定すればモデルの適合度が上昇するか，ということを比較することができるのである．変量効果を仮定する場合，モデル適合度は情報量規準のみが利用できるので，AIC や BIC などを比較することができる．また，サンプル間でパラメータに差があるかどうかを検討することもできる．

たとえば，条件によって，集団成績が発話量の変量係数に与える効果が異なるかを検討するために，パラメータの差の検定を行うためのコードを書くと，以下のようになる．なお，MODEL コマンド以外は同じなので，MODEL コマンドのみを記載する．

```
MODEL:

  %WITHIN%
    slope | sat on talk2;
    sat;

  %BETWEEN%
    sat on talk2 per;
    slope on per (p1) ;
    sat with slope;

model experiment:
```

```
    %BETWEEN%
      slope on per (p2);

    model constraint:
    new (diff);
      diff = p1-p2;
```

まず、一番上の赤線にある、"slope on per (p1);"には、(p1) というコードが加わっている。これは、slope から per へのパスに p1 という名前をつける、という意味である。なお、異なるパラメータに同じ名前をつけると、それらのパラメータは等値の制約をかけることができる。

続いて、"model experiment:"という文（最後がセミコロンではなく、コロンである点に注意）は、以下に実験条件だけのモデルを書く、という宣言である。最初に書いたモデルと異なる部分だけを記述すればよい。ここでは、BETWEEN モデルの "slope on per (p2);" だけ異なる、ということである。具体的には、slope への per のパスに違うパラメータ名をつけている。

このように違うパラメータ名をつけたうえで、最後に書いてある "model constraint:" からのコードで、パラメータの差を新しいパラメータとして推定するための指定をしている。"new (diff);"とは、"diff"という新しいパラメータを宣言することを意味している。そして、"diff = p1 − p2;"によって、diff がパラメータ p1 と p2 の差によって定義されることを指定しているのである。このようにして、diff という新しいパラメータを推定し、検定もすることができる。

このコードを実行すると、以下のように diff の推定結果が表示される（図7-16）。

```
New/Additional Parameters
DIFF      -0.111    0.094    -1.187    0.235
```

図7-16　新しく作成したパラメータの推定結果　サンプル間で差がないことがわかる

推定の結果、2つの条件で、集団成績から発話量の回帰係数の集団間変動へのパスには、有意な差がなかったことがわかった。

Mplus で HLM

6章で述べたように、HLM はマルチレベル SEM の下位モデルとして位置付けることができる。つまり、Mplus でも HLM による推定を行うことができるのである。4章や5章で解説した、集団討議データの HLM による推定を、Mplus で実行する方法を解説する。

```
DATA:
  FILE = "sampledata.dat";

DEFINE:
  talk2_m = CLUSTER_MEAN (talk2);
  CENTER talk2 (GROUPMEAN);
  CENTER per (GRANDMEAN);
  CENTER talk2_m (GRANDMEAN);
```

```
VARIABLE:
  NAMES = group sat talk1 talk2 per skill con;
  USEVARIABLES = sat talk2 per talk2_m;
  MISSING = .;
  CLUSTER = group;
  WITHIN = talk2;
  BETWEEN = per talk2_m;

ANALYSIS:
  TYPE = TWOLEVEL RANDOM;
  ESTIMATOR = MLR;

MODEL:
  %WITHIN%
    slope | sat on talk2;

  %BETWEEN%
    sat on talk2_m per;
    slope on per;
    sat with slope;
```

DATAコマンドはこれまでと同じである。

次にDEFINEコマンドでは，HLM用の中心化を施すコードを書いている。"talk2_m = CLUSTER_MEAN（talk2）;"とは，talk2_mという変数が，talk2の集団平均値である，ということを意味している。下の文の"CENTER talk2（GROUPMEAN）;"は，talk2集団平均で中心化していることを意味している。

VARIABLEコマンドには，DEFINEコマンドで新しく作成した，talk2_mという変数が使用変数に追加されている。そして"WITHIN = talk2;"とは，発話量後期の変数を個人レベルのみで使用する，という宣言である。これは，発話量後期が集団平均で中心化されているので，集団レベルのモデルには登場しないことを指定しているのである。同様に，"BETWEEN = per talk2_m;"とあるのは，集団成績と発話後期の集団平均値が，集団レベルのモデルにしか登場しないことを意味している。

このモデルを推定すると，図7-17のようになる。図7-18のHLM7の結果とほぼ同じ結果が得られているのがわかるだろう。なお，HLMは検定統計量にt値を用いているが，MplusではZ値を用いているので，有意確率は微妙に異なる。

```
MODEL RESULTS

                                                    Two-Tailed
                        Estimate    S.E.  Est./S.E.  P-Value
Within Level
 Residual Variances
  SAT                    0.494     0.076    6.492    0.000
Between Level
 SLOPE     ON
  PER                    0.178     0.050    3.529    0.000

 SAT       ON
  TALK2_M                0.350     0.112    3.121    0.002
  PER                    0.154     0.046    3.316    0.001

 SAT       WITH
  SLOPE                 -0.078     0.048   -1.614    0.107

 Intercepts
  SAT                    3.433     0.064   53.500    0.000
  SLOPE                  0.214     0.072    2.969    0.003

 Residual Variances
  SAT                    0.247     0.073    3.391    0.001
  SLOPE                  0.079     0.059    1.323    0.186
```

図 7-17　Mplus による HLM の結果（最尤法・頑健標準誤差）

HLM7 の結果（最尤法・頑健標準誤差）

固定効果

変数名	係数	標準誤差	t値	自由度	p値
切片	3.433	0.064	53.500	97	.000
発話後期	0.214	0.071	2.997	97	.004
発話後期_m	0.350	0.112	3.114	97	.003
集団成績	0.154	0.046	3.316	97	.002
発話後期*集団成績	0.178	0.050	3.578	97	.001

変量効果（分散成分）

変数名	係数	自由度	χ2乗値	p値
切片	0.247	80	164.957	.000
発話後期	0.079	81	108.713	.022
残差	0.494			

図 7-18　HLM7 による HLM の結果

級内相関が負となる変数のモデリング

　集団討議データには，各参加者のコミュニケーションスキル得点がある。この変数は，討議前に測定しているので，集団内の類似性は存在せず，実際に級内相関係数は負の値となっていた（-0.020）。このような場合，スキル得点を集団レベルのモデルに含めることは適切ではなく，場合によっては解が求まらないことがある。

　Muthén 最尤法で推定する場合，WITHIN オプションを利用できないので，%BETWEEN% のモデル指定で，skill@0; というように，スキルの集団レベルの分散を0に固定することで推定することができる。ML や MLR の場合，HLM の時と同じように，"WITHIN = skill;" というように個人レベルのみで使用することを宣言しておけば，解が収束しないという事態を避けることができる。

第8章

マルチレベル構造方程式モデリングの実践2
HADによる分析

　7章では，Mplusという構造方程式モデリング用のソフトウェアを用いて，マルチレベルSEMを実行する手法を解説した。しかし，MplusはHLM7やSPSSなどのソフトウェアと違い，コードで入力するので読者によっては操作性になじみがないかもしれない。また，デモ版には変数の数に制限があるため，大きなモデルの構築はできない（有料版にはもちろん制限はないが）。そこで本章では，筆者が開発したHADを使って，マルチレベルSEMを実行する方法を解説する。

　しかし，HADは完全情報最尤法によるマルチレベルSEMの機能を実装しておらず，Muthén最尤法（6章参照）によって推定する方法しか選択できない点や，欠損値データの推定や，頑健標準誤差の推定ができない点には注意が必要である。Muthen最尤法ではランダム係数の推定ができないので，回帰係数の集団間変動などを知ることはできない。

1　HADでMuthén最尤法によるマルチレベルSEMを実行する「からくり」

　Muthén最尤法は，集団平均データと中心化されたデータの2つの共分散行列を使ってマルチレベルSEMを実行するのだが，その中身は，やや複雑である。本節は読み飛ばして，すぐ8-2に進んでもらっても構わないが，より深く理解したい読者は読んでみてほしい。

　Muthén最尤法は，集団平均値の共分散行列に含まれている，真の集団レベルの分散・共分散と，個人レベルの分散・共分散を分離することによって，推定を行っている。6章で解説したように，真の集団レベルの分散・共分散は，次の式で計算することができた。

$$\mathrm{Cov}_B = \frac{\mathrm{MCP}_B - \mathrm{MCP}_W}{k^*} \qquad \text{式8-1}$$

　しかし，この式によって直接計算された真の集団レベルの分散・共分散の分布の性質はよくわかっておらず，直接に標準誤差の推定を行うことができない。よって，実際は上の式のような計算で真の集団レベルの分散・共分散を直接推定するのではなく，分析上で集団レベルと個人レベルの効果を分離させるのである。

　具体的には，集団平均値の共分散行列には，集団レベルと個人レベルの両方の情報が含まれているので，まず集団平均値の共分散行列から集団レベルと個人レベルの両方のモデルを記述する。しかしそれではパラメータが多すぎて，すべてのパスを推定することができない。そこで，集団平均で中心化したデータの共分散行列を使って，個人レベルのモデルだけ推定し，それと同じ推定値

となるように集団平均値のほうの個人レベルのモデルを固定する．こうすることで，推定するパラメータと，必要となる分散・共分散の数が一致するので，モデルを識別することができるようになる．これを図で表すと，図8-1のようになる．イメージとしては，個人レベルのモデルだけを別に推定したあと，それに基づいて集団平均値の情報から個人レベルの情報を抜き取ることで，純粋な集団レベルだけのモデルを推定する，という感じである．

　図8-1のように，Muthén最尤法は，集団平均のデータと集団平均で中心化されたデータ，2つの共分散行列を同時に用いて推定を行う．そして，集団平均で中心化されたデータの推定値を利用し，集団平均値のほうのデータから集団レベルと個人レベルの両方のモデルを推定するのである．SEMではこのような方法を，多母集団同時分析を利用することで実現することができる（豊田，2000; 狩野・三浦，2002）．集団平均値のデータと集団平均で中心化したデータは，互いに独立しているので，多母集団同時分析の前提を満たすことができるのである．

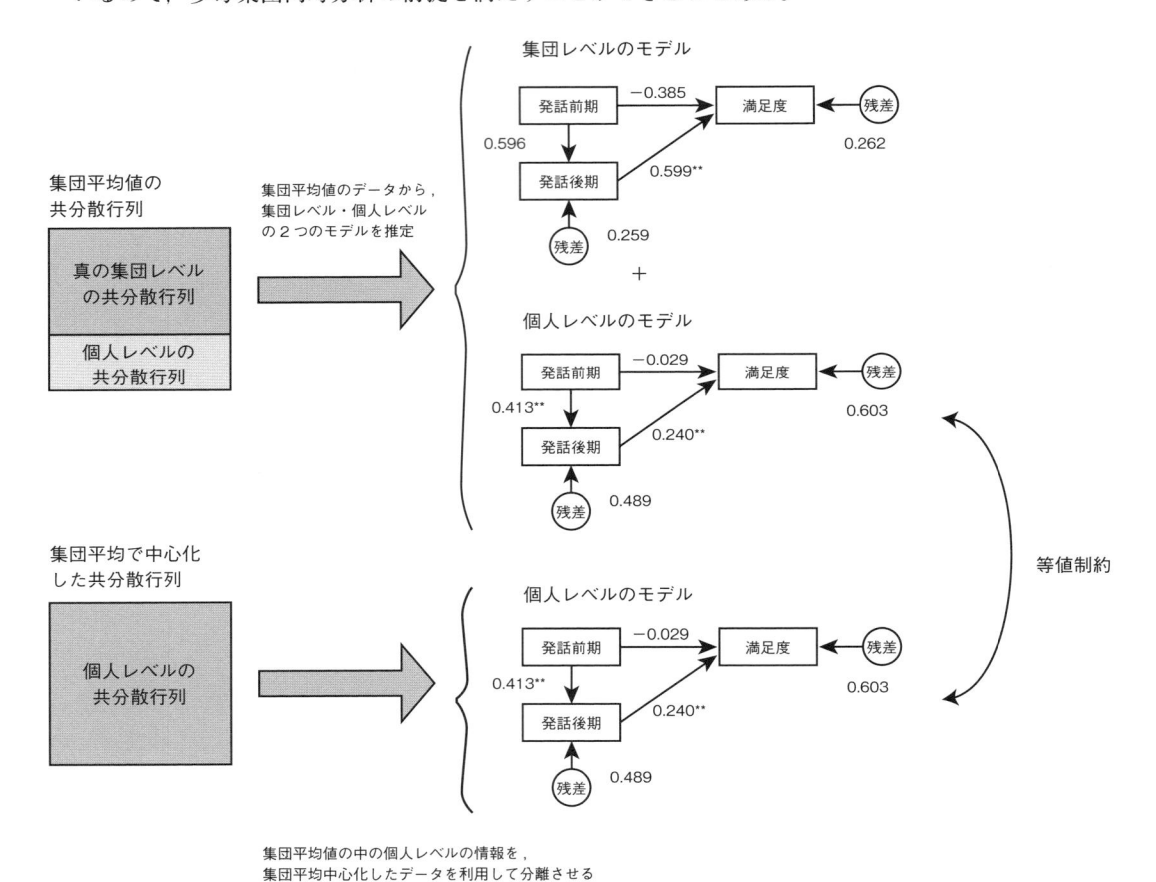

図8-1 Muthén最尤法で集団レベルと個人レベルのモデルを推定しているからくり

　SEMの多母集団同時分析を利用して，Muthén最尤法で推定するためには，まず集団平均データと集団平均で中心化したデータに基づいて共分散行列を計算する必要がある．また，2つのデータセット間で個人レベルのモデルに等値制約を課す必要がある．この手続きを行えば，一応はSEMで多母集団同時分析が実行できるソフトならば，マルチレベルSEMが実行できるといえる．しかし，その手続きは非常に煩雑で，数多く値の制約を課さないと推定できず，実用的とはいい難い．

そこで，HADを用いてマルチレベルSEMを実行する方法を解説する。HADは通常のSEMが実行できるうえに，Muthen最尤法を実行するための煩雑な手続きを内部で自動的に行うため，ユーザーはそれほど難しい操作をすることなくモデルの構築・推定を行うことができる。

そこで次節では，この手順についてHADを使いながら具体的に説明しよう。

2　HADによる構造方程式モデリング

HADのダウンロード

4章で解説したようにHADは筆者が開発した，Excel上で動くソフトウェアである。HADのダウンロードの仕方や，起動方法については4章を参照してほしい。

HADにはExcel内部のアドインであるソルバーを利用するバージョンと，ソルバーを利用しないバージョンの2つがある。ソルバーとは，関数を最適化するためのツールで，多く場合，Excelと一緒に搭載されている。HADはSEMを実行するためのソルバーを用いているので，マルチレベルSEMを実行するためには，ソルバーへの参照が有効になっているバージョンをダウンロードする必要がある（図8-2）。

図8-2　HADのダウンロード　SEMを実行するには，ソルバーオンverをダウンロードする

ソルバーオンバージョンのHADをダウンロードできたら，HADを起動して，サンプルデータを読み込もう（図8-3）。今回も，4章で用いた集団討議データを用いる。

図8-3　HADにサンプルデータを読み込む

HAD で構造方程式モデル

それでは，マルチレベル SEM を実行する前に，HAD を使って構造方程式モデルを実行してみよう。まずは 7 章で Mplus を使って推定したモデルを HAD でも同様に推定する方法を説明する。

最初は，7 章の図 7-4 のような（図 8-6 に再掲），発言量前期と後期が満足度の関連を予測するモデルを HAD で推定する。まず，使用変数に満足度，発言前期，発言後期の 3 つを指定する。そして，図 8-4 のように，①「因子分析」にチェックを入れ，②「構造方程式モデル」を選択する。すると，SEM 用の分析指定の画面になるので，「分析法 →」のところから③「SEM」を選択しよう。

図 8-4　HAD で構造方程式モデル

推定法は，最尤法と一般化最小 2 乗法（GLS）から選択することができるが，ここでは「最尤法」を選んでおく。推定設定では，「標準誤差」と「平均構造を推定」にチェックを入れておこう。なお，標準誤差のところにチェックを入れないと，推定値の検定を行わない。HAD では標準誤差の計算に時間がかかるため，変数が多いモデルを推定する場合は，一度チェックを外して推定してみてもいいかもしれない。

設定ができたら，次に「モデルスペース」というボタンを押す。すると，図 8-5 のように，SEM のモデルを指定するための画面が表示される。このとき，ソルバーオンバージョンを使ってない場合，警告が表示される。もし警告が出たら，ソルバーオンバージョンを改めてダウンロードしよう。

図 8-5　構造方程式モデル用のモデルスペース

モデルスペースを開いたとき，自動的に使用変数に指定した変数名が縦と横にそれぞれ表示されている。これを以降，「行列」と呼ぶ。この行列に，パスや共分散などのパラメータを指定することでモデルを構築することができる。

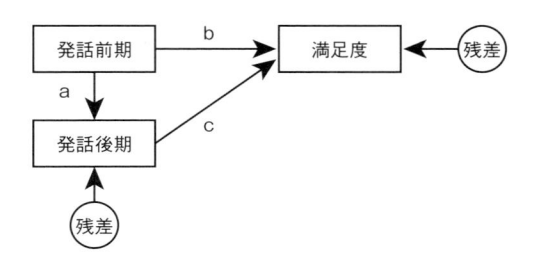

図8-6 満足度を実験前半と後半の発話量で予測するモデル

　図8-6のようなパスモデルを推定する場合，図8-7のようにパラメータを指定する。まず，満足度に対して発話前期と発話後期からパスを引く場合，満足度の行に，「p:」を発話前期と発話後期にそれぞれ入力する。pとはパス（path）の略である。パスの入力は，自分で「p:」と入力することもできるが，該当セルを選択した状態で上にある「パスを推定」ボタンを押せば，自動的に「p:」が入力されるのでそちらを使ったほうが便利である。同様に，発話後期に対して発話前期のパスがあるので，発話後期の行の発話前期のところに「p:」を入力する。

　なお，「v:」は分散（variance）を推定していることを意味しており，「m:」は平均（mean）を推定していることを意味している。また後に述べるように，共分散（covariance）は「c:」である。

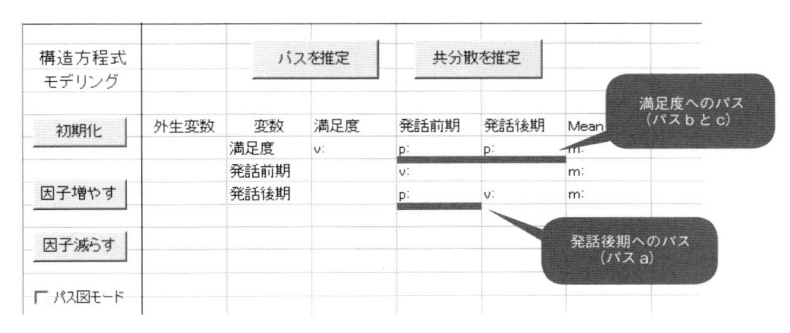

図8-7　HADによる構造方程式モデルの入力

モデルのチェック

　行列にパスや共分散，分散を入力できたら，「モデルチェック」ボタンを押そう。モデルチェックボタンを押すと，パラメータが変数の数に比べて多すぎないか（モデルが識別可能かどうか）をHADがチェックしてくれる。モデルチェックはしなくても推定することができるが，慣れないうちはチェックしておいた方が無難である。モデルをチェックすると，外生変数のところに○がつく。外生変数はどの変数からもパスがささっていない変数のことである。

パス図モードによるモデル入力

　このような行列によるパスの入力以外に，パス図モードによってグラフィカルにモデルを構築することもできる。図8-8のように「パス図モード」のチェックを入れると，使用変数に指定している変数がボックスで表示される。これらのボックスは，マウスで自由に場所を動かすことができるので，わかりやすい場所に移動させてみよう。

図 8-8　パス図モードの起動

　パス図モードでは，行列に記号を入力するのではなく，ボックス間にパスや共分散を図で描いていくことでモデルを構築することができる。具体的には図 8-9 左のように，先に発言前期，次に Ctrl ボタンを押しながら満足度を選択して複数ボックスを選択した状態にする。次に図 8-9 右のように，「パス追加」ボタンを押すと，発話前期から満足度に対してパスが引かれる。このとき，順番が重要で，先に選択した変数が説明変数，後に選択したほうが目的変数となるので気をつけよう。また，複数の変数を 3 つ以上選択して「パス追加」ボタンを押した場合は，最初に選択した変数から，残りの変数に向けて同時にパスを引くことができる。

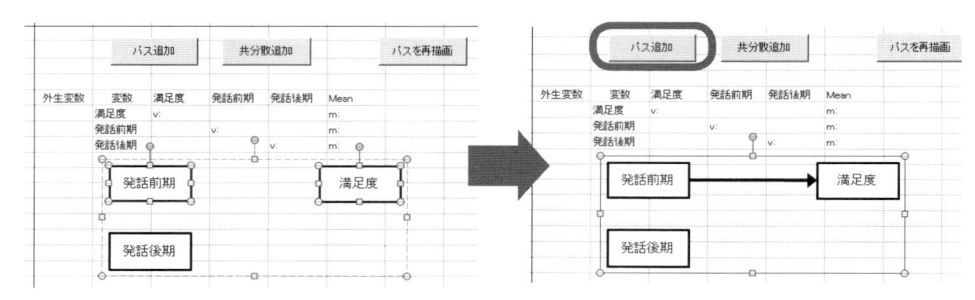

図 8-9　パス図モードによるモデル構築

　同じ要領で，発話前期から発話後期，発話後期から満足度のパスを引いたら，最後に「パス図を反映」ボタンを押そう。すると，パス図に描いたモデルが，自動的に行列に入力される（図 8-10）。すると，図 8-7 と同様にモデルが入力されているのがわかるだろう。
　なおパス図モードでモデルを描く場合，パスや共分散の位置を変更することができる。ただし，そのときには，パスはボックスに接続させる必要がある。ボックスに接続するとは，ボックスにパスを近づけたときに周囲に表示される点のどれかにパスをくっつけることを意味している。パスが正しく接続されている場合，点は赤く表示される。白いままだと接続されていないので注意しよう。パスとボックスが正しく接続されていないと，「パス図を反映」ボタンを押しても行列に反映されない。

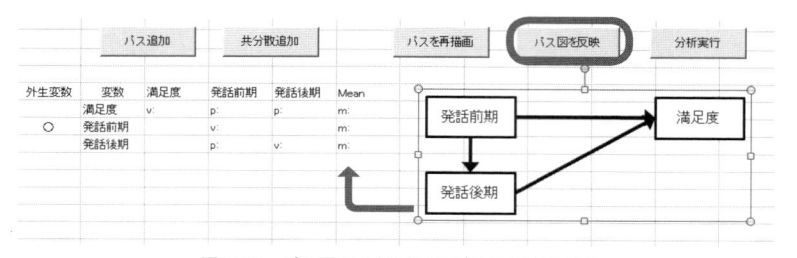

図 8-10　パス図から行列にモデルを反映させる

またパス図モードは，ある程度モデルスペースにパラメータを入力した状態でもオンにすることができる。その場合，自動的にパスや共分散が入力されている状態で表示される。確認的因子分析などは行列モードのほうが入力しやすいので，適宜モードを切り替えて使用するほうがモデル構築しやすいかもしれない。

ただし注意が必要なのは，途中で使用変数を増やした場合，パス図モードがうまく表示されないことがある。その場合は，パス図モードをオンにした状態で「パス図消去」ボタンを押そう。するとパス図が初期化されるので，再度正常にモデル構築できるようになる。

分析実行と出力

モデルの構築ができたら，「分析実行」ボタンをクリックしよう。入力が正しければ推定が始まり，結果が出力される。なお，パス図モードをオンにした状態で「分析実行」を押すと，出力にもパス図が表示されるので，便利である。

推定がうまくできたら，結果が出力される（図8-11）。結果の出力は，1. モデル適合度，2. パス図（パス図モードがオンの場合のみ），3. モデルの推定結果，4. 標準化係数の順で表示される。

モデル適合度は図8-11のようにχ^2乗値，CFI，RMSEA，SRMR，そして情報量基準のAIC，BIC，CAICが表示される。4章にも書いたが，CFIは0〜1の値を取り，1に近いほど当てはまりがよい。0.95を超えればよい当てはまりであると考えられている。RMSEAは逆に小さいほど当てはまりがよく，0.05より小さければよい当てはまりであり，0.10より大きいと当てはまりが悪いと考えられている。そしてSRMRも0〜1の値を取り，値が小さいほうが当てはまりがよい。0.05より小さいと当てはまりがよいと考えられている。

パス図はパス図モードをオンに指定すれば，描いたパス図の上に推定されたパラメータが表示される（図8-11は見やすいように位置を少し変えている）。続いてモデルの推定結果は，推定値，標準誤差，95％信頼区間，検定統計量（Z値），そして有意確率が表示される。なお推定されたパラメータは，潜在変数がある場合は因子負荷量，次に変数間のパス，変数間の共分散，変数の分散，変数の平均値・切片の順で表示される。最後に表示される標準化係数は，各変数を標準化した場合の推定値である。それぞれ，推定値と95％信頼区間，有意水準（5％なら*，1％なら**，10％なら+）が表示される。

図8-11を7章のMplusの結果と照らし合わせてみよう。結果が一致していることがわかる。

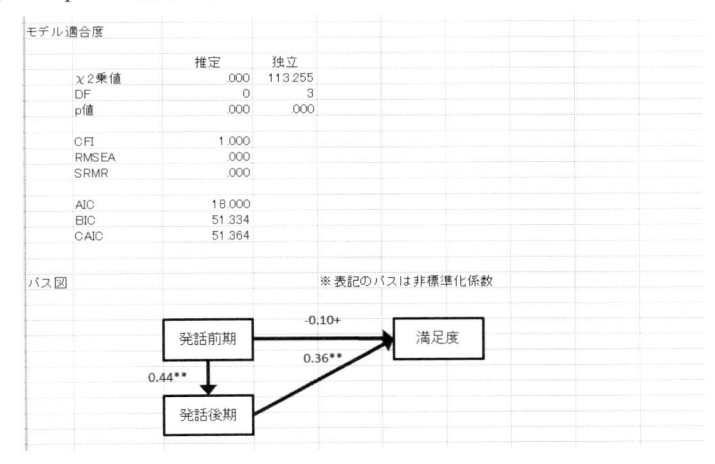

図8-11　分析結果の出力

潜在変数を含んだモデル

次に，潜在変数を含んだモデルの推定を行ってみよう。ここでは，図8-12のように，発話量前期と後期を因子としてまとめ，満足度や集団成績に影響するモデルを考えてみよう。

使用変数に，発話前期，発話後期，満足度，集団成績の4つを指定しよう。そして，因子数を0から1に変えて「モデルスペース」ボタンを押すと，図8-13のような画面が表示される。

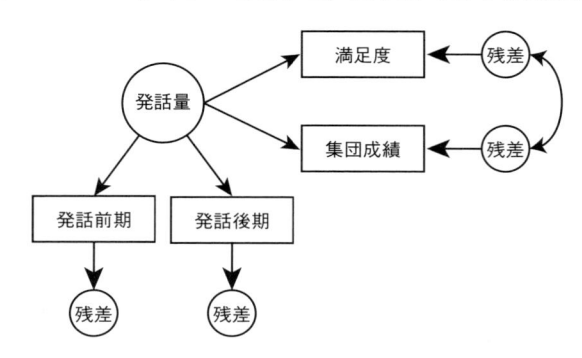

図8-12 潜在変数を含んだ因果モデル

図8-13 潜在変数を含んだモデル

因子は，使用変数で指定している観測変数の上側にF1, F2……という名前で表示される。なお，モデルスペースを開いた状態でも，モデルスペースにある「因子増やす」や「因子減らす」ボタンを押すことで，因子数を増減させることができる。また，今回は最初からパラメータが入力されているが，これは前回と共通した変数を使用しているため，モデルが一部保存されているからである。もしモデルを初期化させたい場合は，モデルスペース左側にある「初期化」ボタンを押すと，モデルスペースを閉じると同時に，モデルを初期化させることができる。再度モデルスペースボタンを押せば，何もパスや共分散が引かれていない状態でパラメータの入力ができる。ここでは改めて新しいモデルを作るので，一度モデルを初期化しておこう。

それではパス図モードを使って，潜在変数を含んだパスモデルを構築してみよう。パス図モードをオンにして，図8-14のようなモデルを描く。なお，F1の行にある「v:1」は，F1の分散を1に固定することを意味している。潜在変数を用いる場合，因子負荷量か因子の分散どちらかを固定する必要があるので，HADでは因子の分散が自動で1に固定される。

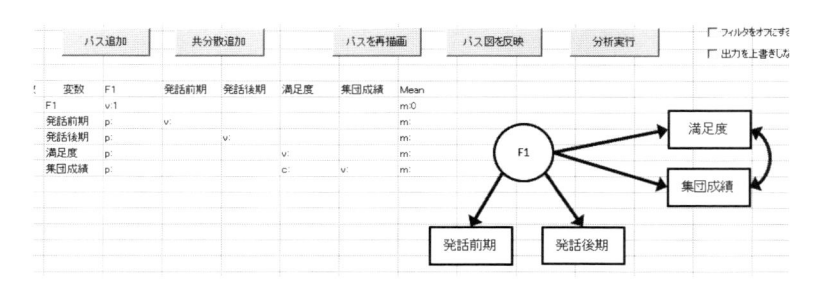

図8-14　発話量が満足度と集団成績に影響するモデル

「パス図を反映」ボタンを押せば，行列にパラメータが自動で入力される。この状態でモデルを推定してみよう。すると，図8-15のように，満足度の分散が負に推定されてしまっているのがわかるだろう。このように，分散が負の値になることを「不適解」と呼ぶ。なぜ不適なのかといえば，分散は定義上，負の値にはならないからである（分散は2乗の和であることを思いだそう）。また，適合度もCFI=0.407と非常に小さい値になってしまっている。このことからも，推定がうまくいっていないことが推察される。

図8-15　不適解の例

このように不適解が生じる場合に対処として，HADでは分散の推定値が0以上になるような制約を課すことができる。「オプション」ボタン（モデルスペースの上の画面にある）を押すと，図8-16のような画面が表示される。ここではSEMの推定上の設定を変更することができる。その中にある，「分散を非負に制約して推定する」にチェックを入れると，分散が負になる不適解を回避することができる。

図 8-16　構造方程式モデルのオプション画面

　それ以外にも，正規性の逸脱を補正する頑健な標準誤差の設定などをここで行うことができる。HAD の頑健標準誤差は，Mplus の MLR（ロバスト最尤法）に相当する推定方法である。ただし，χ^2 乗値の調整は行わない。なお後述するように，マルチレベル SEM では頑健な標準誤差は選択できない。また，パス図の結果を標準化解で出したい場合は，一番下の「パス図の結果を標準化解で出力する」というチェックボックスをチェックすればいい（本書ではここはチェックしない）。

　それでは，分散を非負に制約した状態で推定すると，どうなるだろうか。適合度は CFI が 0.985 と大幅に改善され，モデルがよい適合であることがわかる。推定結果は図 8-17 のとおりである。発話後期の分散が 0 になっているのがわかるだろう。このように，分散が負にならないように制約することで，推定がうまくいくことがあることを覚えておこう。

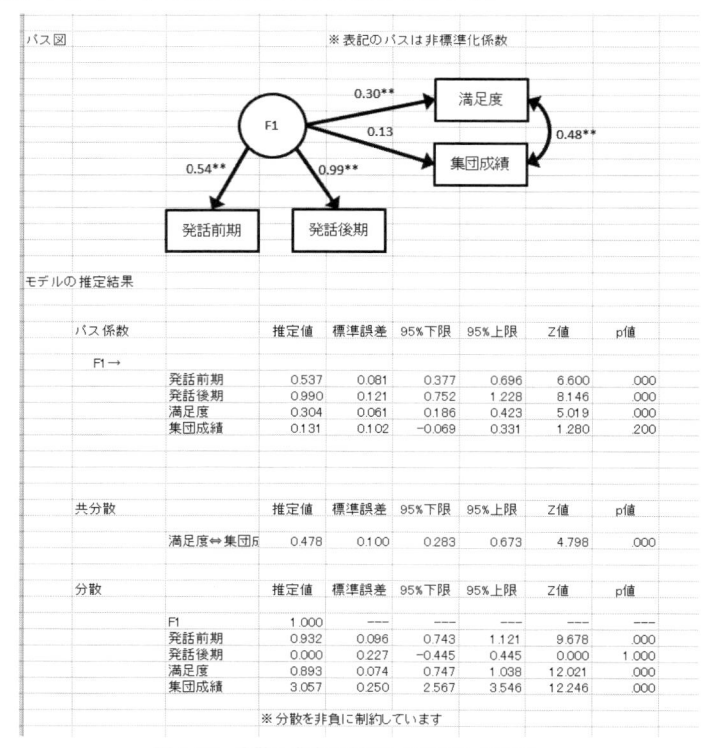

図 8-17　分散を非負に制約して推定した結果

パラメータの制約

不適解が出たときの対処として，分散を非負に制約する方法を説明したが，HADではほかにもパラメータを等値に制約したりするなど，さまざまな制約を課すことができる。

まず，推定したいパラメータを特定の値に固定したい，つまり固定制約を課すには，行列に入力されているパラメータ記号（p:やc:，あるいはv:）のコロンの後に，数値を入力すればよい。先ほどのモデルで，F1の分散を1に固定したのと同じ要領で，パスや共分散を任意の値に固定することができる。

次に，複数のパラメータを同じ数値にしたい場合は，等値制約を行う。等値制約はパラメータの記号に任意の同じ記号をそれぞれ入力すればよい。具体的には，図8-18のように因子から発話前期，後期へのパスを等値にしたい場合，2つのp:のあとに両方とも「a」など同じ任意の記号を入力すればよい。

図8-18　パスの等値制約

このモデルを推定すると，図8-19のように因子負荷量が同じ値に推定された。

図8-19　パスを等値制約した結果

間接効果の推定

図8-6のモデルにおいて，発話前期と満足度への関連が発話後期によって媒介されていることを確認したい場合，間接効果の推定を行うことがある。間接効果とは，発話前期から発話後期へのパスと，発話後期から満足度へのパスの積の効果のことである。間接効果が有意である場合，前期から後期の発言量を経て，満足度に影響しているという媒介効果を主張することができる。

間接効果を推定する場合，まず発話前期から発話後期へのパス，そして発話後期から満足度へのパスにそれぞれ名前をつける。ここでは，図8-20のようにそれぞれaとbと名づけよう。そして，モデルスペースの下側にある「制約→」とあるところのすぐ右側のセルに「IND=a＊b」と入力する。INDはindirect effect（間接効果）の略である。

この状態で分析実行を押すと，図8-21のように，パスaとパスbの積の効果の推定値，標準誤差，そして検定結果が表示される。間接効果は0.156で有意であったため，発話前期から満足度へ関連は，実験後期の発話量によって媒介されていることがわかるのである。

第8章　マルチレベル構造方程式モデリングの実践2　157

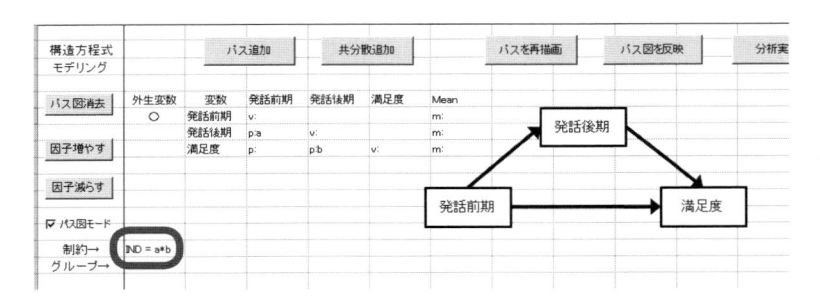

図 8-20 間接効果の推定

図 8-21 間接効果の推定結果

　本書では詳述しないが，これら以外にも，HAD の SEM には便利な機能がある。たとえば「グループ→」のすぐ右隣に変数を指定することで，多母集団同時分析を実行することもできる。たとえば「条件」などの 2 値変数をここに指定すると，値が 0 と 1 の場合のグループ別の分析を行うことができる。また，推定法のところにある「欠損値データ」をチェックすると，完全情報最尤法による推定を行うことができる。ただし，これらの機能は，次節で説明するマルチレベル SEM にはまだ実装されていない。

3　HAD によるマルチレベル SEM

　さて，今までは HAD で構造方程式モデルを実行する方法を解説してきたが，本節ではマルチレベル SEM を実行する方法を解説しよう。
　マルチレベル SEM を実行するには，まず分析法の選択を，「SEM」から「マルチレベル」に変更する。そして，「モデルスペース」ボタンを押すと，マルチレベル SEM 用の行列が表示される

図 8-22　マルチレベル SEM 用のモデルスペース

（図 8-22）。

通常の SEM と異なるのは，変数の最初に「W_」や「B_」という文字がついている点である。W は Within レベルの変数，B は Between レベルの変数であることを意味している。Within レベルのモデルは W のついた変数で，Between レベルのモデルは B のついた変数で指定する。

パスや共分散の書き方は通常の SEM と同じである。たとえば，図 8-23 のモデルを推定する場合，図 8-24 のように Within レベルと Between レベルのパラメータをそれぞれ指定すればよい。ただし，Within レベルの変数と Between レベルの変数の間にパスや共分散を推定することはできない（仮にしたとしても，0 として推定される）。

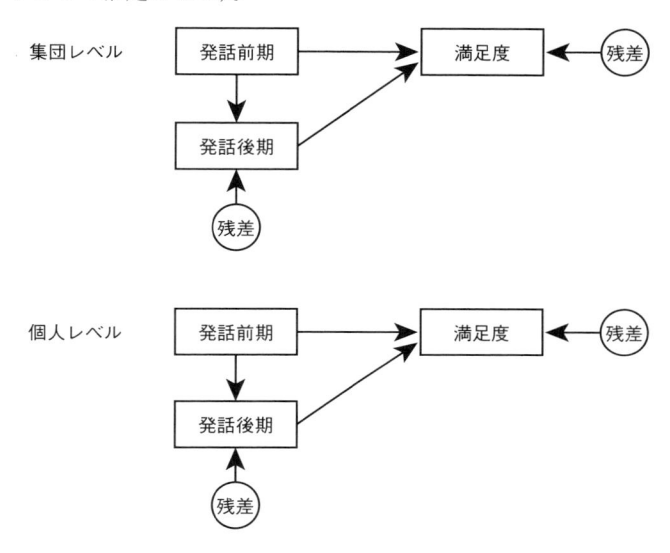

図 8-23　発話量と満足度の関連をマルチレベル SEM で推定

図 8-24　Within モデルと Between モデルのパス図をそれぞれ独立に描く

図 8-24 のモデルを実際に推定すると，図 8-25 のような結果が得られる。適合度やパス図，推定値の結果が得られるのは通常の SEM と同じだが，マルチレベル SEM の場合，各変数の級内相関の推定値が出力される。ただし，この級内相関係数は，マルチレベル SEM 上で推定された級内相関であるため，モデルによっては，4 章で説明した HAD の級内相関係数の分析結果と一致しない場合もある点に注意しよう。

図 8-25 の結果は，7 章の Mplus による Muthén 最尤法の結果と完全に一致している。ただ，

Mplus は Within モデルと Between モデルを別々に表示するが，HAD ではまとめて表示される点が異なっている。

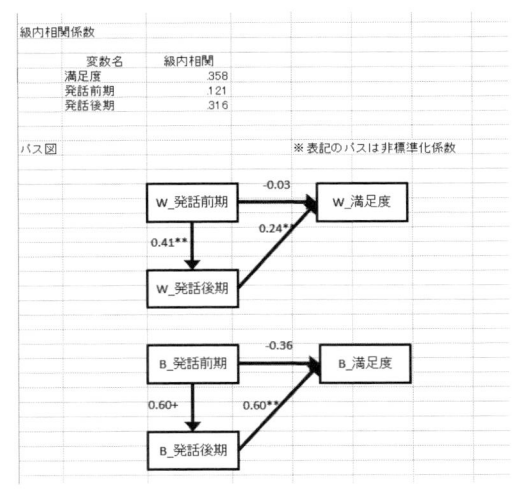

図 8-25 マルチレベル SEM の分析結果

集団レベルのみの変数が含まれている場合

発話量や満足度は，個人レベルと集団レベルの両方の情報が混在している変数であったが，集団成績のように集団レベルのみの情報しかもたない変数がある場合はどうすればよいだろうか。HAD では，モデル入力の段階では仮に個人レベルの情報をもたない変数であっても，Within レベルの変数として表示する。しかし，その変数は実際には情報をもっていないので，推定値の出力の段階では，パスや共分散，分散を推定してもすべて 0 として表示される。また同様に，級内相関が負の値になるような変数では Between モデルではパス，共分散，分散がすべて 0 として推定される。

それでは実際に，個人レベルのみ，集団レベルのみの情報をもつ変数を用いてモデルを推定してみよう。ここでは，満足度，発話前期，発話後期，集団成績，スキルの5つの変数を用いた。それぞれの級内相関係数を確認すると，満足度や発話前期・後期は級内相関が有意だが，スキルは 0 に近く有意ではなかった。また集団成績は集団レベル変数なので，級内相関は 1 となった（図 8-26）。

変数名	有効N	級内相関	95%下限	95%上限	DE	信頼性	df1	df2	F値	p値
満足度	300	.358	.234	.483	0.642	.626	99	200	2.671	.000
発話前期	300	.121	.005	.252	0.879	.293	99	200	1.414	.020
発話後期	300	.316	.192	.444	0.684	.581	99	200	2.388	.000
集団成績	300	1.000	1.000	1.000	0.000	1.000	99	200	---	.000
スキル	299	.022	-.065	.148	0.978	.063	99	199	1.067	.348

図 8-26　各変数の級内相関係数

これら5つの変数でモデルを構築したのが図 8-27 である。モデル中の W_集団成績は，Within モデルの集団成績を表しており，実際には情報がないためどの変数ともパスを仮定しなかった。また一方，スキルは級内相関が0に近いため，Between モデルではパスを仮定しなかった。

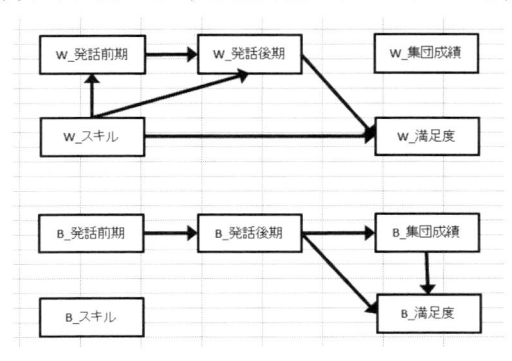

図 8-27　マルチレベル SEM によるパスモデル

推定した結果が，図 8-28 である。モデル適合度はとてもよく，モデルは十分データに適合しているといえる。

モデル適合度

	推定	独立
χ2乗値	3.388	157.064
DF	6	16
p値	.759	.000
CFI	1.000	
RMSEA	.000	
SRMR	.023	
Within	.013	
Between	.036	
AIC	51.388	
BIC	140.199	
CAIC	140.279	

級内相関係数

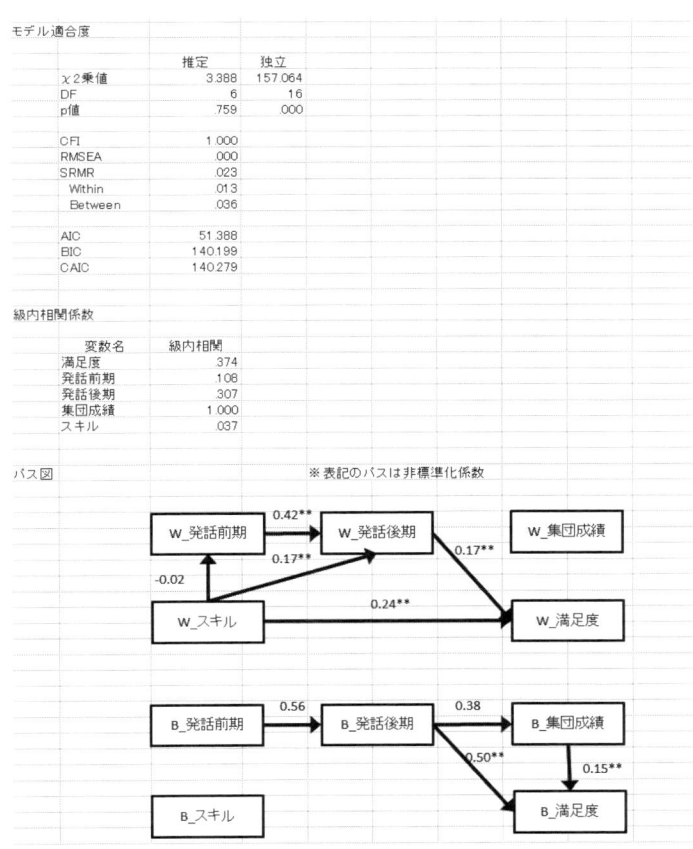

変数名	級内相関
満足度	.374
発話前期	.108
発話後期	.307
集団成績	1.000
スキル	.037

パス図　　　　　　　　　　　　　※表記のパスは非標準化係数

図 8-28　マルチレベル SEM によるパスモデル結果

潜在変数を含んだマルチレベル SEM

マルチレベル SEM は，潜在変数が含まれていても同様に分析することができる。たとえば図 8-29 のようなモデルを推定することを考えてみよう。Within モデルは発話量の前期と後期の背後に潜在変数を仮定し，発話量因子が満足度に与える影響を検討する。そして Between モデルでは，満足度と集団成績の背後に因子を仮定し，それをパフォーマンス因子と名づけ，実験前期と後期の発話量がどのように影響するかを検討するモデルである。

このように，マルチレベル SEM では Within と Between のモデルにまったく異なった因子を想定したモデルを構築することもできる。

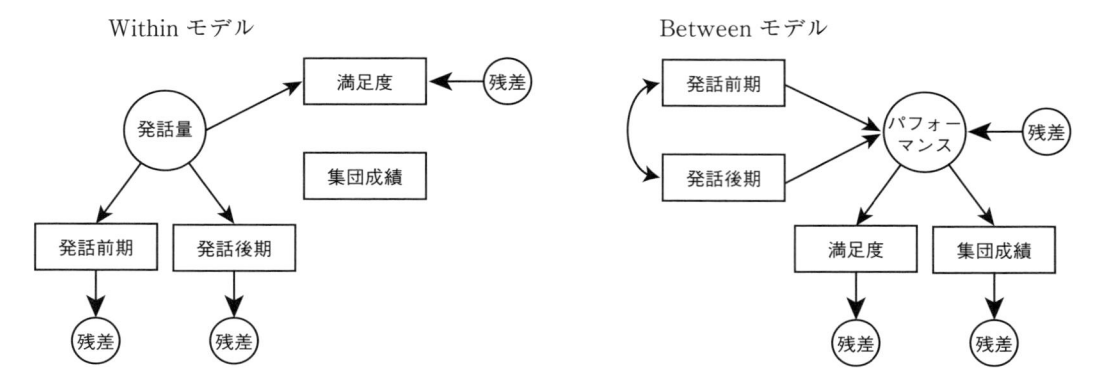

図 8-29　潜在変数を含むマルチレベル SEM の例

このモデルを推定するために，まず潜在変数を 2 つ仮定し，図 8-30 のようなパス図を描いた。モデルに反映させたものをみてみると，Within モデルの因子を表す F1 の分散は 1 に固定されている一方，Between モデルの因子は分散が自由推定になっているかわりに満足度への因子負荷量が 1 に固定されているのがわかる。これは，Between モデルの因子が内生変数であるためである。内

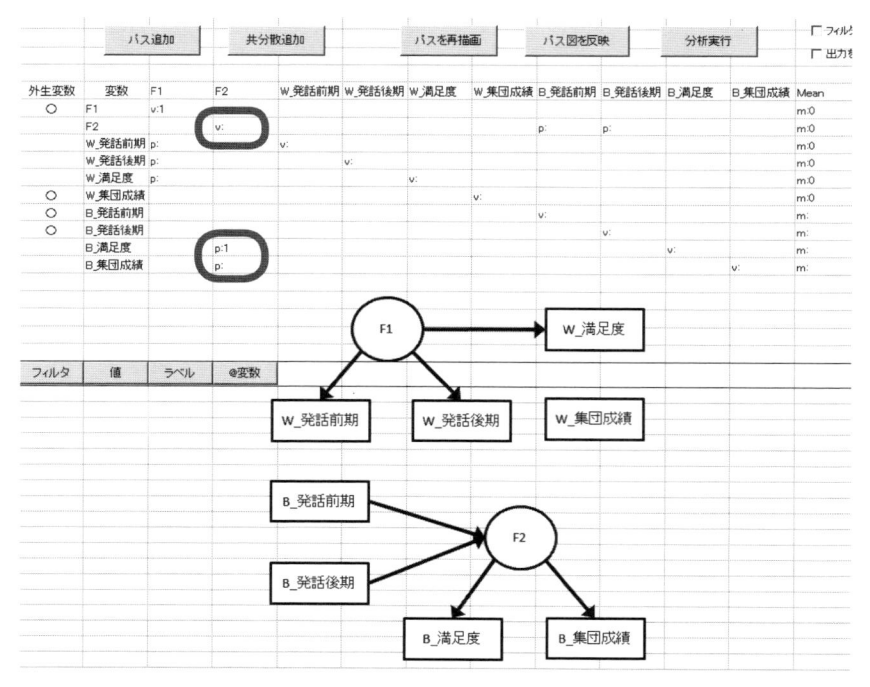

図 8-30　HAD による潜在変数を含むマルチレベル SEM のモデル指定

生変数の場合，外生変数とは異なり分散の推定量（つまり残差分散）が重要になる。なぜなら，残差分散の推定はモデルの精度を表しているためである。もしそれを1に固定してしまうと，標準誤差の推定ができなくなるため，モデルの精度を正確に推定することができなくなる。よって，因子が内生変数の場合は，HADは因子負荷量が仮定されている変数のうち，一番上の変数の因子負荷量を自動的に1に固定する設定になっている。もちろん，手動で別の変数のパスを固定させることもできる。

また因子を仮定する場合，Withinモデルの変数とBetweenモデルの変数の両方にパスを引くようなモデルを推定することができない。因子はWithinモデルの変数だけか，Betweenモデルの変数だけから測定されていることを仮定する必要がある。仮に推定しても，Withinモデルの変数への因子負荷量が0に推定されるようになっている。

この分析は，SEMの時と同様に分散が負の推定値になるため，「オプション」の「分散を非負に制約して推定する」にチェックを入れておこう。チェックしたら，分析実行を押して推定すると，以下のような結果を得た（図8-31）。モデル適合度はCFI = 0.989，RMSEAが0.067と十分な適合が得られていることがわかる。

パス図による結果を見ると，Withinモデルは発話量因子（F1）から満足度に対して有意なパスが得られているのがわかる。Betweenモデルでは，発話前期からのパスは有意ではなく，発話後期のみが集団レベルのパフォーマンス因子（F2）に正の影響力があることがわかる。

最後に，モデルの推定結果をみてみると，Withinモデルの因子はF1（W）と表記され，Betweenモデルの因子はF2（B）と表記されているのがわかる。（W）はWithin，（B）はBetweenをそれぞれ意味している。F2（B）から満足度へのパスは1に固定されているので，標

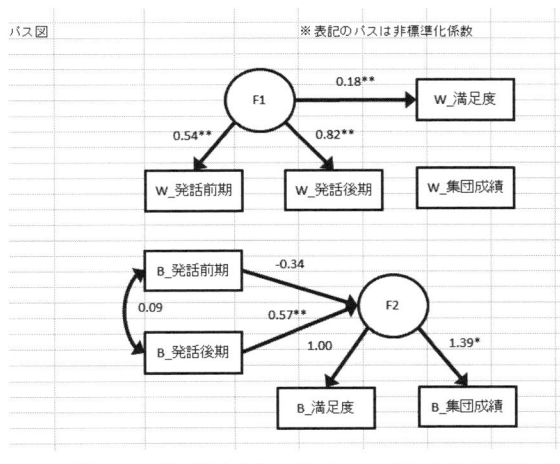

図8-31 潜在変数を含んだマルチレベルSEMの結果（1）

モデルの推定結果

パス係数		推定値	標準誤差	95%下限	95%上限	Z値	p値
F1(W) →							
	W_発話前期	0.539	0.119	0.307	0.772	4.541	.000
	W_発話後期	0.822	0.160	0.508	1.136	5.132	.000
	W_満足度	0.184	0.060	0.067	0.302	3.074	.002
F2(B) →							
	B_満足度	1.000	----	----	----	----	----
	B_集団成績	1.394	0.568	0.281	2.507	2.455	.014
F2(B) ←							
	B_発話前期	−0.336	0.393	−1.106	0.434	−0.855	.392
	B_発話後期	0.573	0.206	0.169	0.978	2.779	.005

共分散		推定値	標準誤差	95%下限	95%上限	Z値	p値
	B_発話前期↔B_発話後期	0.090	0.061	−0.031	0.210	1.462	.144

分散		推定値	標準誤差	95%下限	95%上限	Z値	p値
	F1(W)	1.000	----	----	----	----	----
	F2(B)	0.278	0.132	0.020	0.536	2.110	.035
	W_発話前期	0.783	0.132	0.524	1.042	5.923	.000
	W_発話後期	0.000	0.254	−0.498	0.498	0.000	1.000
	W_満足度	0.596	0.060	0.479	0.713	9.973	.000
	W_集団成績	0.000	----	----	----	----	----
	B_発話前期	0.152	0.080	−0.005	0.309	1.897	.058
	B_発話後期	0.307	0.079	0.153	0.461	3.903	.000
	B_満足度	0.000	0.146	−0.285	0.285	0.000	1.000
	B_集団成績	2.402	0.438	1.543	3.261	5.480	.000

※ 分散を非負に制約しています

図 8-31 潜在変数を含んだマルチレベル SEM の結果 (2)

準誤差や信頼区間の推定はできない。また，満足度の分散は 0 になっていることから，分散が非負になるように制約して推定されていることが確認できる。

HAD によるマルチレベル SEM の特徴

今回例は挙げなかったが，HAD では，マルチレベル SEM でも通常の SEM と同様にパス，共分散，分散に固定制約や等値制約を課すことができる。また，間接効果の検定も通常の SEM と同様に行うことができる。

ただし，多母集団同時分析や頑健標準誤差，欠損データの推定，ランダム係数の推定などを行うことはできないので注意しよう。これらの応用的な分析を行うためには，Mplus を利用する必要がある。しかし，ランダム係数を推定しないのであれば，HAD でも十分なマルチレベル SEM による分析が実行できるので，Mplus の利用が難しい場合は利用するとよいだろう。

第9章

ペアデータの相互依存性の分析

　HLM やマルチレベル SEM では，変数の集団間の関連性を推定する手法であった。本章で解説するのは，二者関係の相互作用や相互依存性を分析するための手法である Actor-Partner Interdependence Model（以下，APIM）について解説する。

1　Actor-Partner Interdependence Model とは

　会話データや友人関係，恋愛関係データのように，ペアでデータを収集することは少なくない。そのようなデータをペアデータ，あるいは二者関係データ（dyadic data）と呼ぶ。二者関係データはその二者内で変数が類似する傾向が強いため，これまで扱ってきた階層的データの範疇に入るデータである。しかし二者データの場合は二者関係間の変動に興味があるだけではなく，その二者内でどのように影響を与え合っているのかについても興味が向けられることが多い。たとえば，二者会話データの場合は，片方の発言量が相手の印象に与える影響などを検討したい場合もあるだろう。あるいは，恋愛関係において片方の援助行動が相手の信頼を予測するか，そしてそこに性差があるかどうかについても関心があるかもしれない。

　このように，関係内の相互依存性を検討する手法が，ケニー（Kenny, 1996）によって提案された。それが，APIM である。APIM は二者関係における変数の関係性を，「Actor 効果」と「Partner 効果」に分離させる手法である。これまでのマルチレベルモデルは変数間の相関を個人レベル・集団レベルに分離してきたが，それとはまた違った観点で効果を分離するのが APIM の特徴である。

　二者関係データにおいて変数を予測することを考える場合，ある特定の変数への予測は，1. 自分自身からの影響，2. 相手からの影響の2つを考えることができる。たとえば，二者会話データにおける発話量と会話満足度の相関を考えてみよう。このデータにおいて，発話量と会話満足度には，1. よく話したから満足した，という効果だけではなく，2. 相手が話してくれたから満足した，という2つの解釈が可能である。前者の，自分自身からの効果を Actor 効果と呼び，相手からの効果を Partner 効果と呼ぶ。Actor 効果はいわば個人内過程を意味する効果であり，Partner 効果は個人間過程を意味する効果であるといえる。

サンプルデータによる APIM の解説

　この2つの効果を詳細に理解するために，まずは実際にデータを用いながら APIM を解説していこう。今回用いるサンプルデータは，二者会話データであり，10分間の2人の会話場面についてデータを収集したものである。サンプルサイズは 100 ペア 200 人だった（図9-1）。

　会話に参加した2人はランダムに片方が話し手（話題を提供する側）と聞き手（話し手に質問を

する側)という役割を割り振られた。そして，会話中の発話量をビデオ撮影によって計量し，実験後に会話の満足度(楽しかった，また話がしたいなど)を測定した。また，実験前にはそれぞれにどれほど会話が得意か，というコミュニケーションスキルを測定した。ただし，このデータは仮想データであり，実際に実験を行ったものではない。

ここで，発話量と会話満足度の単純な相関係数を算出してみると，$r=0.240$, $t(198)=3.485$ であった。もちろん，2章で解説したように，この相関係数の有意性検定の結果は正しくない。それは，サンプルがペア内で相互独立ではないからである。そこで，級内相関係数および，集団レベル・個人レベル相関係数を算出してみる。級内相関係数は，発話量は0.412，満足度は0.318，発話量と会話満足度との集団レベル相関は0.912，個人レベル相関は-0.139であった。このことから，発話量も満足度も二者関係内で類似性は高く，さらに二者関係間の相関は非常に高かった。つまり，よく発話している関係ほど満足度も高い，ということを意味している。一方，相手よりも多く発話することは，むしろ満足度に対して負の影響があることも示された。

ペア	役割	満足度	発話量	スキル
1	1	4.47	2.91	1.78
1	2	4.75	2.62	2.91
2	1	3.42	3.75	2.62
2	2	3.17	4.18	1.2
3	1	4.21	3.84	5.28
3	2	5.49	3.48	6.12
4	1	5.56	4	2.77
4	2	5.31	3.43	4.79
5	1	3.89	1.87	3.71
5	2	5.08	1.17	2.83
6	1	3.97	5.24	2.05
6	2	5.93	4.46	3.51
7	1	3.12	4.38	5.54
7	2	5.83	1.54	3.81
8	1	5.27	4.72	7.32
8	2	3.91	2.04	3.39
9	1	2.62	2.64	4.37

図 9-1 二者会話データ (仮想データ)

さて，ここまでは前章までの分析であるが，APIMでは，自分の発話量および相手の発話量が満足度に及ぼす影響を検討できる。これをSEMのパス図で表現すると，図9-2のようになる。ここで，自分の発話から自分の満足へのパス，あるいは相手の発話から相手の満足へのパスが，Actor効果である。そして，自分の発話から相手の満足，あるいは相手の発話から自分の満足へのパスが，Partner効果である。また，自分と相手との発話の共分散を発話量の級内共分散(あるいは級内相関)と呼ぶ。これは，2章で解説した級内相関の二者関係版である。

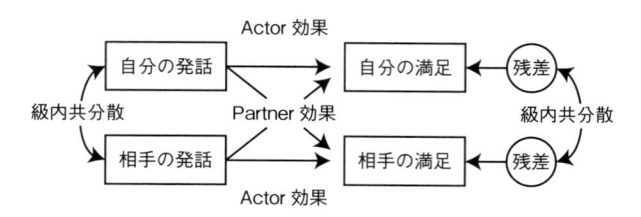

図 9-2 APIMのモデル図

一見，Actor効果は個人レベルのパス，Partner効果は集団レベルのパスと同じものであるかのように思えるかもしれない。だが，Actor効果には集団レベルと個人レベルの両方の効果が含まれている。そしてPartner効果には，個人レベルの効果は含まれていないが，集団レベルのすべての

効果が含まれているわけではない。たとえば，Partner 効果がまったくなくとも，集団レベルの相関がある，ということはありえる。よって，集団・個人レベルの効果と，Actor・Partner 効果は概念的に近そうに見えるが，実際は異なるものである。

識別可能データと交換可能データ

今回は，会話に話し手と聞き手という役割があるため，二者関係内で個人を役割に応じて識別することができる。このような二者関係データを，「識別可能データ」と呼ぶ。識別可能データの例としては，異性の恋愛関係や夫婦関係など性別が二者関係内で異なるデータ，あるいは親子データ，カウンセラーとクライアントのカウンセリングデータなどが挙げられる。それに対して，二者関係内で役割や性別に違いがなく，両者を変数上で区別できない二者関係データを「交換可能データ」と呼ぶ。交換可能データの例は，同性友人関係，役割を与えない二者会話データなどが当てはまる。そして，APIM では，識別可能データと交換可能データでは，用意するデータセットが異なるのである。

識別可能データの場合，図 9-3 のようなデータセットを用意する。

ペア	満足度_1	満足度_2	発話量_1	発話量_2	スキル_1	スキル_2
1	4.47	4.75	2.91	2.62	1.78	2.91
2	3.42	3.17	3.75	4.18	2.62	1.2
3	4.21	5.49	3.84	3.48	5.28	6.12
4	5.56	5.31	4	3.43	2.77	4.79
5	3.89	5.08	1.87	1.17	3.71	2.83
6	3.97	5.93	5.24	4.48	2.05	3.51
7	3.12	5.83	4.38	1.54	5.54	3.81
8	5.27	3.91	4.72	2.04	7.32	3.39
9	2.62	5.25	2.64	3.02	4.37	3.87
10	4.63	4.5	2.78	4.59	2.74	3.9
11	3.75	4.48	3.92	3.88	4.55	5.09
12	3.26	5.35	4.24	4.9	3.22	4.09
13	4.16	4.33	4.04	3.91	4.2	5.16
14	3.17	5.09	3.25	3.07	4.3	2.17
15	4.26	5.62	2.83	0.47	4.53	3.67
16	3.96	5.08	3.02	3.23	4.74	4.69
17	4.77	5.24	4.85	2.26	3.32	2.38

図 9-3 識別可能データ

これは，100 ペアのデータを縦に並べ，変数として個人ごとのデータを横に並べた形式である。例えば，満足度_1 は話し手の会話満足度，満足度_2 は聞き手の会話満足度，というように，2 人分のデータが横並びになっているのである。そして，サンプルサイズはペアの数である 100 になる。

識別可能データでは，このデータセットに対して SEM を適用し，図 9-4 のようなモデル図のパラメータを推定する。ここでは，発話量と満足度の APIM についてモデル化している。

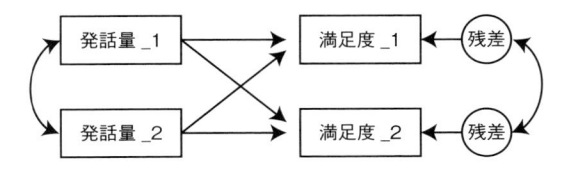

図 9-4 識別可能データにおける APIM のモデル

識別可能データでは，話し手の Actor 効果と聞き手の Actor 効果，話し手の Partner 効果と聞き手の Partner 効果は，それぞれ推定値が異なる。話し手は自分が多く話すことによって満足を得るかもしれないが，聞き手側は自分が多く質問したことによって自分が満足するとは限らない。む

しろ相手が多く話してくれたほうが，満足感につながるかもしれない。このように，識別可能データの APIM は，二者の識別を可能とする変数によって，Actor 効果や Partner 効果がそれぞれどのように異なるか，が主要な関心になるかもしれない。

これに対して，交換可能データでは識別可能データと同じような分析を行うことができない。なぜなら，交換可能データの場合，ペアのうちどちらのデータを「満足度_1」に入れ，どちらのデータを「満足度_2」に入れればよいか，判断がつかないからである。適当に入れればよい，と思われるかもしれないが，どちらの個人をどちらの変数に入れるかによって，結果が大きく変わってしまうことがある。データ入力の恣意性が分析結果にそのまま反映されてしまうのは望ましくない。よって，交換可能データの場合，少し工夫が必要となる。

そこで用いるのが「ペアワイズデータセット」と呼ばれるものである。ペアワイズデータセットとは，図 9-5 のように，ペアの両方を満足度_1 に入れ，さらにペア内で入れ替えたデータを満足度_2 とするようなデータである。

ペア	満足度_1	満足度_2	発話量_1	発話量_2	スキル_1	スキル_2
1	4.47	4.75	2.91	2.62	1.78	2.91
1	4.75	4.47	2.62	2.91	2.91	1.78
2	3.42	3.17	3.75	4.18	2.62	1.2
2	3.17	3.42	4.18	3.75	1.2	2.62
3	4.21	5.49	3.84	3.48	5.28	6.12
3	5.49	4.21	3.48	3.84	6.12	5.28
4	5.56	5.31	4	3.43	2.77	4.79
4	5.31	5.56	3.43	4	4.79	2.77
5	3.89	5.08	1.87	1.17	3.71	2.83
5	5.08	3.89	1.17	1.87	2.83	3.71
6	3.97	5.93	5.24	4.48	2.05	3.51
6	5.93	3.97	4.48	5.24	3.51	2.05
7	3.12	5.83	4.38	1.54	5.54	3.81
7	5.83	3.12	1.54	4.38	3.81	5.54
8	5.27	3.91	4.72	2.04	7.32	3.39
8	3.91	5.27	2.04	4.72	3.39	7.32

図 9-5 交換可能データのペアワイズデータセット

図 9-3 との違いをよく見てほしい。ペア 1 の満足度_1 は 4.47 と 4.75 であるのに対し，満足度_2 は 4.75 と 4.47 というように，二者関係内でデータがひっくり返っているのがわかる。発話量とスキルについても同様である。この処理をすべての二者関係に対して適用するのがペアワイズデータセットである。よって，サンプルサイズは 200 人となる。一見，データが水増しされているように見えるかもしれないが，その処理については後述する。

ペアワイズデータセットを用いて，図 9-4 と同じようなモデルを構築し，SEM で推定を行えば，交換可能データについて APIM を適用することができる。交換可能データの場合は，識別可能の時とは異なり，2 つの Actor 効果同士と Partner 効果同士はそれぞれ一致する。

2　識別可能データの APIM の推定方法

もともとの Kenny（1996）の方法は回帰分析を用いるものであるが，手続きが煩雑である。そこで本書で紹介する APIM の推定方法は，オルソンとケニー（Olsen & Kenney, 2006）によって提案された，SEM による方法である。SEM が実行できるソフトであればどのようなものでも構わないが，ここでは 8 章に引き続き，HAD による方法を紹介する。

識別可能データの場合は，先述のように，役割などに合わせて二者関係の変数を作成し，サンプ

ルサイズをペアの数とするようなデータセットを用意すれば，あとはSEMで推定するだけである。しかし，もし最初に二者関係が図9-1のように縦に並んでいるようなデータ（縦並びデータと呼ぶ）の場合，それを横に並び替える必要がある。そこで，まずは図9-3のような二者関係内の個人がそれぞれ別の変数で並んでいるようなデータ（横並びデータと呼ぶ）の作り方を解説する。

なお，APIM用のサンプルデータは，4章で解説したように筆者のWebサイトにあるので，4章を参照のうえ，Webからダウンロードしよう。HADは筆者の作成したエクセルで動くプログラムである。HADでSEMを実行する方法については8章を参照してほしい。

まず，HADにデータを入力するときに二者関係を識別する変数「ペア」がB列に入力されていることを確認する（図9-6）。そして，分析に使いたい変数（ここでは発話量と満足度）を指定し，モデリングシート右側にある「データセット」ボタンを押す。すると，図9-7の画面が現れるので，「グループを変数に並び替える（縦のデータを横に）」をチェックして，「OK」を押す。これで識別可能なAPIM用のデータを出力できる。なお，得られたデータの「満足度_1」と「発話量_1」などが話し手のデータ，「満足度_2」と「発話量_2」が聞き手のデータである。

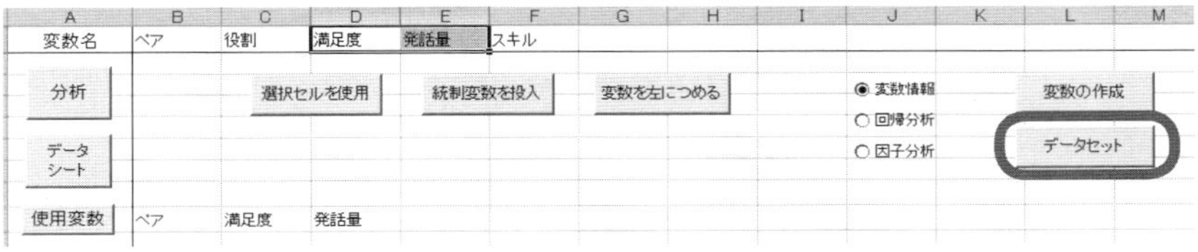

図9-6　HADで横並びのデータに並び替える

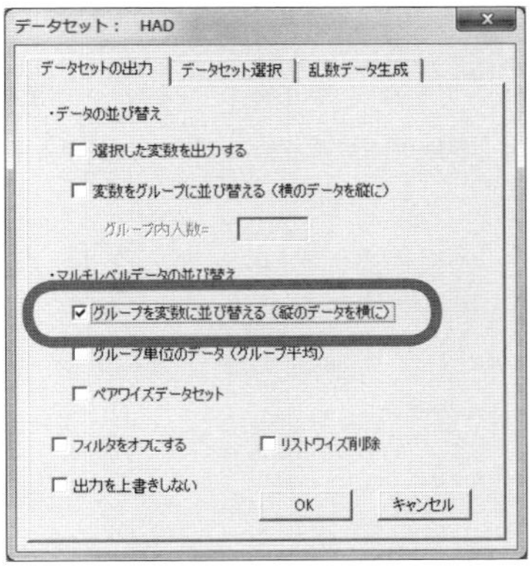

図9-7　HADによる横並びデータの作成手順

それではさっそく，HADで分析する方法を解説する。出力したデータをデータシートに貼りつけて，改めてデータを読み込もう。今回は，マルチレベルSEMではなく通常のSEMであることに注意して，8章を参照に，図9-8のようなパス図を描こう。基本的に，識別可能データのAPIMの準備はこれで終わりである。推定すると，図9-9のような結果が得られた。

発話量_1から満足度_1へのパスは話し手のActor効果であり，発話量_2から満足度_2は聞き手のActor効果である。話し手のActor効果は有意だったが，聞き手は有意ではなかった。このことから，話し手は自分が話した量だけ会話に満足するが，聞き手は関連がなかったことがわかる。次に発話量_2から満足度_1へのパスは話し手のPartner効果であり，発話量_1から満足度_2へのパスは聞き手のPartner効果である。これは両方とも有意であり，話し手は聞き手が多く

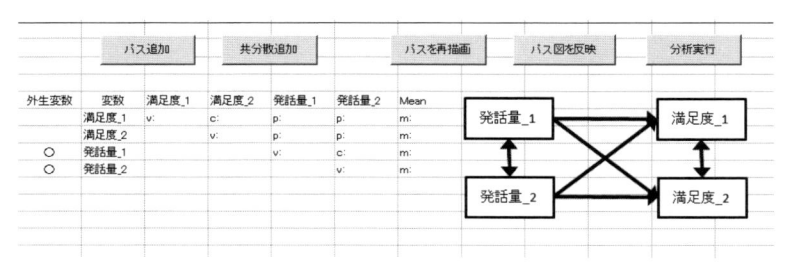

図9-8 HAD による識別可能な APIM のモデリング

図9-9 HAD の SEM による識別可能な APIM の推定結果

質問してくれるほうが，聞き手は話し手が多く話してくれるほうがより満足している，と解釈できるかもしれない。

　共分散の結果を見れば，発話量_1 と発話量_2 の間に有意な共分散があったことから，発話量は級内相関が認められたことがわかる。標準化係数を見ると 0.414 であったので，かなり高い二者関係内の類似性があったといえる。また，満足度_1 と満足度_2 の共分散は，発言量の効果を統制した後の級内共分散を表している。この値も高く，標準化係数で 0.340 であった。

　このように，識別可能データの場合は，普通の SEM と同じ方法で分析することができる。

3　交換可能データの APIM の推定方法

　交換可能データの場合は，識別可能データよりも少し面倒である。まずペアワイズデータセットを作成し，そのペアワイズデータセットを用いて分析する必要がある。しかし，ペアワイズデータセットはサンプルサイズが二者関係の数×2となっており，識別可能データの場合に比べて倍のサイズになる。これでは不当にデータサイズを大きく見積もってしまうため，サンプルサイズはペア数に指定する必要がある。だが多くのソフトウェアでは，サンプルサイズだけを分析上で指定することができない。そのため，もし SEM 用のソフトウェアで分析する場合，共分散行列タイプのデータをソフトウェアに入力する，という方法を使わなければならない。そのなかで，HAD はサンプルサイズを個別に指定して SEM で分析ができるので，比較的簡単にできる。そこで，本節では HAD の SEM の機能を使って交換可能データの APIM を実行する方法を解説する。また，同時に HAD を使って交換可能用の共分散行列を作成し，Amos などのソフトウェアで分析する方法を解説する。なおサンプルデータは同じ二者会話データを用いる。

ペアワイズデータセットの作成

　サンプルデータは，これまでと同じ，二者会話データである。今回は交換可能データとして考えるので，話者の役割は無視する。すでに述べたように，交換可能データに対して APIM を実行するためには，ペアワイズデータセットが必要である。HAD は個人をサブジェクトとした縦並びのデータから，ペアワイズデータセットをすぐに作成できる。

　まず分析に使用する変数を使用変数として指定する。今回は使わないが，個人から実験前に測定したコミュニケーションスキルも指定しておこう。つまり，変数として満足度，発話量，スキルの3つを使用変数に指定する。

　次に，モデリングシートの右側にある「データセット」ボタンを押す。すると，図 9-10 のような画面が立ち現れるので，「ペアワイズデータセット」をチェックして，「OK」を押す。すると，二者関係内で逆転されたペアワイズデータセットが出力される。このデータを分析に用いるので，図 9-11 のように HAD にデータセットとしてセットしなおそう。

　ペアワイズデータセットを読み込んだら，APIM で用いる変数である，満足度_1，満足度_2，発話量_1，発話量_2 の4つを使用変数に指定して，SEM 用の画面を立ち上げる。そして，図

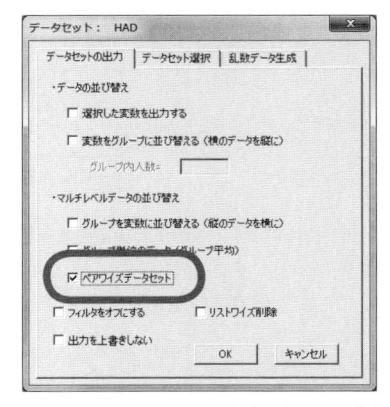

図 9-10　HAD によるペアワイズデータセット出力の手順

図 9-11　ペアワイズデータセットを HAD に読み込む

図 9-12　HAD の SEM で APIM のモデルを作成する

9-12 のようにパス図を描こう。ここまでの流れは識別可能データの APIM とまったく同じである。

ここからが交換可能データの APIM に特有の指定方法になる。まず，Actor 効果の2つ，そして Partner 効果の2つをそれぞれ等値に制約する。パラメータを等値に制約するには，パスの記号である「p:」のあとに同じ記号を入力すればよい。ここでは，Actor 効果には「actor」，Partner 効果には「partner」と書き込もう。ただ，それぞれのパスが行列のどの要素と対応しているか，慣れないとわかりづらいかもしれない。そのような場合は，パス図のパスの上にマウスカーソルを持っていき，Shift キーを押しながらクリックすると，対応する行列の要素の場所に自動的にアクティブになるので，利用してみよう。

続いて，同じ変数の分散も等値に制約する。発話量_1 と発話量_2，そして満足度_1 と満足度_2 はデータの並びは異なるが，入っているデータは同じであるため，分散も等しくなる。そのための処置である。ここでは発話量の分散の記号の後に「talk」，満足度の分散には「sat」と入力しておこう。同様に，平均値と切片も，同じ変数は等値に制約する。ここでは，発話量の平均値には「talkm」，満足度の切片は「satm」と書き込むことにする。これらの指定をすると図 9-13 のようになる。

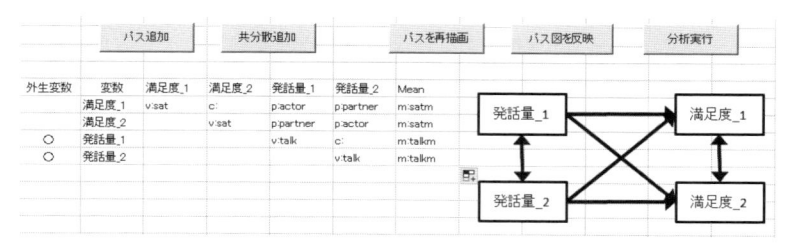

図 9-13　交換可能データの APIM 用の等値制約

最後に，ペアワイズデータセットでは，実際はペアの数が 100 であるところを，200 人データとして縦並びにしていた。これは一見，データが水増しされているようにみえる。これを処理するために，サンプルサイズが 100 であることを指定する必要がある。

図9-14　サンプルサイズの指定

　HADでは，図9-14のように「制約→」と書いてあるすぐ右隣のセルに「N=100」と入力することで，サンプルサイズが100で計算されるようになる。具体的には，SEMの推定に用いる共分散行列は200人のペアワイズデータセットを用いるが，標準誤差や適合度の計算にはサンプルサイズが100であるように計算するのである。こうすることで，推測統計的に妥当な推定結果を得られるようになる。ただし，サンプルサイズを指定する方法を用いると，欠損値データの推定や頑健標準誤差の推定ができなくなる点には注意しよう。

　ここまでできたら，分析実行をクリックして推定を開始できる。図9-15は交換可能データのAPIMの推定結果である。今回のデータはすべての変数にパスが引かれているのでχ^2乗値は0となり，適合度はとくにみる必要はない。

　モデルの推定結果を見ると，Actor効果とPartner効果のp値の右側に，actor，partnerという記号が表示されているのがわかる。この文字が同じパラメータは，等値に制約されていることを意味している。なお，注意が必要なのは，交換可能データの場合，APIMではActor効果同士，Partner効果同士は等値制約をせずとも，推定値は同じになる。しかし，それでも分析の設定上は等値制約を課しておく必要がある。それは，推定精度が過小評価されてしまうからである。仮に等値制約しない場合，Actor効果の推定値は0.132と同じだが，標準誤差が0.100と，実際の0.071に比べて大きく推定されてしまった。このように，上記の等値制約は推定精度を正確にするために必要なのである。また，後に説明するように，これらの制約はモデルの適合度とも関連している。等値制約を課さないと，モデルの自由度が正しく推定できず，モデルの適合度を小さく見積もってしまう，という問題が生じるのである。

　さて，分析結果に目を向けると，Actor効果は0.132で5％水準では有意ではなかった。一方，Partner効果は0.287で有意だった。このことから，話し手と聞き手という役割を無視した交換可能なデータとして見た場合，自分が話した量というよりは，相手が話をした量によって会話の満足度が予測できる，ということがいえるだろう。また，級内共分散はどちらも有意であり，発話量も満足度も，二者関係内で類似していることがわかった。

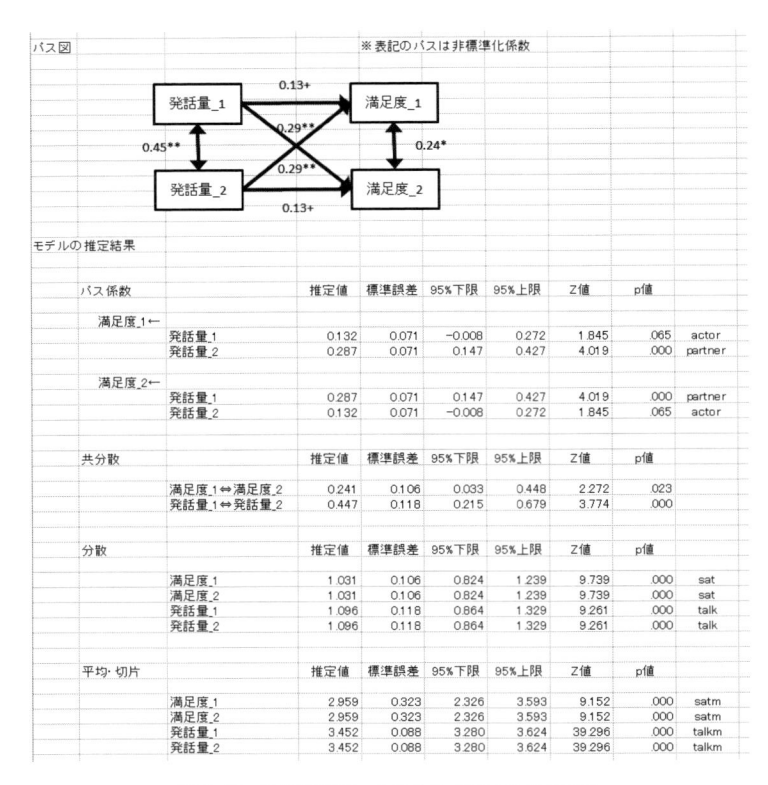

図9-15 交換可能データによるAPIMの分析結果

他のSEMのソフトウェアで交換可能データを実行する方法

　AmosやMplusのような，SEM専用のソフトウェアで分析する場合，ペアワイズデータセットから直接APIMを分析することはできない。なぜなら，そのままではサンプルサイズを大きく見積もってしまうからである。そこで，以下のようにペアワイズデータセットを共分散行列の形で入力し，その際にサンプルサイズをペア数に指定して分析する方法を解説する。

　共分散行列をSEMのソフトウェアに読み込ませる方法は，ソフトウェアによって異なるが，今回はAmosに読み込むための方法を解説する。HADはAmosに入力するためのフォーマットで共分散行列を出力するため，それを利用するとよい。

　ペアワイズデータセットから共分散行列を推定してもよいが，HADではペアが縦に並んでいるデータから直接，交換可能用の共分散行列を作成することができる。まずは識別可能の時と同様に，ペアを識別する変数（サンプルデータでは「ペア」）がB列に入力されていることを確認しよう。そして，分析に使う変数（ここでは満足度と発話量）を使用変数に指定して，「分析」ボタンを押す。交換可能データ用のペアワイズ共分散行列は，図9-16のように「マルチレベル分析」セクションのなかにあるのでそれをチェックしよう。

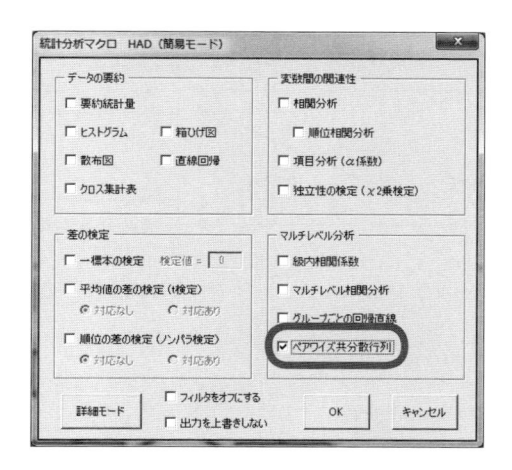

図9-16 HAD の詳細モードで「ペアワイズ共分散行列」をチェックする

「OK」を押すと，図9-17のように，Amos に入力するために必要なコードが入力されたペアワイズ共分散行列が出力される。この共分散行列をみると，サンプルサイズが 100 と入力されているのがわかる。つまり，データは 200 人のものを用いて共分散行列を計算しているが，サンプルサイズを半分に調整しているのである。これを用いて Amos で APIM を実行できる。

rowtype_	varname_	満足度_1	発話量_1	スキル_1	満足度_2	発話量_2	スキル_2
n		100	100	100	100	100	100
cov	満足度_1	1.186361	0.275574	0.356832	0.371861	0.377465	0.083018
cov	発話量_1	0.275574	1.107565	0.312754	0.377465	0.451379	-0.05646
cov	スキル_1	0.356832	0.312754	1.115789	0.083018	-0.05646	0.152433
cov	満足度_2	0.371861	0.377465	0.083018	1.186361	0.275574	0.356832
cov	発話量_2	0.377465	0.451379	-0.05646	0.275574	1.107565	0.312754
cov	スキル_2	0.083018	-0.05646	0.152433	0.356832	0.312754	1.115789
mean		4.4053	3.45195	3.99345	4.4053	3.45195	3.99345

図9-17 HAD で出力された，Amos に入力するためのペアワイズ共分散行列
サンプルサイズが 100 になっている点に注意

なお，ペアワイズデータセットから共分散行列を計算したい場合は，分析ボタンを押した後，図9-16 の一番左下にある「詳細モード」ボタンを押して，変数間の関連性セクションにある「共分散」にチェックを入れて OK を押せば共分散行列が出力される。ただし，サンプルサイズが 200 になっているはずなので，図9-17 のように 100 に変更しておこう。

Amos にこの共分散行列を読み込ませるには，共分散行列が含まれているシートを 97-2003 バージョンの Excel ファイル形式（拡張子が *.xls のもの）に保存する必要がある。適当な新規 Book を作成し，出力された共分散行列を貼り付けたのち，.xls 形式で保存するといい。

データを Amos に読み込んだら，パス図を描く。しかし，すでに述べたように交換可能データの場合はパスや分散のパラメータを等値に制約する必要があるので注意が必要である。図9-18のように，2つの Actor 効果，Partner 効果，そして発話量の分散，満足度の残差分散にそれぞれ同じ記号（数値以外）を入力しよう。こうすることで，各組のパラメータを等値に制約することができる。図9-18では，2つの発言量の分散を talk，満足度の残差の分散を sat，Actor 効果を a，Partner 効果を p とした。

このモデルを推定すると，図9-19 のような結果となった。

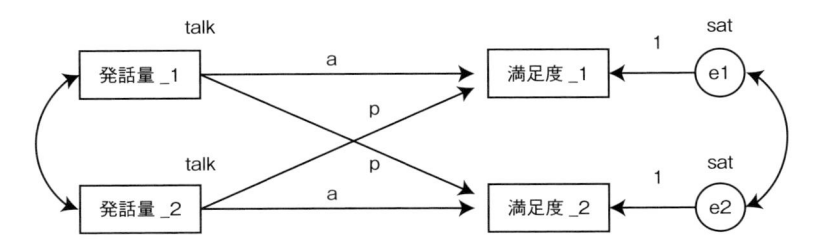

図9-18 交換可能データのAPIMのモデリング 同じ記号のパラメータは等値制約している

係数:(グループ番号1-モデル番号1)

			推定値	標準誤差	検定統計量	確率	ラベル
満足度_1	<---	発話量_1	.132	.072	1.836	.066	a
満足度_2	<---	発話量_2	.132	.072	1.836	.066	a
満足度_1	<---	発話量_2	.287	.072	3.999	***	p
満足度_2	<---	発話量_1	.287	.072	3.999	***	p

共分散:(グループ番号1-モデル番号1)

			推定値	標準誤差	検定統計量	確率	ラベル
発話量_1	<-->	発話量_2	.447	.119	3.755	***	
e1	<-->	e2	.241	.106	2.260	.024	

図9-19 Amosによる交換可能データのAPIMの推定結果

交換可能データにおける自由度と適合度の調整

さきほど等値制約とモデルの自由度について触れた。等値制約を行わないと、推定するパラメータ数が多くなりすぎて、適合度が適切に計算できなくなるのである。よって、各組のパラメータについて等値制約を行わなければならない。しかし、それだけでは実は十分ではない。等値制約をしただけでは、まだ自由度を正しく見積もっていないため、適合度が正しく計算されないのである (Olsen & Kenney, 2006)。

交換可能データの場合、本来は識別できない変数を、無理やりペアワイズデータセットを作って変数を二つ作っているので、検討したい変数が2つ（発話量と満足度）の場合でも、分析に用いる変数はその倍である、4変数となる。SEMのソフトウェアは4変数をすべて独立なものとして考えるため、飽和モデル（すべての変数間にパスや共分散を仮定しているモデル）で推定するパラメータ数は平均構造を含めない場合で10、平均構造を含めると14となる。しかしもし変数が2つであると考えるなら、本来の飽和モデルで推定されるパラメータは、分散が2つ、パスが2つ（Actor効果とPartner効果）、平均が2つの合計6（平均構造を含めないと4つ）となるはずである。よって、平均構造を含めない場合は4を10に、含める場合は6を14と多く見積もってしまっていることになる。飽和モデルは本来、自由度は0であるが、交換可能データを分析すると、0より大きい自由度が生じてしまうので、飽和モデルの自由度が0となるように調節する必要がある。

HADでも、Amosでも、平均構造を含めるかどうかを指定することができる。平均構造を含める、含めない、両方の場合で、自由度を調整するための調整値を計算するための式を記しておこう。なお、式中の t は、変数の数である。発話量と満足度のモデルの場合、2となる。

平均構造を仮定しない場合（HADやAmosではデフォルト）

$$調整値 = t^2 \qquad 式9\text{-}1$$

平均構造を仮定する場合（Mplusではデフォルト）

$$\text{調整値} = t(t+1) \qquad \text{式 9-2}$$

式 9-1 から，本来のモデルの自由度を計算することができる。Amos などのソフトウェアが出力した自由度から，この調整値を引けば，本来のモデルの自由度となる。今回の例で言えば平均構造を仮定していないので，調整値は 2×2 の 4 である。図 9-20 のように HAD や Amos が出力しているモデルの自由度は，4 であるので，式 9-3 のように，モデルの自由度は 4−4＝0 となった。

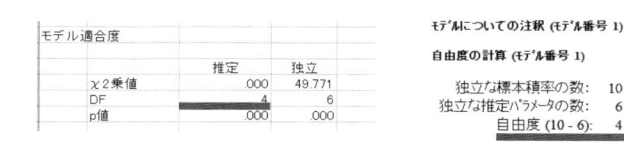

図 9-20　HAD（左）と Amos（右）に表示されるモデルの自由度

$$\text{モデルの自由度} = \text{ソフトウェアが表示している自由度} - \text{調整値} \qquad \text{式 9-3}$$

APIM だけを SEM で実行する場合は，常に飽和モデルとなるので，自由度は 0 になる。自由度が 0 の場合は適合度指標を参照する必要がないが，もしほかの変数も組み合わせた APIM を実行したい場合には，この調整が必要となってくるので注意しよう。

適合度指標のうち，RMSEA はモデルの自由度が算出式に含まれているので，この指標を報告する場合は，自分で適合度を計算しなおさなければならない。ただし，式はそれほど難しくない。以下の式で計算できる。

$$\text{RMSEA} = \sqrt{\frac{\frac{\chi^2}{\text{モデルの自由度}} - 1}{\text{ペア数} - 1}} \qquad \text{式 9-4}$$

また，CFI はモデルの自由度だけではなく，独立モデル（パスや共分散を何も仮定しないモデル）の自由度も計算式に用いる。ただ，独立モデルの自由度も，モデルの自由度と同じように計算できる。なお，独立モデルの自由度は，図 9-20 にある「独立な推定パラメータの数」である。

独立モデルの自由度＝ソフトウェアが表示する独立な推定パラメータの数−調整値

CFI は独立モデルと推定したモデルの χ^2 乗値と自由度を使って，以下の式で計算できる。

$$\text{CFI} = \frac{(\text{独立モデルの}\chi^2 - \text{独立モデルの自由度}) - (\text{モデルの}\chi^2 - \text{モデルの自由度})}{\text{独立モデルの}\chi^2 - \text{独立モデルの自由度}} \qquad \text{式 9-5}$$

ただし，推定したモデルの χ^2 乗値よりも推定したモデルの自由度が小さい場合，分子にある「(モデルの χ^2− モデルの自由度)」の項は，0 として計算する。

このように，交換可能データのAPIMはやや煩雑だが，もしモデルが飽和モデルであるなら，上記の計算はせず，RMSEAは0，CFIは1として報告すればよい。

4 階層線形モデル（HLM）よる交換可能データのAPIM

HADによるHLMを使ったAPIM

前節では，SEMを用いたAPIMの方法を紹介した。実はSEMを使う方法以外に，2章から5章で解説した，HLMを用いた方法もある（Cook & Kenny, 2005）。こちらのほうがペアワイズデータの共分散行列を計算しなくてよく，モデルの等値制約なども不要なので，いくらか手続きは楽である。さらに，本節で紹介する方法は，HLMを実行できるソフトウェアならどれでも簡単に実行できるので，Mplusなど，SEM専用のソフトウェアがなくても分析できる点も長所の1つである。しかし，SEMほどモデリングは自由でないので，一長一短ではある。目的に合わせて使い分けてほしい。

ここでは，4章で解説した，HADを用いたHLMによる方法を紹介する。ソフトウェアが変わっても同じなので，SPSSを利用したい読者は5章を合わせて参照してほしい。ただし，交換可能データの場合はペアワイズデータセットが必要になる。HADで用意してもいいし，Excelなどの表計算ソフトを用いて自分で用意してもいい。ペアワイズデータセットについては9-1節を，HADでペアワイズデータセットを作成する方法は9-3節を参照してほしい。

ペアワイズデータセットが準備できたら，HADのHLMの実行に移る。まずは，発話量が会話満足度に対して影響するモデルを検討しよう。HLMはモデリングシートにある「回帰分析」というチェックボックスをチェックし，表示されたモデリングスペースの下側にある「階層線形モデル」をチェックすると実行できる。そして，図9-21のように変数を指定する。なお，「頑健標準誤差」はデフォルトではチェックされているが，今回はSEMを用いた方法と結果を比較するためにチェックを外しておく。もちろん，サンプルサイズが十分あれば，頑健標準誤差を推定したほうが妥当な結果が得られるので，読者が実際に分析する際はチェックしても構わない。

目的変数は，満足度_1を選択し，説明変数として発話量_1と発話量_2の両方を指定する。図

図9-21 HADによるHLMでのAPIMのモデリング

9-21 のように変数を指定できたら，交換可能データの APIM の準備は終わりである。右側にある「分析実行」ボタンを押すと結果が表示される。

HLM を実行すると，図 9-22 上のような結果が得られた。発話量_1 が Actor 効果，発話量_2 が Partner 効果である。Amos とほとんど同じ結果が得られているのがわかるだろう。HLM では検定統計量は t 値を用いているので，やや有意確率が変わるが，実質的にはほとんど変わらない。

図 9-22 の下に表示されているのは変量効果の推定結果であるが，切片の変量効果の分散成分は，APIM における目的変数の残差分散の共分散と一致する。分散比率の結果は，発言量の効果を統制した級内相関係数と一致する。

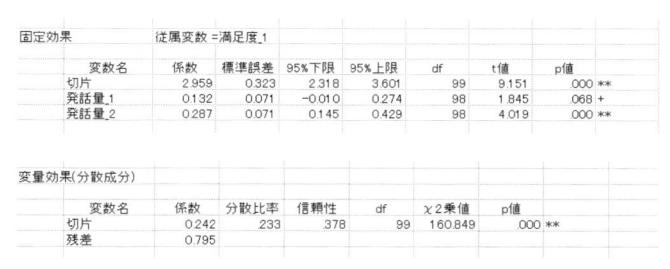

図 9-22　HAD による交換可能データの APIM の結果

なお，同じ分析を SPSS の混合モデルで行った結果は図 9-23 のとおりである。

図 9-23　SPSS による HLM を使った交換可能データの APIM の推定結果

Actor 効果と Partner 効果の交互作用効果を検討する

SEM による方法では取り上げなかったが，HAD による HLM を利用すれば，Actor 効果と Partner 効果の交互作用効果も簡単に検討できる。

先ほど検討したモデルに加えて，発話量_1 と発話量_2 の交互作用項を投入する。HAD では，「交互作用を全投入」ボタンを押す（あるいは，交互作用項を検討したい変数名の間に「*」を入力）だけで，簡単に交互作用項を投入できる（図 9-24）。HAD では説明変数の交互作用項を入力した場合，全体平均で自動的に中心化して変数の積を計算する。しかし，SPSS などの一般的なソフトウェアでは，自分で事前に変数を中心化しておく必要があるので注意が必要である。変数を中心化せずに交互作用項を投入すると，主効果との多重共線性が生じ，適切な推定値が得られないからである。SPSS を利用している人は，発話量_1 と発話量_2 からともに平均値（3.452）を引いておいて，そのあと発話量_1 と発話量_2 を掛け合わせた変数を作成しておこう。

図9-24　HADによる交互作用項のモデル指定

　モデルの指定ができたら,「分析実行」を押す。すると結果が出力される。Actor効果とPartner効果はともに,先ほどとほぼ同じ結果だった（図9-25）。一方,交互作用項も有意ではなかったが,10%水準で有意傾向であった。交互作用項の係数は正なので,Actor効果はPartner効果が大きくなるほど,大きくなる傾向があることがわかる。つまり,相手からの発話量が大きくなるほど,自分の発話量が会話満足度に与える影響が大きくなる,ということである。

変数名	係数	標準誤差	95%下限	95%上限	df	t値	p値	
切片	4.357	0.083	4.193	4.522	99	52.623	.000	**
発話量_1 (gm)	0.126	0.071	-0.015	0.267	97	1.777	.079	+
発話量_2 (gm)	0.281	0.071	0.141	0.422	97	3.963	.000	**
発話量_1*発話量_2	0.107	0.058	-0.008	0.221	97	1.843	.068	+

※交互作用項が含まれているので説明変数は中心化されています(gm)。

図9-25　HADによる交互作用項を含んだAPIMの結果

　この交互作用効果の単純効果分析を行うには,図9-26のようにスライス変数として発話量_2を指定する。スライス変数とは,群分けを行うための変数である（詳細は4章を参照）。スライス変数を指定した状態で「分析実行」ボタンを押すと,HLMの結果に加えて,単純効果分析の結果が表示される。
　「Slice」という名前の出力シートを見ると,図9-27のようにグラフが表示される。発話量_2+1SDの場合の,発話量_1の効果が有意である。よって発話量_2が高いとき,つまり相手からの発話量が多いときに発話量_1の効果,つまりActor効果が強くなることを示している。

図9-26　スライス変数の指定

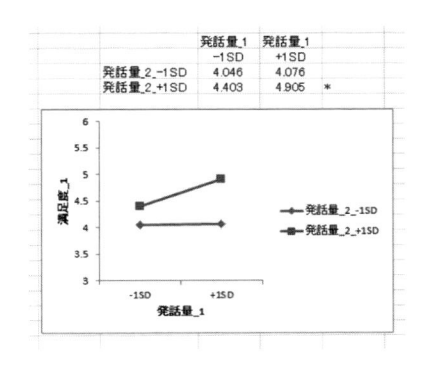

	発話量_1 -1SD	発話量_1 +1SD	
発話量_2_-1SD	4.046	4.076	
発話量_2_+1SD	4.403	4.905	*

図 9-27　HAD による APIM の単純効果分析の結果

説明変数を 2 変数にするモデル

次に，発話量に加えて，実験前に測定していたコミュニケーションスキルの影響を検討しよう。要領は，1 変数の場合と同様である。説明変数として，スキル_1 とスキル_2 を説明変数に加える（図 9-28）。

図 9-28　説明変数が 2 変数の場合のモデル指定

これを実行すると，図 9-29 のような結果が得られた。コミュニケーションスキルは，Actor 効果は見られたが，Partner 効果は見られない。つまり，スキルの高い個人は会話に満足する傾向があるが，相手のスキルが高くても，会話満足は高くならないことがわかった。

固定効果	従属変数 = 満足度_1						
変数名	係数	標準誤差	95%下限	95%上限	df	t値	p値
切片	2.030	0.460	1.118	2.943	99	4.414	.000 **
発話量_1	-0.014	0.072	-0.156	0.129	96	-0.192	.848
発話量_2	0.388	0.072	0.246	0.531	96	5.405	.000 **
スキル_1	0.355	0.068	0.220	0.489	96	5.231	.000 **
スキル_2	-0.084	0.068	-0.218	0.051	96	-1.232	.221

図 9-29　HAD による説明変数を 2 つ投入した APIM の推定結果

識別可能データの APIM を HLM で実行する

なお，識別可能データで HAD を使って HLM で分析するためには，二者関係内の個人を識別する変数（サンプルデータでは，「役割」）を主効果と交互作用項に投入し，さらにスライス変数として役割を指定した状態で分析を実行すれば，単純効果分析を行うことができ，話し手と聞き手それぞれの Actor 効果と Partner 効果が得られる（図 9-30）。役割との交互作用項はそれぞれ有意ではなかったので，Actor 効果と Partner 効果ともに，役割による違いはないといえる。

低群(役割=1)

変数名	係数	標準化	標準誤差	df	t値	p値
切片	4.110	---	0.097	99	42.204	.000
→ 発話量_1	0.219	---	0.112	95	1.958	.053 ←
⇔ 発話量_1*役割	-0.133	---	0.156	95	-0.855	.395 ⇔

高群(役割=2)

変数名	係数	標準化	標準誤差	df	t値	p値
切片	4.694	---	0.097	99	48.207	.000
→ 発話量_1	0.085	---	0.094	95	0.908	.366 ←
⇔ 発話量_1*役割	-0.133	---	0.156	95	-0.855	.395 ⇔

低群(役割=1)

変数名	係数	標準化	標準誤差	df	t値	p値
切片	4.110	---	0.097	99	42.204	.000
→ 発話量_2	0.222	---	0.094	95	2.354	.021 ←
⇔ 発話量_2*役割	0.121	---	0.156	95	0.774	.441 ⇔

高群(役割=2)

変数名	係数	標準化	標準誤差	df	t値	p値
切片	4.694	---	0.097	99	48.207	.000
→ 発話量_2	0.342	---	0.112	95	3.064	.003 ←
⇔ 発話量_2*役割	0.121	---	0.156	95	0.774	.441 ⇔

図 9-30　HAD による識別可能データの APIM

引用文献

浅野良輔・吉田俊和 (2011). 関係効力性が二つの愛着機能に及ぼす影響―恋愛関係と友人関係の検討― 心理学研究, **82**, 175-182.

浅野良輔 (2011). 恋愛関係における関係効力性が感情体験に及ぼす影響: 二者の間主観的な効力期待の導入 社会心理学研究, **27**, 41-46.

Cook, W. L., & Kenny, D. A. (2005). The actor–partner interdependence model: A model of bidirectional effects in developmental studies. *International Journal of Behavioural Development*, **29**, 101-109.

Gonzalez, R., & Griffin, D. (2000). On the statistics of interdependence: Treating dyadic data with respect. In W. Ickes, & S. Duck (Eds.), *The social psychology of personal relationships*. New York: Wiley & Sons. (石盛真徳 (訳) (2004). 相互依存性についての統計学 二者間データの慎重な取り扱い 大坊郁夫・和田 実 (監訳) パーソナルな関係の社会心理学 北大路書房 pp.221-256.)

狩野 裕・三浦麻子 (2002). グラフィカル多変量解析―目で見る共分散構造分析―増補版 現代数学社

Kenny, D. A., & La Voie, L. (1985). Separating individual and group effects. *Journal of Personality and Social Psychology*, **48**, 339-348.

Kenny, D. A. (1996). Models of non-independence in dyadic research. *Journal of Social and Personal Relationships*, **13**, 279-294.

小杉考司・清水裕士 (編) (2014). MplusとRによる構造方程式モデリング入門 北大路書房

Kreft, I., & De Leeuw, J. (1998). *Introducing multilevel modeling*. London: Sage. (小野寺孝義 (編訳) (2006). 基礎から学ぶマルチレベルモデル 入り組んだ文脈から新たな理論を創出するための統計手法 ナカニシヤ出版)

栗田佳代子 (1996). 観測値の独立性の仮定からの逸脱がt検定の検定力に及ぼす影響 教育心理学研究 **44**, 234-242.

McArdle, J. J. (1988). Dynamic but structural equation modeling of repeated measures data. In J. R. Nesselroade, & R. B. Cattell (Eds.), *The handbook of multivariate experimental psychology*, Volume 2. New York: Plenum Press. pp. 561-614.

McDonald, R. P., & Goldstein, H. (1989). Balanced versus unbalanced designs for linear structural relations in two-level data. *British Journal of Mathematical and Statistical Psychology*, **42**, 215-232.

Muthén, B. (1994). Multilevel covariance structure analysis. *Sociological Methods and Research*, **22**, 376-398.

Olsen, J. A., & Kenney, D. A. (2006). Structural equation modeling with interchangeable dyads. *Psychological Method*, **11**, 127-141.

尾関美喜・吉田俊和 (2011). 集団アイデンティティ形成による集団実体化過程モデルの提唱―マルチレベルの視点から― 実験社会心理学研究, **51**, 130-140.

Preacher, K. J., Curran, P. J., & Bauer, D. J. (2006). Computational tools for probing interaction effects in multiple linear regression, multilevel modeling, and latent curve analysis. *Journal of Educational and Behavioral Statistics*, **31**, 437-448.

Raudenbush, S. W., & Bryk, A. S. (2002). *Hierarchical linear models: Applications and data analysis methods* (2nd ed.). Newbury Park, CA: Sage.

Robinson, W. S. (1950). Ecological correlations and the behavior of individuals. *American Sociological Review*, **15**, 351-357.

Satterthwaite, F. E. (1946). An approximate distribution of estimates of variance components. *Biometrics Bulletin*, **2**, 110-114.

清水裕士 (2006). ペア・集団データにおける階層性の分析 対人社会心理学研究, **6**, 89-99.

清水裕士・大坊郁夫 (2008). 恋愛関係における相互作用構造の研究―階層的データ解析による間主観性の分析― 心理学研究, **78**, 575-582.

清水裕士・村山 綾・大坊郁夫 (2006). 集団コミュニケーションにおける相互依存性の分析 (1) コミュニケーションデータへの階層的データ分析の適用 電子情報通信学会技術研究報告, **106** (146), 1-6.

豊田秀樹 (1998). 共分散構造分析入門編 朝倉書店

豊田秀樹 (2000). 共分散構造分析応用編 朝倉書店

安田 傑・中澤 清 (2012). 2次元斜交モデルによる色・形問題の検討―主要5因子理論の観点から パーソナリティ研究, **20**, 217-228.

事項索引

A-Z
Actor-Partner Interdependence Model 165
Actor 効果 165
AIC 40
APIM 15

BIC 40

CAIC 40
CFI 115

GFI 115

HAD 15, 165
High School and Beyond 20
High-School & Buisiness 43
HLM7 43

Ime4 パッケージ 94
ImerTest パッケージ 94

MDMT ファイル 46
MDM ファイル 44
Mplus 127
Muthén 最尤法 118, 124, 147

Null モデル 29, 40, 54, 76, 96

Partner 効果 165
Preacher のサイト 59

RMSEA 115

SSI 社 43

あ 行
逸脱度 75
一般化線形混合モデル 15
入れ子構造 4, 5

か 行
回帰係数 17, 18
外生変数 113

階層性 2
階層線形モデリング 14, 17, 122, 178
階層的データ 1, 4
頑健な標準誤差 39, 124
間接効果 157
完全情報最尤法 124, 158
観測変数 114

級内相関係数 9, 29, 104, 134, 159, 166
共分散構造 117

決定係数 19

行為者-観察者相互依存性モデル 15
交換可能データ 167
構造方程式モデリング 113
個人レベル・集団レベル相関係数 103, 110, 134, 166
個人レベルの分散 12
個人レベルのモデル 118
固定効果 23
固定効果の分散と共分散 59
固定制約 157

さ 行
最小2乗法 18
最尤法 38, 49, 117
残差 17
残差分散 18, 163
残差変数 113
サンプルの独立性の仮定への違反 5

識別可能データ 167
重回帰分析 19
集団間変動の説明率 32
集団内類似性 6
集団平均値 76
集団平均値同士の相関 7
集団平均値の信頼性 20, 33
集団平均中心化 33, 51, 86
集団平均の信頼性 11, 106
集団平均の信頼性係数 52

集団レベル・個人レベル相関分析 15
集団レベルの分散 12
集団レベルのモデル 118
情報量基準 40
制限つき最尤法 38, 49
生態学的誤謬 1
切片 17
説明分散 18
説明変数の中心化 32
説明率 19
線形混合モデル 14
潜在曲線モデル 15
潜在変数 114
全体平均中心化 34, 51, 86

た 行
第一種の過誤 105
多段階抽出 1
多変量正規分布 25
多母集団同時分析 158
単純効果の検定 58
単純効果の分析 36
単純効果分析 80, 91, 180

調整分析 59

データの階層性 3
適合度 115, 176
適合度指標 115
デザインイフェクト 11

等値制約 157, 176

な 行
内生変数 113, 162

二者関係データ 165

は 行
媒介効果 157
媒介分析 59

パス　　113

分散共分散行列　　26
分散成分　　23
分散成分の検定　　54, 76
分散の均一性　　39
分散を非負に制約　　156

ペアデータ　　165
ペアワイズデータセット　　168
偏回帰係数　　19
変量係数　　23
変量効果　　23

飽和モデル　　114, 176

ま行

マルチレベル SEM　　118, 122
マルチレベル構造方程式モデリング　　15
マルチレベル構造方程式モデル　　103

モデル全体の予測力　　18
モデルの逸脱度　　54
モデルの乖離度　　40
モデルの自由度　　117, 177

や行

尤度　　40
尤度比検定　　40

ら行

ランダム係数　　23

レベル1の式　　26
レベル2の式　　26
レベル間交互作用　　34, 58, 98
レベル間交互作用モデル　　30

著者紹介

清水裕士（しみず ひろし）博士（人間科学）
2003 年　関西学院大学社会学部社会学科　卒業
2008 年　大阪大学大学院人間科学研究科　修了
現職 関西学院大学社会学部 教授

主要著作物

小杉考司・清水裕士（2014）．Mplus と R による構造方程式モデリング入門　北大路書房
清水裕士・小杉考司（2010）．対人行動の適切性判断と社会規範　「社会関係の論理学」の構築　実験社会心理学研究, 49, 132-148.
清水裕士・大坊郁夫（2008）．恋愛関係における相互作用構造の研究―階層的データ解析による間主観性の分析―　心理学研究, 78, 575-582.
清水裕士（2006）．ペア・集団データにおける階層性の分析　対人社会心理学研究, 6, 89-99.

個人と集団のマルチレベル分析
────────────────────────────

| 2014 年 10 月 10 日 | 初版第 1 刷発行 | 定価はカヴァーに |
| 2025 年　6 月 30 日 | 初版第 6 刷発行 | 表示してあります |

　　　　　　　　　著　者　　清水裕士
　　　　　　　　　発行者　　中西　良
　　　　　　　　　発行所　　株式会社ナカニシヤ出版
　　　　　　　　　☎ 606-8161　京都市左京区一乗寺木ノ本町 15 番地
　　　　　　　　　　　　　　　Telephone　　075-723-0111
　　　　　　　　　　　　　　　Facsimile　　075-723-0095
　　　　　　　　　Website　　http://www.nakanishiya.co.jp/
　　　　　　　　　Email　　　iihon-ippai@nakanishiya.co.jp
　　　　　　　　　　　　　　　郵便振替　　01030-0-13128

────────────────────────────
装幀＝白沢　正／印刷・製本＝創栄図書印刷
Copyright © 2014 by H. Shimizu
Printed in Japan.
ISBN978-4-7795-0877-6 C3011

SPSS は米国 IBM 社の登録商標です。Excel は米国 Microsoft 社の登録商標です。記載されているその他の名称は，各所有者の商標または登録商標である可能性があり，そのような可能性を考慮して扱う必要があります。また，仕様及び技術的な変更により本書掲載図との差異が生じる可能性があります。なお，本文中では，TM，(R) マークは表記しておりません。

本書のコピー，スキャン，デジタル化等の無断複製は著作権法上の例外を除き禁じられています。本書を代行業者等の第三者に依頼してスキャンやデジタル化することはたとえ個人や家庭内での利用であっても著作権法上認められていません。